바쁜 친구들이 즐거워지는 **빠**른 학습법 — 바빠 중학수학 시리즈

KB153261

임미연 지음

고등수학으로 ∞ 연결되는
중학도형
총정리

이지스에듀

지은이 | **임미연**

임미연 선생님은 대치동 학원가의 소문난 명강사로, 15년 넘게 중고등학생에게 수학을 지도하고 있다. 명강사로 이름을 날리기 전에는 동아출판사와 디딤돌에서 중고등 참고서와 교과서를 기획, 개발했다. 이론과 현장을 모두 아우르는 저자로, 학생들이 어려워하는 부분을 잘 알고 학생에 맞는 수준별 맞춤 수업을 하는 것으로도 유명하다. 그동안의 경험을 집대성해 《바쁜 중1을 위한 빠른 중학연산 1권, 2권》, 《바쁜 중1을 위한 빠른 중학도형》, 《바빠 고등수학으로 연결되는 중학수학 총정리》 등 〈바빠 중학수학〉 시리즈를 집필하였다.

바쁜 친구들이 즐거워지는 **빠른** 학습법 — 바빠 중학수학 시리즈
바빠 고등수학으로 ∽ 연결되는 **중학도형 총정리**

초판 발행 2023년 11월 10일
초판 4쇄 2025년 1월 20일
지은이 임미연
발행인 이지연
펴낸곳 이지스퍼블리싱(주)
출판사 등록번호 제313-2010-123호
주소 서울시 마포구 잔다리로 109 이지스 빌딩 5층(우편번호 04003)
대표전화 02-325-1722   팩스 02-326-1723
이지스퍼블리싱 홈페이지 www.easyspub.com   이지스에듀 카페 www.easysedu.co.kr
바빠 아지트 블로그 blog.naver.com/easyspub   인스타그램 @easys_edu
페이스북 www.facebook.com/easyspub2014   이메일 service@easyspub.co.kr

본부장 조은미 기획 및 책임 편집 박지연 | 김현주, 정지희, 정지연, 이지혜 교정 교열 서은아
표지 및 내지 디자인 손한나 그림 김학수 전산편집 이츠북스 인쇄 보광문화사 독자지원 박애림, 김수경
영업 및 문의 이주동, 김요한(support@easyspub.co.kr) 마케팅 라혜주

ISBN 979-11-6303-511-4   53410
가격 15,800원

＊**이지스에듀**는 이지스퍼블리싱(주)의 교육 브랜드입니다.
  (이지스에듀는 학생들을 탈락시키지 않고 모두 목적지까지 데려가는 책을 만듭니다!)

"전국의 명강사들이 박수 치며 추천한 책!"

바쁜 예비 고1을 위한 최고의 교재!
'바빠 고등수학으로 연결되는 중학도형 총정리'

저자의 실전 내공이 느껴지는 책이네요. '바빠 중학도형 총정리'는 고등 기하를 공부하는 데 기초가 되는 도형 내용을 한 권에 담은 책입니다. 고등수학 시작 전, 빠르고 효과적인 워밍업 과정으로 추천합니다!

김종명 원장 | 분당 GTG수학 본원

이 책은 덜 중요한 내용은 적게, 중요한 내용은 충분히 공부할 수 있게 구성되어 있습니다. 중학도형이 중요한 이유는 고등 기하뿐 아니라 함수와 같은 영역의 응용 문제에서도 활용되기 때문입니다. 이 책으로 중학도형을 꼭 완성하고 가시길 바랍니다.

김승태 저자 | 수학자가 들려주는 수학 이야기

이 책은 고등수학 입문 직전, 잊고 있던 중학도형 필수 개념들을 학년별로 총정리하여 학생들 스스로 자신의 실력을 빠르게 확인해 보고 다질 수 있도록 구성된 점이 매우 좋습니다. '바빠 중학도형 총정리'로 중학 3개년 도형을 빠르게 끝내세요!

정경이 원장 | 꿈이있는뜰 문래학원

올림픽 금메달리스트들의 공통점은 항상 기본에 충실하다는 것입니다. 이 책은 고등수학의 기하를 시작하기 전 초석과도 같은 중학도형의 기본 개념을 한 권에 빠르게 정리하는 책입니다. 고등 과정을 선행하기 전 필수 교재로 추천합니다.

김민경 원장 | 동탄 더원수학

단순 중학도형 3개년 모음집이 아닌 노하우가 담긴 꿀팁, 실수 포인트, 지금 바로 외울 것을 쏙쏙 담은 책입니다. 이 책으로 공부한다면 중학도형 포기는 없을 것 같아요. 나아가 고등수학의 기본 실력이 탄탄해지도록 도와줄 것입니다.

박지현 원장 | 대치동 현수학학원

중등 과정의 도형만 빠르게 복습하고 싶은 중학생들, 시간이 부족한 예비 고1들에게 최고의 교재입니다. 그동안 도형이 약한 아이들에게 고등수학으로 넘어가기 전 빠르게 짚고 가는 책이 필요했는데, 이 책이 안성맞춤이네요.

서은아 선생 | 광진 공부방

중학도형은 고등수학 기하 영역의 기초!

중학 3개년 도형만 모아 한 권으로 끝낸다!

고등학생 때 수포자가 안 되려면 중학도형 먼저 정리하고 넘어가라!

수학을 포기하는 일명 '수포자'는 고등학교에 가면 절정에 이릅니다! '사교육걱정없는세상'의 조사 결과, 고교생 3명 중 1명이 자신을 '수포자'라고 생각한다고 응답했습니다. 수포자 발생 원인으로 는 '누적된 학습 결손'을 뽑은 교사의 비율이 중학교 교사 69%, 고등학교 교사의 78%로 모두 과반 이 넘었습니다.

수학은 계통성이 강한 과목으로, 중학수학부터 고등수학 과정까지 많은 단원이 연계되어 있습니다. 중학도형은 고등수학의 기하 단원뿐 아니라 방정식, 함수의 응용 문제들에서도 활용됩니다. 따라서 고등수학을 공부하기 전에, 중학도형 먼저 정리하고 넘어가는 것이 중요합니다.

대치동 명강사가 직접 쓴 중학 3개년 도형 개념 총정리!

대치동에서 15년이 넘게 중고생을 지도한 이 책의 저자, 임미연 선생님은 "고등수학의 도형 문제들 은 중학수학의 도형 문제보다 훨씬 난도가 높기 때문에 그 기초가 되는 중학도형 개념을 잘 정리해 야 해낼 수 있습니다. 기본 개념도 정리하지 못했는데 고등 심화 개념을 배우는 것은 모래 위에 성 을 쌓는 것입니다."라고 말합니다.

중학교 1, 2, 3학년의 2학기 수학 과정은 모두 도형(기하) 영역 으로, 중학수학의 절반이라고 할 만큼 큰 비중을 차지합니다. 따라서 바쁜 예비 고1이 고등학교 입학 전 도형을 복습하기에 는 학년별로 1권씩 총 3권의 책을 풀어야 하므로 양이 너무 방 대합니다.

'바빠 중학도형 총정리'는 중학 3개년 도형을 한 권으로 끝내는 책입니다. 바쁜 예비 고1이라면 이 책으로 중학도형을 빠르게 정리해 보세요!

왜 중요한지, 고등수학으로 어떻게 이어지는지 알고 공부한다!

이 책은 중학도형을 학년별로 총정리할 수 있도록 구성했습니다. 그리고 각 단원마다 대치동 명강사인 저자가 중학교에서 배운 내용이 고등학교 3학년 모의고사와 수능에서 얼마나 중요한지, 어떤 개념이 가장 많이 쓰이는지 알려줍니다.

지금 하는 공부가 고등수학에서 얼마나 중요한지 알면 스스로 개념을 정리하는 힘과 문제 해결 방법도 터득하게 될 것입니다!

혼자 봐도 이해된다! 선생님이 옆에 있는 것 같다.

기존의 총정리 책은 한 권의 책에 방대한 지식을 모아 놓기만 할 뿐, 그것을 공부할 방법은 알려주지 않았습니다. 그래서 선생님께 의존하는 경우가 많았죠. 그러나 이 책은 선생님이 얼굴을 맞대고 알려주시는 것처럼 세세한 공부 팁까지 책 속에 담았습니다.

각 단계의 개념마다 친절한 설명과 함께 명강사의 노하우가 담긴 '바빠 꿀팁'을 수록, 혼자 공부해도 쉽게 이해할 수 있습니다. 또한 지금 외워 두면 좋은 것만 모은 '외워 외워!'로 핵심 내용을 잊지 않게 도와줍니다.

중학생 70%가 틀리는 문제, '앗! 실수' 코너로 해결!

중학도형 개념을 총정리하면서 '앗! 실수' 코너를 통해, 중학생 70%가 자주 틀리는 실수 포인트를 정리했습니다. 도형 개념을 정리하면서도 자주 틀리는 실수 유형을 짚고 넘어 가세요.

각 단원의 마지막에는 고르고 고른 '학년별 도형 총정리 문제'를 넣어, 이 책에 나온 문제만 다 풀어도 고등수학으로 넘어갈 준비를 할 수 있습니다.

예비 고1이라면, 스스로 중학수학을 정리하고 고등수학으로 나아가는 준비를 해야 할 때!

'바빠 중학도형 총정리'가 바쁜 예비 고1 여러분을 도와드리겠습니다. 이 책으로 중학도형 필수 개념을 총정리하고 넘어가 보세요!

1단계 | 필수 개념 정리 ─ 중학 3개년 전 과정 도형 필수 개념 총정리!

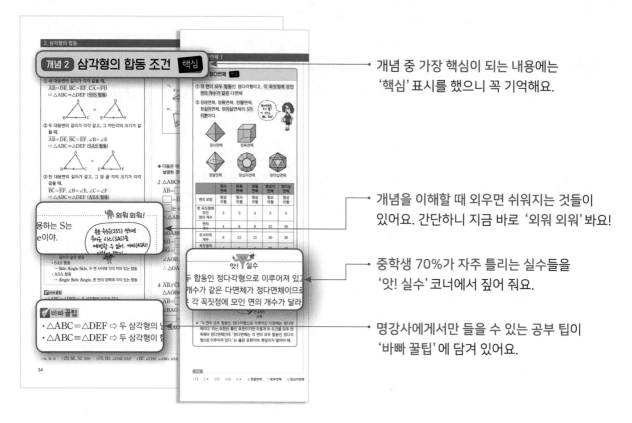

개념 중 가장 핵심이 되는 내용에는 '핵심' 표시를 했으니 꼭 기억해요.

개념을 이해할 때 외우면 쉬워지는 것들이 있어요. 간단하니 지금 바로 '외워 외워'봐요!

중학생 70%가 자주 틀리는 실수들을 '앗! 실수' 코너에서 짚어 줘요.

명강사에게서만 들을 수 있는 공부 팁이 '바빠 꿀팁'에 담겨 있어요.

2단계 | 개념 확인 문제 ─ 방금 배운 개념을 이해했는지 바로바로 확인!

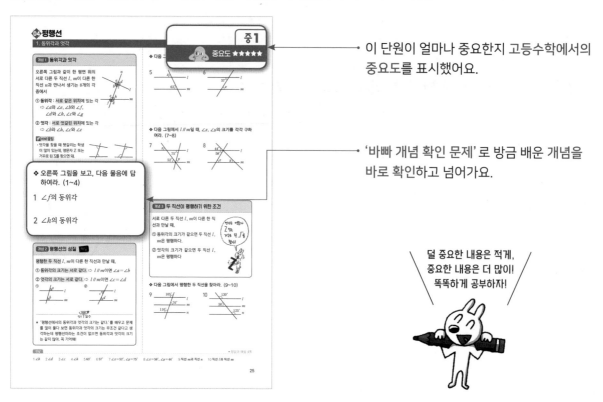

이 단원이 얼마나 중요한지 고등수학에서의 중요도를 표시했어요.

'바빠 개념 확인 문제'로 방금 배운 개념을 바로 확인하고 넘어가요.

덜 중요한 내용은 적게, 중요한 내용은 더 많이! 똑똑하게 공부하자!

3단계 | 개념 완성 문제 — 각 개념 대표 문제로 응용력과 자신감 충전!

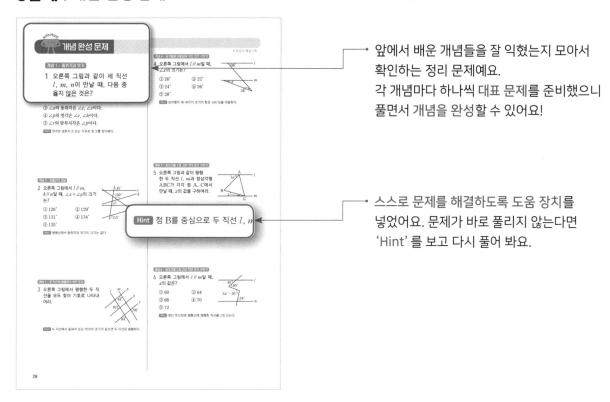

앞에서 배운 개념들을 잘 익혔는지 모아서
확인하는 정리 문제예요.
각 개념마다 하나씩 대표 문제를 준비했으니
풀면서 개념을 완성할 수 있어요!

스스로 문제를 해결하도록 도움 장치를
넣었어요. 문제가 바로 풀리지 않는다면
'Hint'를 보고 다시 풀어 봐요.

4단계 | 학년별 총정리 문제 — 고르고 고른 엄선 문제로 중학도형 총정리!

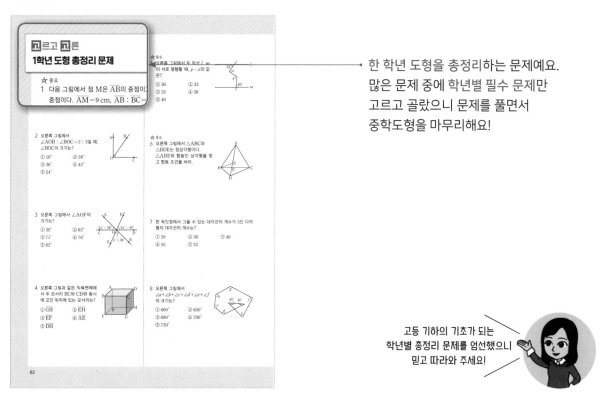

한 학년 도형을 총정리하는 문제예요.
많은 문제 중에 학년별 필수 문제만
고르고 골랐으니 문제를 풀면서
중학도형을 마무리해요!

고등 기하의 기초가 되는
학년별 총정리 문제를 엄선했으니
믿고 따라와 주세요!

《바빠 중학도형 총정리》
나에게 맞는 방법 찾기

'바빠 중학도형 총정리'는 수능까지 활용되는 중학 3개년 도형을 한 권으로 정리한 책입니다.

1. 중학도형에 자신 있는 학생이라면?

이 책은 고등수학 기하 영역의 기초가 되는 중학도형의 학년별 필수 개념을 빠르게 정리할 수 있도록 구성했으니 2주(14일) 진도로 빠르게 정리하세요!

2. 전반적으로 중학도형의 기초가 부족한 학생이라면?

이 책은 23단원으로 구성되어 있으니, 3주(21일) 진도를 선택해 매일 한 두 단원씩 공부한다면 3주 안에 완성할 수 있어요. 한 단원은 4~6쪽 정도의 양이니 차분히 풀어 보세요! 고등학교에 가서 기하 단원을 공부할 때 기초가 탄탄해서 자신감이 생길 거예요.

3. 학원이나 공부방 선생님이라면?

중학도형의 필수 개념을 초단기로 복습할 수 있는 책입니다. 고등수학을 선행하기 전에 총정리용으로! 고등학생이라도 기초가 부족한 학생이라면 복습용으로 활용하세요!

권장 진도표

✓	1일 차	2일 차	3일 차	4일 차	5일 차	6일 차	7일 차
2주 진도	01~02	03~04	05~06	07~08	09	10 1학년 총정리	11~12
3주 진도	01~02	03	04~05	06	07	08	09

✓	8일 차	9일 차	10일 차	11일 차	12일 차	13일 차	14일 차
2주 진도	13~14	15	16~17	18 2학년 총정리	19~20	21~22	23 3학년 총정리 끝
3주 진도	10 1학년 총정리	11	12	13	14	15	16

✓	15일 차	16일 차	17일 차	18일 차	19일 차	20일 차	21일 차
3주 진도	17	18 2학년 총정리	19	20	21	22	23 3학년 총정리 끝

바빠 고등수학으로 연결되는 중학도형 총정리

1학년 도형

저자 선생님의
단원 소개 영상

'1학년 도형'은 대부분 도형의 기초가 되는 내용이에요. 따라서 이 개념을 알면 도형 문제를 풀 수 있다고 하기보다는 모르면 문제를 아예 풀 수 없다는 말이 더 맞아요. 왜냐하면 대부분의 도형 문제는 여러 개념을 이용해서 풀어야 해서, 하나라도 모르면 안 풀리기 때문이에요.

오른쪽 표에 나와 있는 것처럼 수능에서도 1학년에서 배우는 도형 내용을 이용해야 하는 문제도 많이 출제 돼요. 생각보다 많아서 놀랐나요? 가장 중요하게 쓰이는 개념은 **'01 기본 도형'**에서는 교선과 교점, 선분, 직선 등이고 **'02 각'**에서는 수직과 수선, **'04 평행선'**에서는 엇각과 동위각, **'06 삼각형의 합동'**에서는 합 동 조건, **'08 원과 부채꼴'**에서는 원의 넓이와 부채꼴의 넓이 등이에요. 이 개념들이 수능 문제에 이용된답 니다.

오른쪽 표에 기출 문제로 나와 있지 않은 **'05 작도'**는 중학교에서만 나오기 때문에 덜 중요하고, **'07 다각 형'**에서 나오는 삼각형, 사각형 등은 도형 문제의 기본 내용이라서 수능 기출 문제로 표시하지는 않았어요.

'1학년 도형'은 특히 공식이 많은데 공식을 외우기 전에 이해부터 해야 나중에 공식을 까먹었을 때도 문제 를 풀 수 있어요. 예를 들면 '내각의 크기의 합의 공식은 대각선에 의해 나누어지는 삼각형의 개수에 $180°$ 를 곱하면 돼.'라고 알고 있으면 공식을 외우지 않고도 기억할 수 있어요. 지금부터 1학년 도형을 시작으로 중학 도형 정복에 나서 봐요. 화이팅!

개념 1 도형의 종류

① **평면도형** : 삼각형, 사각형, 원과 같이 한 평면 위에 있는 도형

② **입체도형** : 직육면체, 원기둥, 삼각뿔 등과 같이 한 평면 위에 있지 않은 도형

③ **점, 선, 면**
도형을 구성하는 기본 요소는 점, 선, 면이다.

• 점이 움직인 자리는 선이 된다.
⇨ 선은 무수히 많은 점으로 이루어진다.

직선 ⟶ ————————

곡선 ⟶ ～～～～～

• 선이 움직인 자리는 면이 된다.
⇨ 면은 무수히 많은 선으로 이루어진다.

평면   곡면

❖ 보기의 도형에서 다음 물음에 맞는 것을 모두 골라 기호로 써라. (1~2)

┌ 보 기 ┐

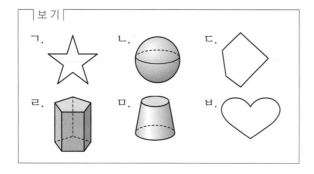

1 평면도형 _____

2 입체도형 _____

개념 2 교점과 교선

① **교점** : 선과 선 또는 선과 면이 만나서 생기는 점

② **교선** : 면과 면이 만나서 생기는 선, 이때 교선은 만나는 두 도형의 모양에 따라 직선이 될 수도 있고 곡선이 될 수도 있다.

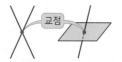 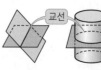

교점   교선

예 오른쪽 그림과 같은 입체도형에서 면, 교점, 교선의 개수를 각각 구해 보자. 면의 개수는 5, 교점의 개수는 꼭짓점의 개수와 같으므로 6, 교선의 개수는 모서리의 개수와 같으므로 9이다.

바빠꿀팁
• 점은 보통 대문자 A, B, C, …로 나타내고 직선은 소문자 l, m, n, …으로 나타내.

❖ 오른쪽 그림의 삼각뿔에서 다음을 구하여라. (3~5)

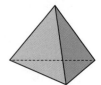

3 면의 개수

4 교점의 개수

5 교선의 개수

❖ 오른쪽 그림의 직육면체에서 다음을 구하여라. (6~8)

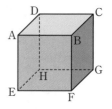

6 모서리 AE와 모서리 EH가 만나서 생기는 교점

7 모서리 CG와 면 EFGH가 만나서 생기는 교점

8 면 AEFB와 면 BFGC가 만나서 생기는 교선

---

2. 직선, 반직선, 선분

중요도 ★★★☆☆

개념 3 직선, 반직선, 선분 핵심

✔ 직선의 결정

한 점을 지나는 직선은 무수히 많지만, 서로 다른 두 점을 지나는 직선은 오직 하나뿐이다.

⇨ 서로 다른 두 점은 한 직선을 결정한다.

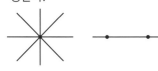

✔ 직선, 반직선, 선분

① **직선 AB** : 서로 다른 두 점 A, B를 지나는 직선 ⇨ 기호 : $\overleftrightarrow{AB}$

② **반직선 AB** : 직선 AB 위의 점 A에서 시작하여 점 B의 방향으로 한없이 뻗어 나가는 직선 AB의 부분

⇨ 기호 : $\overrightarrow{AB}$

③ **선분 AB** : 직선 AB 위의 두 점 A, B를 포함하여 점 A에서 점 B까지의 부분 ⇨ 기호 : $\overline{AB}$

예 오른쪽 그림과 같이 두 점 A, B에 대하여 두 점 A, B를 지나는 직선, 선분, 반직선의 개수를 각각 구해 보자.

$\overleftrightarrow{AB}=\overleftrightarrow{BA}$이므로 직선은 1개, $\overline{AB}=\overline{BA}$이므로 선분은 1개, $\overrightarrow{AB}\neq\overrightarrow{BA}$이므로 반직선은 2개이다.

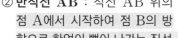 앗! 실수

★ $\overrightarrow{AB}$ ⇨ 점 A에서 시작하여 점 B쪽으로 뻗어 나가는 것을 뜻해.
$\overrightarrow{BA}$ ⇨ 점 B에서 시작하여 점 A쪽으로 뻗어 나가는 것을 뜻해.
∴ $\overrightarrow{AB}\neq\overrightarrow{BA}$

따라서 반직선은 시작점과 뻗는 방향이 모두 같아야 같은 반직선이야. 하지만 직선과 선분은 $\overleftrightarrow{AB}=\overleftrightarrow{BA}$, $\overline{AB}=\overline{BA}$가 되니 반직선과 혼동하면 안 돼.

반직선 AB와 반직선 BA는 시작점과 방향이 달라!

$\overrightarrow{AB}\neq\overrightarrow{BA}$

아얏

❖ 다음 그림과 같이 한 직선 위에 네 점 A, B, C, D가 있다. □ 안에 = 또는 ≠를 써넣어라. (1~5)

1 $\overleftrightarrow{AB}$ ☐ $\overleftrightarrow{BC}$

2 $\overrightarrow{AB}$ ☐ $\overrightarrow{BC}$

3 $\overrightarrow{AB}$ ☐ $\overrightarrow{AD}$

4 $\overrightarrow{BA}$ ☐ $\overrightarrow{BC}$

5 $\overline{BC}$ ☐ $\overline{CD}$

❖ 오른쪽 그림과 같이 세 점 A, B, C에 대하여 다음을 구하여라. (6~8)

6 두 점을 이어 만들 수 있는 직선의 개수

7 두 점을 이어 만들 수 있는 반직선의 개수

8 두 점을 이어 만들 수 있는 선분의 개수

❖ 오른쪽 그림과 같이 직선 l 위에 세 점 A, B, C가 있을 때, 다음을 구하여라. (9~11)

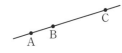

9 두 점을 이어 만들 수 있는 직선의 개수

10 두 점을 이어 만들 수 있는 반직선의 개수

11 두 점을 이어 만들 수 있는 선분의 개수

정답

1 = 　2 ≠ 　3 = 　4 ≠ 　5 = 　6 3 　7 6 　8 3 　9 1 　10 4 　11 3

* 정답과 해설 1쪽

3. 두 점 사이의 거리

개념 4 두 점 사이의 거리

두 점 A, B 사이의 거리 : 두 점 A, B를 잇는 무수히 많은 선 중에서 가장 짧은 선인 선분 AB 의 길이

두 점 A, B 사이의 거리

📝 **바빠꿀팁**
- 기호 $\overline{AB}$는 선분을 나타내기도 하고, 선분의 길이를 나타내기도 해. $\overline{AB}$의 길이가 3 cm이면 $\overline{AB}$=3 cm로 나타낼 수 있고, $\overline{AB}$ 와 $\overline{CD}$의 길이가 같으면 $\overline{AB}=\overline{CD}$로 나타내.

1 오른쪽 그림에서 두 점 A, B 사이의 거리를 구하여라.

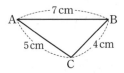

개념 5 선분의 중점 핵심

선분 AB 위의 한 점 M에 대하여 $\overline{AM}=\overline{MB}$일 때, 점 M이 선분 AB의 중점

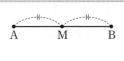

$\Rightarrow \overline{AM}=\overline{MB}=\dfrac{1}{2}\overline{AB}$

예 오른쪽 그림에서 두 점 M, N은 각각 $\overline{AB}$, $\overline{MB}$의 중점 이고 $\overline{AB}$=8 cm일 때, $\overline{MN}$의 길이를 구해 보자.

$\overline{AM}=\overline{MB}=\dfrac{1}{2}\overline{AB}=\dfrac{1}{2}\times 8=4\,(cm)$

$\therefore \overline{MN}=\overline{NB}=\dfrac{1}{2}\overline{MB}=\dfrac{1}{2}\times 4=2\,(cm)$

2 다음 그림과 같이 두 점 M, N이 각각 $\overline{AB}$, $\overline{MB}$의 중점이고 $\overline{AB}$=4 cm일 때, $\overline{NB}$의 길이를 구하여라.

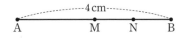

3 다음 그림과 같이 두 점 M, N이 각각 $\overline{AB}$, $\overline{MB}$의 중점이고 $\overline{NB}$=3 cm일 때, $\overline{AB}$의 길이를 구하여라.

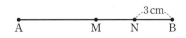

4 다음 그림과 같이 두 점 M, N이 각각 $\overline{AB}$, $\overline{BC}$의 중점이고 $\overline{MN}$=9 cm일 때, $\overline{AC}$의 길이를 구하여라.

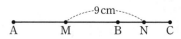

5 다음 그림과 같이 두 점 M, N이 각각 $\overline{AB}$, $\overline{BC}$의 중점이고 $\overline{AC}$=12 cm일 때, $\overline{MN}$의 길이를 구하여라.

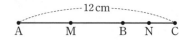

개념 6 선분을 삼등분하는 점

두 점 M, N이 선분 AB를 삼등분하는 점

$\Rightarrow \overline{AM}=\overline{MN}=\overline{NB}=\dfrac{1}{3}\overline{AB}$

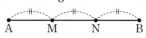

예 오른쪽 그림에서 $\overline{AM}=\overline{MN}=\overline{NB}$일 때, $\overline{NB}$의 길이를 구해 보자.

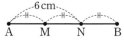

$\overline{AM}=\overline{MN}=\dfrac{1}{2}\overline{AN}=\dfrac{1}{2}\times 6=3\,(cm)$

$\therefore \overline{NB}=\overline{AM}=3\,cm$

6 다음 그림과 같이 $\overline{AB}=\overline{BC}=\overline{CD}$, $\overline{BD}$=10 cm일 때, $\overline{AC}$의 길이를 구하여라.

7 다음 그림과 같이 $\overline{AB}=\overline{BC}=\overline{CD}$, 점 M이 $\overline{BC}$의 중점이고, $\overline{AC}$=8 cm일 때, $\overline{MD}$의 길이를 구하여라.

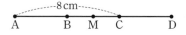

정답

* 정답과 해설 1쪽

1 7 cm   2 1 cm   3 12 cm   4 18 cm   5 6 cm   6 10 cm   7 6 cm

＊정답과 해설 1쪽

개념 2 - 교점과 교선

1 오른쪽 그림과 같은 입체도형에서 교점의 개수를 a, 교선의 개수를 b, 면의 개수를 c라고 할 때, $a+b-c$의 값은?

① 6 ② 7
③ 8 ④ 9 ⑤ 10

Hint 교점의 개수는 꼭짓점의 개수와 같고, 교선의 개수는 모서리의 개수와 같다.

개념 3 - 직선, 반직선, 선분

2 다음 중 옳은 것은?

① 한 점을 지나는 직선은 1개이다.

② 반직선의 길이는 직선의 길이의 $\frac{1}{2}$이다.

③ 서로 다른 두 점을 지나는 직선은 무수히 많다.

④ 반직선은 시작점과 방향이 같아야 같은 반직선이다.

⑤ 서로 다른 세 점이 있을 때, 직선은 3개 만들 수 있다.

Hint 서로 다른 세 점이 한 직선 위에 있을 경우를 생각한다.

개념 3 - 직선, 반직선, 선분

3 아래 그림과 같이 직선 l 위에 세 점 A, B, C가 있다. 다음 중 옳지 **않은** 것을 모두 고르면? (정답 2개)

① $\overrightarrow{BA}=\overrightarrow{BC}$ ② $\overrightarrow{AB}=\overrightarrow{AC}$ ③ $\overline{AB}=\overline{AC}$
④ $\overleftrightarrow{BC}=\overleftrightarrow{AC}$ ⑤ $\overrightarrow{CA}=\overrightarrow{CB}$

Hint 반직선은 시작점과 뻗어 나가는 방향이 모두 같아야 같은 반직선이다.

개념 3 - 직선, 반직선, 선분

4 오른쪽 그림과 같이 어느 세 점도 한 직선 위에 있지 않은 4개의 점이 있다. 이 중 두 점을 지나는 서로 다른 직선의 개수를 a, 반직선의 개수를 b라고 할 때, $2a-b$의 값을 구하여라.

Hint $\overleftrightarrow{AB}=\overleftrightarrow{BA}$, $\overrightarrow{AB}\neq\overrightarrow{BA}$

개념 5 - 선분의 중점

5 다음 그림과 같이 두 점 M, N이 각각 $\overline{AB}$, $\overline{BC}$의 중점이고 $\overline{AM}=6$ cm, $\overline{AN}=16$ cm일 때, $\overline{AC}$의 길이를 구하여라.

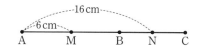

Hint $\overline{AM}=\overline{MB}=6$ cm이므로 $\overline{BN}=4$ cm

개념 6 - 선분을 삼등분하는 점

6 다음 그림에서 두 점 M, N은 $\overline{AB}$, $\overline{CD}$의 중점이고 두 점 B, C는 $\overline{AD}$를 삼등분하는 점이다. $\overline{AD}=24$ cm일 때, $\overline{MN}$의 길이는?

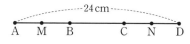

① 10 cm ② 12 cm ③ 14 cm
④ 15 cm ⑤ 16 cm

Hint $\overline{AB}=\frac{1}{3}\overline{AD}=8$ cm, $\overline{MB}=\frac{1}{2}\overline{AB}$

1. 각의 크기
중요도 ★★★☆☆

개념 1 각의 뜻과 분류

✔ 각

① 각 AOB

한 점 O에서 시작하는 두 반직선
OA, OB로 이루어진 도형
⇨ 기호 : ∠AOB, ∠BOA,
∠O, ∠a

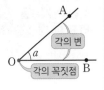

② 각 AOB의 크기

꼭짓점 O를 중심으로 변 OB가 변
OA까지 회전한 양

✔ 각의 분류

① 평각 : 각의 두 변이 꼭짓점을 중심으로 반대쪽에 있으
면서 한 직선을 이루는 각, 즉 크기가 180°인 각

② 직각 : 평각의 크기의 $\frac{1}{2}$인 각, 즉 크기가 90°인 각

③ 예각 : 크기가 0°보다 크고
90°보다 작은 각

④ 둔각 : 크기가 90°보다 크고
180°보다 작은 각

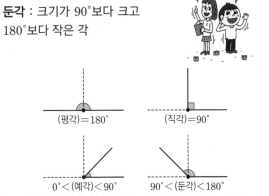

❖ 크기가 다음과 같은 각이 예각, 직각, 둔각, 평각 중 어느
것인지 말하여라. (1~6)

1 42° _____   **2** 143° _____

3 90° _____   **4** 117° _____

5 27° _____   **6** 180° _____

개념 2 각의 크기 구하기

① 직각을 이용하여 각의 크기 구하기

예 오른쪽 그림에서 x의 값을 구해
보자.
$2x+7x=90$
∴ $x=10$

② 평각을 이용하여 각의 크기 구하기

예 오른쪽 그림에서 x의 값을 구
해 보자.
$3x+10+5x-70=180$
∴ $x=30$

③ 기호를 이용하여 각의 크기 구하기

예 오른쪽 그림에서 ∠BOD의 크
기를 구해 보자.
$2○+2×=180°$이므로
$○+×=90°$
∴ ∠BOD$=90°$

❖ 다음 그림에서 x의 값을 구하여라. (7~8)

7

8

❖ 다음 그림에서 x의 값을 구하여라. (9~10)

9

10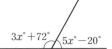

❖ 다음 그림에서 ∠BOD의 크기를 구하여라. (11~12)

11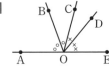

12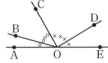

2. 맞꼭지각   중요도 ★★★☆☆

개념 3 맞꼭지각

① **교각** : 서로 다른 두 직선이 한 점
   에서 만날 때 생기는 네 각
   ⇨ $\angle a$, $\angle b$, $\angle c$, $\angle d$

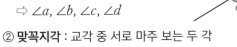

② **맞꼭지각** : 교각 중 서로 마주 보는 두 각
   ⇨ $\angle a$와 $\angle c$, $\angle b$와 $\angle d$

③ **맞꼭지각의 성질** : 맞꼭지각의
   크기는 서로 같다.
   ⇨ $\angle a = \angle c$, $\angle b = \angle d$

④ **맞꼭지각의 크기가 서로 같은
   것의 확인**
   $\angle a + \angle b = 180°$에서
   $\angle a = 180° - \angle b$ ⋯ ㉠
   $\angle b + \angle c = 180°$에서
   $\angle c = 180° - \angle b$ ⋯ ㉡
   따라서 ㉠, ㉡에 의하여 $\angle a = \angle c$이다.

❖ 오른쪽 그림과 같이 세 직선이 한
   점에서 만날 때, 다음 각의 맞꼭지
   각을 구하여라. (1~2)

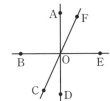

1 $\angle AOB$

2 $\angle COD$

개념 4 맞꼭지각을 이용하여 각의 크기 구하기 핵심

① **맞꼭지각의 크기가 같음을 이용하여 각의 크기 구하기**

   ㉠ 오른쪽 그림에서 x의 값을
      구해 보자.
      $6x - 20 = 100$, $6x = 120$
      $\therefore x = 20$

② **평각을 이용하여 각의 크기 구하기**

   ㉠ 오른쪽 그림에서 x의 값을
      구해 보자.
      $3x + 4x + 5x = 180$
      $12x = 180$
      $\therefore x = 15$

❖ 다음 그림에서 x의 값을 구하여라. (3~4)

3
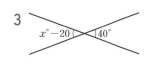

4
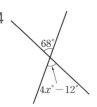

❖ 다음 그림에서 x의 값을 구하여라. (5~6)

5
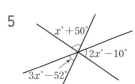

6
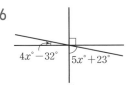

❖ 다음 그림에서 x의 값을 구하여라. (7~8)

7
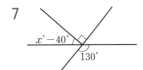

8
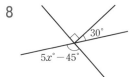

개념 5 맞꼭지각의 개수

㉠ 오른쪽 그림과 같이 세 직선이 한 점
   에서 만날 때 생기는 맞꼭지각은 모두
   몇 쌍인지 구해 보자.

오른쪽 그림과 같이 직선에 번호를 쓰
고 두 직선끼리 짝을 지으면 직선 ①
과 ②,직선 ②와 ③, 직선 ①과 ③이 된
다. 짝을 지은 두 직선에서 각각 2쌍의
맞꼭지각이 생기므로 총 6쌍이 된다.

9 오른쪽 그림과 같이 네 직선이 한
   점에서 만날 때 생기는 맞꼭지각은
   모두 몇 쌍인지 구하여라.

정답

1 $\angle DOE$ 2 $\angle AOF$ 3 60   4 20   5 32   6 11   7 80   8 33   9 12쌍

3. 수직과 수선

개념 6 수직과 수선 핵심

① **직교** : 두 선분 AB와 CD의 교각이 직각일 때, 이 두 선분은 서로 직교한다고 한다.
⇨ 기호 : $\overline{AB} \perp \overline{CD}$

② **수직과 수선** : 직교하는 두 선분은 서로 수직이고, 한 선분을 다른 선분에 대한 수선이라고 한다.
예 $\overline{AB}$의 수선 ⇨ $\overline{CD}$, $\overline{CD}$의 수선 ⇨ $\overline{AB}$

③ **수직이등분선** : 선분 AB의 중점 M을 지나고 선분 AB에 수직인 직선 l을 선분 AB의 수직이등분선이라고 한다.
⇨ $l \perp \overline{AB}$, $\overline{AM} = \overline{MB}$

수직이등분선

④ **수선의 발** : 직선 l 위에 있지 않은 점 P에서 직선 l에 수선을 그어 생기는 교점을 H라고 할 때, 이 점 H를 점 P에서 직선 l에 내린 수선의 발이라고 한다.

점 P와 직선 l 사이의 거리

수선의 발

⑤ **점과 직선 사이의 거리** : 직선 l 위에 있지 않은 점 P에서 직선 l에 내린 수선의 발 H까지의 거리 ⇨ $\overline{PH}$

예 오른쪽 그림에서
• $\overline{AB}$와 $\overline{CD}$의 관계를 기호로 나타내면 ⇨ $\overline{AB} \perp \overline{CD}$
• $\overline{AB}$의 수선 ⇨ $\overline{CD}$
• 점 C에서 $\overline{AB}$에 내린 수선의 발 ⇨ 점 O
• 점 C와 $\overline{AB}$ 사이의 거리 ⇨ $\overline{CO}$의 길이

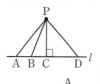

바빠꿀팁

• 오른쪽 그림의 점 P에서 직선 l 위의 점을 이은 선분 중에서 길이가 가장 짧은 $\overline{PC}$가 점 P와 직선 l 사이의 거리이다.

• 오른쪽 그림의 삼각형 ABC에서 점 A와 $\overline{BC}$ 사이의 거리는 점 A에서 $\overline{BC}$의 연장선까지의 거리와 같으므로 6 cm이다.

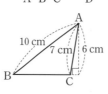

❖ 오른쪽 그림에 대하여 다음을 구하여라. (1~3)

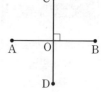

1 $\overline{AB}$와 $\overline{CD}$의 관계의 기호를 □ 안에 써넣기
$\overline{AB}$ □ $\overline{CD}$

2 점 C에서 $\overline{AB}$에 내린 수선의 발

3 점 A와 $\overline{CD}$ 사이의 거리를 나타내는 선분

❖ 오른쪽 그림에 대하여 다음을 구하여라. (4~6)

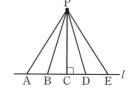

4 점 P에서 직선 l에 내린 수선의 발

5 $\overline{PA}, \overline{PB}, \overline{PC}, \overline{PD}, \overline{PE}$ 중에서 가장 짧은 선분

6 점 P와 직선 l 사이의 거리를 나타내는 선분

❖ 오른쪽 그림과 같은 사다리꼴 ABCD에 대하여 다음을 구하여라. (7~10)

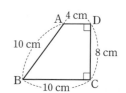

7 $\overline{BC}$와 직교하는 변

8 점 A에서 $\overline{CD}$에 내린 수선의 발

9 점 B와 $\overline{CD}$ 사이의 거리

10 점 A와 $\overline{BC}$ 사이의 거리

❖ 오른쪽 그림과 같은 평행사변형 ABCD에서 다음을 구하여라. (11~12)

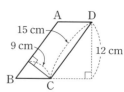

11 점 A와 $\overline{BC}$ 사이의 거리

12 점 A와 $\overline{CD}$ 사이의 거리

정답

* 정답과 해설 2쪽

1 ⊥   2 점 O   3 $\overline{AO}$ 4 점 C   5 $\overline{PC}$ 6 $\overline{PC}$ 7 $\overline{DC}$ 8 점 D   9 10 cm   10 8 cm   11 12 cm   12 9 cm

개념 1 - 각의 뜻과 분류

1 다음 보기에서 예각의 개수는?

보 기

| $125°$ | $32°$ | $90°$ | $89°$ | $160°$ |
| $95°$ | $77°$ | $180°$ | $63°$ | $119°$ |

① 4   ② 5   ③ 6

④ 7   ⑤ 8

Hint 예각은 크기가 $0°$보다 크고 $90°$보다 작은 각이다.

개념 2 - 각의 크기 구하기

2 오른쪽 그림에서
$\overline{OA} \perp \overline{OC}$, $\overline{OB} \perp \overline{OD}$일 때,
$\angle x - \angle y$의 크기는?

① $80°$ ② $60°$

③ $40°$ ④ $30°$

⑤ $20°$

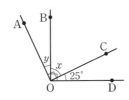

Hint $\angle x = 90° - 25°$, $\angle y = 90° - \angle x$

개념 2 - 각의 크기 구하기

3 오른쪽 그림에서
$\angle x : \angle y : \angle z = 3 : 4 : 5$
일 때, $\angle y$의 크기는?

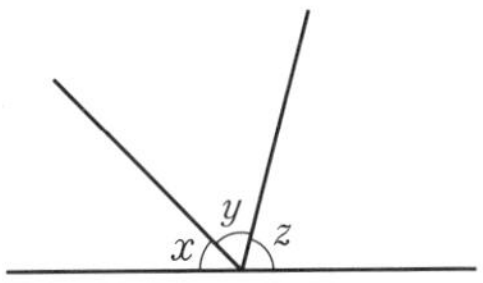

① $58°$ ② $60°$

③ $63°$ ④ $68°$

⑤ $72°$

Hint $\angle y = \dfrac{4}{3+4+5} \times 180°$

개념 4 맞꼭지각을 이용하여 각의 크기 구하기

4 오른쪽 그림에서 x, y의 값
을 각각 구하여라.

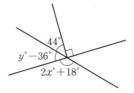

Hint $2x + 18 = 44 + 90$, $y - 36 + 44 = 90$

개념 6 - 수직과 수선

5 다음 보기에서 오른쪽 그림에 대한
설명으로 옳은 것을 모두 고른 것
은?

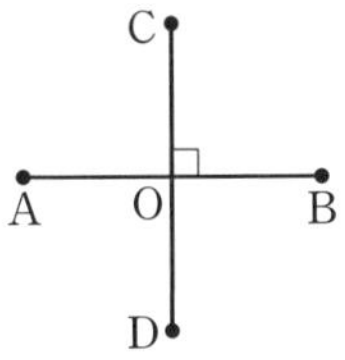

보 기

ㄱ. $\angle AOD = 90°$

ㄴ. $\overline{AB} \perp \overline{CD}$

ㄷ. $\overline{CD}$의 수선은 $\overline{AB}$이다.

ㄹ. 점 B와 $\overline{CD}$ 사이의 거리는 $\overline{AB}$이다.

ㅁ. 점 C에서 $\overline{AB}$에 내린 수선의 발은 점 A이다.

① ㄱ, ㄴ   ② ㄱ, ㄷ   ③ ㄱ, ㄴ, ㄷ

④ ㄴ, ㄷ, ㄹ   ⑤ ㄴ, ㄷ, ㅁ

Hint 점 C에서 $\overline{AB}$에 내린 수선의 발은 점 O이다.

개념 6 - 수직과 수선

6 오른쪽 그림에 대한 다음 설명
중 옳지 않은 것을 모두 고르
면? (정답 2개)

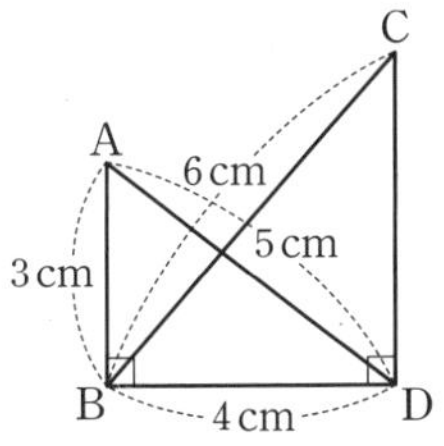

① $\overline{BC}$와 $\overline{CD}$의 교점은 점 C
이다.

② $\overline{BD}$의 수선은 $\overline{AB}$와 $\overline{CD}$
이다.

③ 점 C와 $\overline{AB}$ 사이의 거리는 6 cm이다.

④ 점 B에서 $\overline{CD}$에 내린 수선의 발은 점 D이다.

⑤ 점 A와 $\overline{BD}$ 사이의 거리는 5 cm이다.

Hint 점과 선분 사이의 거리는 점에서 선분까지의 길이 중에서 가장 짧은
길이이다.

1. 평면에서 위치 관계

 중요도 ★★★★☆

개념 1 점과 직선, 점과 평면의 위치 관계

① **점과 직선의 위치 관계**
- 점 A는 직선 l 위에 있다.
- 점 B는 직선 l 위에 있지 않다.

② **점과 평면의 위치 관계**
- 점 A는 평면 P 위에 있다.
- 점 B는 평면 P 위에 있지 않다.

바빠꿀팁
- 보통 '~ 위에 있다.'라는 말은 '~보다 윗쪽에 있다.'라는 말로 사용되지. 하지만 수학에서 '~ 위에 있다.'라는 말은 '~에 포함된다.'는 뜻으로 사용해. 직선(평면)이 점을 지날 때, '점이 직선(평면) 위에 있다.'라고 말해.

❖ 오른쪽 그림에서 다음을 구하여라. (1~3)

1 직선 l 위에 있는 점

2 직선 m 위에 있지 않은 점

3 직선 l, m 위에 동시에 있는 점

개념 2 평면에서 두 직선의 위치 관계

① 한 점에서 만난다.

② 평행하다. ($l \,/\!/\, m$)

③ 일치한다. ($l = m$)

위의 ②와 같이 한 평면 위에 있는 두 직선 l, m이 만나지 않을 때, 두 직선 l, m은 평행하다고 한다.
➡ 기호 : $l \,/\!/\, m$

바빠꿀팁
- 오른쪽 그림과 같이 직선 위에 화살표 표시가 있으면 두 직선 l과 m이 평행하다는 뜻이야.

❖ 오른쪽 그림의 사다리꼴 $ABCD$에 대하여 다음 물음에 답하여라. (4~6)

4 변 AD와 만나는 모든 변을 구하여라.

5 변 AB와 수직으로 만나는 모든 변을 구하여라.

6 □ 안에 알맞은 기호 써넣기

$\overline{AD}$ □ $\overline{BC}$, $\overline{AB}$ □ $\overline{BC}$

개념 3 평면에서 서로 다른 세 직선의 위치 관계

핵심

서로 다른 세 직선 l, m, n을 주어진 조건에 맞추어 그리면 세 직선의 위치 관계를 알 수 있다.

예
- $l \,/\!/\, m$이고 $l \perp n$이면 $m \perp n$이다.

- $l \perp m$이고 $l \perp n$이면 $m \,/\!/\, n$이다.

바빠꿀팁
- 평면에서 세 직선의 위치 관계는 세 개의 볼펜을 가지고 놓아 보거나 위의 그림과 같이 그려 보면 이해하기 쉬워.

❖ 한 평면 위의 서로 다른 세 직선 l, m, n에 대하여 옳은 것은 ○표, 옳지 <u>않은</u> 것은 ×표를 하여라. (7~10)

7 $l \,/\!/\, m$이고 $l \,/\!/\, n$이면 $m \,/\!/\, n$

8 $l \,/\!/\, m$이고 $l \perp n$이면 $m \,/\!/\, n$

9 $l \perp m$이고 $l \,/\!/\, n$이면 $m \perp n$

10 $l \perp m$이고 $l \perp n$이면 $m \perp n$

정답

* 정답과 해설 2쪽

1 점 A, 점 B   2 점 A, 점 D, 점 E   3 점 B   4 $\overline{AB}$, $\overline{DC}$ 5 $\overline{AD}$, $\overline{BC}$ 6 //, ⊥   7 ○   8 ×   9 ○   10 ×

20

2. 공간에서 두 직선의 위치 관계

개념 4 공간에서 두 직선의 위치 관계 핵심

① 한 점에서 만난다.

② 평행하다.

③ 일치한다.

④ 꼬인 위치에 있다.

위의 ④와 같이 공간에서 두 직선이 만나지도 않고 평행하지도 않을 때, 두 직선은 꼬인 위치에 있다고 한다.

예) 오른쪽 그림과 같은 직육면체에서 모서리 AB와 꼬인 위치에 있는 모서리를 알아 보자.
모서리 AB와 만나지도 않고 평행하지도 않은 모서리는 $\overline{CG}$, $\overline{DH}$, $\overline{FG}$, $\overline{EH}$로 4개이다.

바빠꿀팁

• 위의 예와 같이 꼬인 위치를 구할 때는 직육면체를 그려놓고 구하는 것이 편리해. 공간에서 직선의 위치 관계는 생각만으로 구하기 어렵거든.

앗! 실수

★ 오른쪽 그림에서 모서리 AB와 모서리 DC를 만나지도 않고 평행하지도 않는다고 생각해서 꼬인 위치라고 생각하는 학생들이 많아. 하지만 모서리 AB와 모서리 DC를 연장하면 직선이 되므로 이 두 직선은 한 점에서 만나게 돼. 따라서 꼬인 위치가 아니야.

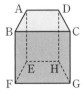

❖ 오른쪽 그림의 삼각기둥에 대하여 다음을 구하여라. (1~4)

1 모서리 AB와 평행한 모서리

2 모서리 DF와 수직인 모서리

3 모서리 CF와 한 점에서 만나는 모서리

4 모서리 BC와 꼬인 위치에 있는 모서리

❖ 오른쪽 그림의 직육면체에서 대하여 다음을 구하여라. (5~6)

5 모서리 AE와 평행한 모서리의 개수

6 모서리 CD와 꼬인 위치에 있는 모서리의 개수

개념 5 평면이 하나로 결정되는 경우

① 한 직선 위에 있지 않은 서로 다른 세 점

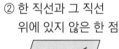

② 한 직선과 그 직선 위에 있지 않은 한 점

③ 한 점에서 만나는 두 직선

④ 평행한 두 직선

❖ 다음 조건이 하나의 평면을 결정하면 ○표, 결정하지 않으면 ×표를 하여라. (7~10)

7 한 점에서 만나는 두 직선　　　　_____

8 한 직선 위에 있는 세 점　　　　_____

9 수직인 두 직선　　　　_____

10 꼬인 위치에 있는 두 직선　　　　_____

* 정답과 해설 2쪽

정답

1 $\overline{DE}$　2 $\overline{DE}$, $\overline{AD}$, $\overline{CF}$　3 $\overline{AC}$, $\overline{BC}$, $\overline{DF}$, $\overline{EF}$　4 $\overline{AD}$, $\overline{DE}$, $\overline{DF}$　5 3　6 4　7 ○　8 ×　9 ○　10 ×

개념 6 공간에서 직선과 평면의 위치 관계 핵심

✅ 공간에서 직선과 평면의 위치 관계

① 한 점에서 만난다.　　② 평행하다.

③ 포함된다.

위의 ②와 같이 공간에서 직선 l이 평면 P와 만나지 않을 때, 직선 l과 평면 P는 평행하다고 한다.

⇨ 기호 : $l\,/\!/\,P$

⟮예⟯ 오른쪽 그림의 직육면체에서 다음을 구해 보자.
모서리 BC를 포함하는 면은
면 ABCD, 면 BFGC
면 EFGH와 평행한 모서리는
$\overline{AB}$, $\overline{BC}$, $\overline{CD}$, $\overline{AD}$
면 BFGC와 수직인 모서리는
$\overline{AB}$, $\overline{DC}$, $\overline{EF}$, $\overline{HG}$

✅ 직선과 평면의 수직

직선 l이 평면 P와 한 점 H에서 만나면서 점 H를 지나는 평면 P 위의 모든 직선과 수직일 때, 직선 l과 평면 P는 서로 수직이다 또는 직교한다고 한다.

⇨ 기호 : $l \perp P$

수직으로 떨어져!

🦫 바빠꿀팁

평면 P 위에 있지 않은 한 점 A에서 평면 P에 내린 수선의 발 H까지의 거리가 점 A와 평면 P 사이의 거리이다. 즉, 점 A와 평면 P 사이의 거리는 $\overline{AH}$의 길이이다.

점 A와 평면 P 사이의 거리

❖ 오른쪽 그림과 같은 사각기둥에서 다음을 구하여라. (1~4)

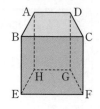

1 모서리 AD를 포함하는 면

2 면 EFGH와 평행한 모서리

3 면 EFGH와 수직인 모서리의 개수

4 면 AHGD와 평행한 모서리의 개수

❖ 오른쪽 그림과 같은 오각기둥에서 다음을 구하여라. (5~9)

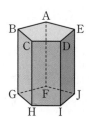

5 모서리 CH와 수직인 면

6 모서리 FJ를 포함하는 면

7 면 ABCDE와 평행한 모서리

8 면 FGHIJ와 수직인 모서리의 개수

9 모서리 EJ와 평행한 면의 개수

❖ 오른쪽 그림과 같은 삼각기둥에서 다음을 구하여라. (10~12)

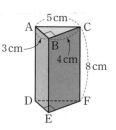

10 점 A와 면 BEFC 사이의 거리

11 점 E와 면 ABC 사이의 거리

12 점 F와 면 ADEB 사이의 거리

정답

1 면 ABCD, 면 AHGD　　2 $\overline{AB}$, $\overline{BC}$, $\overline{CD}$, $\overline{DA}$　　3 4　　4 4　　5 면 ABCDE, 면 FGHIJ　　6 면 AFJE, 면 FGHIJ　　7 $\overline{FG}$, $\overline{GH}$, $\overline{HI}$, $\overline{IJ}$, $\overline{JF}$　　8 5
9 3　　10 3 cm　　11 8 cm　　12 4 cm

4. 두 평면의 위치 관계

 중요도 ★★★☆☆

개념 7 공간에서 두 평면의 위치 관계

① 일치한다.

P, Q

② 한 직선에서 만난다.

③ 평행하다.

위의 ③과 같이 공간에서 두 평면 P, Q가 만나지 않을 때, 두 평면 P, Q는 평행하다고 한다.
⇨ 기호 : $P /\!/ Q$

바빠꿀팁

· 공간에서의 위치 관계 문제는 오른쪽 그림과 같이 직육면체를 그리고 평면에는 P, Q, R를, 직선에는 l, m, n을 붙이고 잘 따져 봐야 해. 단, 그릴 때 문제에서 주어진 것이 안될 경우가 있는지를 생각하며 그려야 해.

앗! 실수

★ 꼬인 위치는 공간에서 직선과 직선의 위치 관계에만 있어.
오른쪽 그림과 같은 두 평면을 만나지도 않고 평행하지도 않는다고 생각해서 꼬인 위치라고 생각하기 쉬운데 두 평면을 연장하면 만나게 돼.
잊지 말자! 꼬인 위치는 공간에서 두 직선의 위치 관계에서만 있다는 사실.

❖ 오른쪽 그림의 직육면체에서 다음을 구하여라. (1~3)

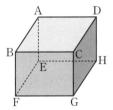

1 면 BFGC와 평행한 면

2 면 ABFE와 수직인 면의 개수

3 서로 평행한 면은 몇 쌍

❖ 오른쪽 그림의 정육각기둥에서 다음을 구하여라. (4~6)

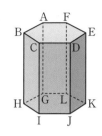

4 면 CIJD와 평행한 면

5 면 ABCDEF와 수직인 면의 개수

6 서로 평행한 면은 몇 쌍

❖ 공간에서의 위치 관계에서 다음 중 옳은 것에는 ○표, 옳지 않은 것에는 ×표를 하여라. (7~10)

7 한 평면에 수직인 서로 다른 두 평면은 서로 수직이다.

8 한 직선에 수직인 서로 다른 두 평면은 서로 평행하다.

9 한 평면에 수직인 서로 다른 두 직선은 서로 평행하다.

10 한 평면에 평행한 서로 다른 두 직선은 서로 평행하다.

개념 8 두 평면의 수직

평면 P가 평면 Q에 수직인 직선 l을 포함할 때, 평면 P와 평면 Q는 서로 수직이다 또는 직교한다고 한다.
⇨ 기호 : $P \perp Q$

11 오른쪽 그림의 직육면체에서 면 AEGC와 수직인 면을 모두 구하여라.

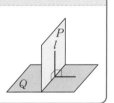
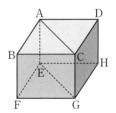

* 정답과 해설 3쪽

정답

1 면 AEHD   2 4   3 3쌍   4 면 AGLF   5 6   6 4쌍   7 ×   8 ○   9 ○   10 ×   11 면 ABCD, 면 EFGH

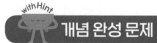

개념 3 - 평면에서 서로 다른 세 직선의 위치 관계

1 다음 중 한 평면 위에 있는 서로 다른 세 직선 l, m, n 에 대하여 $l /\!/ m$, $m \perp n$일 때, 두 직선 l과 n의 위치 관계는?

① 평행하다.　　　　　② 일치한다.

③ 만나지 않는다.　　　④ 수직이다.

⑤ 꼬인 위치에 있다.

Hint 세 직선을 주어진 조건에 맞추어 그려 본다.

개념 4 - 꼬인 위치

2 오른쪽 그림과 같은 직육면체 에서 모서리 DH와 꼬인 위치 에 있는 모서리가 **아닌** 것은?

① $\overline{\text{AB}}$　　　② $\overline{\text{BC}}$
③ $\overline{\text{EF}}$　　　④ $\overline{\text{EH}}$
⑤ $\overline{\text{FG}}$

Hint 모서리 DH와 한 점에서 만나는 모서리는 꼬인 위치가 아니다.

개념 5 - 평면의 결정 조건

3 다음 중 한 평면을 결정하는 조건이 **아닌** 것은?

① 평행한 두 직선

② 꼬인 위치에 있는 두 직선

③ 한 직선과 그 직선 밖의 한 점

④ 한 점에서 만나는 두 직선

⑤ 한 직선 위에 있지 않은 서로 다른 세 점

Hint 공간에서 두 직선이 평행하지도 않고 만나지도 않으면 한 평면을 결 정할 수 없다.

개념 6 - 공간에서 직선과 평면의 위치 관계

4 오른쪽 그림과 같은 삼각기둥에 서 모서리 AB와 수직인 모서리 의 개수를 a, 수직인 면의 개수를 b라고 할 때, $a+b$의 값을 구하 여라.

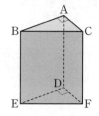

Hint 사각형 ABED는 직사각형이다.

개념 7 - 공간에서 두 평면의 위치 관계

5 다음 중 공간에서 직선과 평면의 위치 관계에 대한 설 명으로 항상 옳은 것은?

① 한 평면과 수직인 두 평면은 서로 수직이다.

② 직선과 평면이 만나지 않으면 꼬인 위치에 있다.

③ 한 직선에 수직인 서로 다른 두 직선은 평행하다.

④ 한 평면에 평행한 서로 다른 두 직선은 평행하다.

⑤ 한 평면에 수직인 서로 다른 두 직선은 평행하다.

Hint 오른쪽 그림과 같이 공간에서 한 직선 l에 수 직인 두 직선 m과 n은 꼬인 위치에 있을 수 있다.

개념 7 - 공간에서 두 평면의 위치 관계

6 오른쪽 그림은 직육면체를 $\overline{\text{BC}} = \overline{\text{FG}}$가 되도록 잘라 낸 입 체도형이다. 다음 중 옳지 **않은** 것을 모두 고르면? (정답 2개)

① 면 ABFE와 꼬인 위치에 있 는 면은 면 DCGH이다.

② 면 DCGH와 수직인 면은 2개이다.

③ 모서리 GH와 꼬인 위치에 있는 모서리는 5개이다.

④ 모서리 EF에 평행한 모서리는 1개이다.

⑤ 모서리 AE와 꼬인 위치에 있는 모서리는 6개이다.

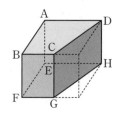

Hint 모서리 EF와 모서리 HG는 평행하지 않다.

1. 동위각과 엇각 중요도 ★★★★★

개념 1 **동위각과 엇각**

오른쪽 그림과 같이 한 평면 위의 서로 다른 두 직선 l, m이 다른 한 직선 n과 만나서 생기는 8개의 각 중에서

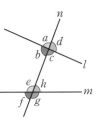

① **동위각** : 서로 같은 위치에 있는 각
⇨ $\angle a$와 $\angle e$, $\angle b$와 $\angle f$,
$\angle d$와 $\angle h$, $\angle c$와 $\angle g$

② **엇각** : 서로 엇갈린 위치에 있는 각
⇨ $\angle b$와 $\angle h$, $\angle c$와 $\angle e$

🍯 바빠꿀팁
• 엇각을 찾을 때 헷갈리는 학생 이 많이 있는데, 영문자 Z 또는 거꾸로 된 Z를 찾으면 돼.

❖ 오른쪽 그림을 보고, 다음을 구하여라. (1~4)

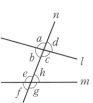

1 $\angle f$의 동위각

2 $\angle h$의 동위각

3 $\angle e$의 엇각

4 $\angle b$의 엇각

개념 2 **평행선의 성질** 핵심

평행한 두 직선 l, m이 다른 한 직선과 만날 때,

① 동위각의 크기는 서로 같다. ⇨ $l /\!/ m$이면 $\angle a = \angle b$

② 엇각의 크기는 서로 같다. ⇨ $l /\!/ m$이면 $\angle c = \angle d$

★ '평행선에서의 동위각과 엇각의 크기는 같다.'를 배우고 문제 를 많이 풀다 보면 동위각과 엇각의 크기는 무조건 같다고 생 각하는데 평행선이라는 조건이 없으면 동위각과 엇각의 크기 는 같지 않아. 꼭 기억해!

❖ 다음 그림에서 $l /\!/ m$일 때, $\angle x$의 크기를 구하여라. (5~6)

5

6

❖ 다음 그림에서 $l /\!/ m$일 때, $\angle x$, $\angle y$의 크기를 각각 구하 여라. (7~8)

7

8
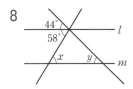

개념 3 **두 직선이 평행하기 위한 조건**

서로 다른 두 직선 l, m이 다른 한 직 선과 만날 때,

① 동위각의 크기가 같으면 두 직선 l, m은 평행하다.

② 엇각의 크기가 같으면 두 직선 l, m은 평행하다

❖ 다음 그림에서 평행한 두 직선을 찾아라. (9~10)

9
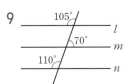

10
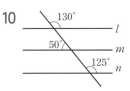

정답 * 정답과 해설 4쪽

1 $\angle b$ 2 $\angle d$ 3 $\angle c$ 4 $\angle h$ 5 $63°$ 6 $57°$ 7 $\angle x = 52°$, $\angle y = 75°$ 8 $\angle x = 58°$, $\angle y = 44°$ 9 직선 m과 직선 n 10 직선 l과 직선 m

2. 평행선에 보조선을 그어 각의 크기 구하기
중요도 ★★★★★

개념 4 삼각형의 세 내각의 크기의 합을 이용하여 각의 크기 구하기

평행선과 서로 다른 두 직선이 만나서 삼각형이 생기는 경우
⇨ 삼각형의 세 내각의 크기의 합이 $180°$임을 이용한다.

❖ 다음 그림에서 $l /\!/ m$일 때, $\angle x$의 크기를 구하여라. (1~2)

1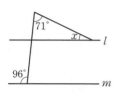

2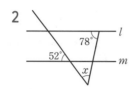

개념 5 보조선을 1개 그어 각의 크기 구하기 핵심

① 꺾인 점을 지나면서 주어진 평행선과 평행한 직선을 긋는다.

② 평행선에서 엇각의 크기가 같음을 이용하여 각의 크기를 구한다.

㉾ 오른쪽 그림에서 $\angle x$의 크기를 구해 보자.

오른쪽 그림과 같이 꺾인 점을 지나면서 주어진 평행선과 평행한 직선을 긋는다. 평행선에서 엇각의 크기가 같음을 이용하면
$\angle x = 28° + 56° = 84°$

❖ 다음 그림에서 $l /\!/ m$일 때, $\angle x$의 크기를 구하여라. (3~4)

3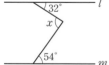

4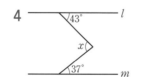

❖ 다음 그림에서 $l /\!/ m$일 때, $\angle x$의 크기를 구하여라. (5~6)

5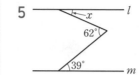

6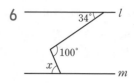

개념 6 보조선을 여러 개 그어 각의 크기 구하기 핵심

① 꺾인 꼭짓점의 개수만큼 꺾인 꼭짓점을 지나면서 주어진 평행선과 평행한 직선을 긋는다.

② 평행선에서 엇각의 크기가 같음을 이용하여 각의 크기를 구한다.

㉾ 오른쪽 그림에서 $\angle x$의 크기를 구해 보자.

오른쪽 그림과 같이 꺾인 점들을 지나면서 평행선과 평행한 직선을 2개 긋는다. 엇각의 크기가 같음을 이용하면 $\angle x = 52° + 58° = 110°$

❖ 다음 그림에서 $l /\!/ m$일 때, $\angle x$의 크기를 구하여라. (7~10)

7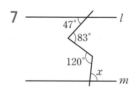

8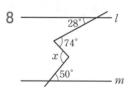

9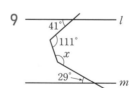

10

3. 평행선에서의 활용

개념 7 여러 가지 모양에서 각의 크기 구하기

예 오른쪽 그림에서 $l /\!/ m$일 때, $\angle a + \angle b + \angle c + \angle d$의 크기를 구해 보자.

오른쪽 그림과 같이 두 직선이 만나는 점에서 주어진 평행선에 평행한 직선을 2개 긋는다.
평행선에서 동위각의 크기가 같음을 이용하면
$\angle a + \angle b + \angle c + \angle d = 180°$

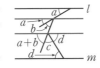

🐘 외워 외워!

★ 위와 같은 유형의 문제는 중간에 평행선을 몇 개 긋든지 각의 크기의 합이 $180°$가 된다.

❖ 다음 그림에서 $l /\!/ m$일 때, ☐ 안에 알맞은 값을 써넣어라. (1~3)

1 $\angle a + \angle b + \angle c =$ ☐

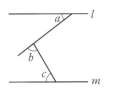

2 $\angle a + \angle b + \angle c + \angle d + \angle e =$ ☐

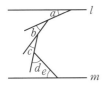

3 $\angle x =$ ☐

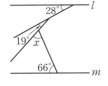

개념 8 접은 종이에서 각의 크기 구하기

① 접은 각의 크기와 원래 각의 크기는 같다.

② 엇각의 크기는 같다.

③ 삼각형의 세 내각의 크기의 합은 $180°$이다.
$2\angle x + \angle y = 180°$

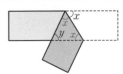

예 오른쪽 그림에서 $\angle x$의 크기를 구해 보자.

오른쪽 그림과 같이 접은 각의 크기는 원래 각의 크기와 같고 평행선에서 엇각의 크기는 같으므로
$2\angle x + 64° = 180°$, $2\angle x = 116°$
$\therefore \angle x = 58°$

❖ 다음 그림과 같이 직사각형 모양의 종이를 접었을 때, $\angle x$의 크기를 구하여라. (4~6)

4

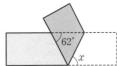

5

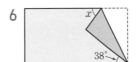

6

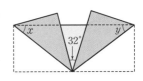

7 오른쪽 그림과 같이 직사각형 모양의 종이를 접었을 때, $\angle x + \angle y$의 크기를 구하여라.

✱ 정답과 해설 4쪽

* 정답과 해설 5쪽

1 오른쪽 그림과 같이 세 직선 l, m, n이 만날 때, 다음 중 옳지 <u>않은</u> 것은?

① $\angle c$의 엇각은 $\angle e$, $\angle s$이다.

② $\angle h$의 동위각은 $\angle d$, $\angle s$ 이다.

③ $\angle a$의 동위각은 $\angle e$, $\angle s$이다.

④ $\angle p$의 엇각은 $\angle e$, $\angle h$이다.

⑤ $\angle r$의 맞꼭지각은 $\angle p$이다.

Hint 엇각은 영문자 Z 또는 거꾸로 된 Z를 찾아본다.

2 오른쪽 그림에서 $l /\!/ m$, $k /\!/ n$일 때, $\angle x + \angle y$의 크기는?

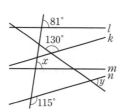

① $128°$ ② $129°$

③ $131°$ ④ $134°$

⑤ $135°$

Hint 평행선에서 동위각과 엇각의 크기는 같다.

3 오른쪽 그림에서 평행한 두 직선을 모두 찾아 기호로 나타내어라.

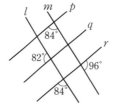

Hint 두 직선에서 동위각 또는 엇각의 크기가 같으면 두 직선은 평행하다.

4 오른쪽 그림에서 $l /\!/ m$일 때, $\angle x$의 크기는?

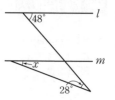

① $20°$ ② $22°$

③ $24°$ ④ $26°$

⑤ $28°$

Hint 삼각형의 세 내각의 크기의 합은 $180°$임을 이용한다.

5 오른쪽 그림과 같이 평행한 두 직선 l, m과 정삼각형 ABC가 각각 점 A, C에서 만날 때, x의 값을 구하여라.

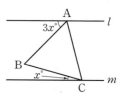

Hint 점 B를 중심으로 두 직선 l, m에 평행한 선을 긋는다.

6 오른쪽 그림에서 $l /\!/ m$일 때, x의 값은?

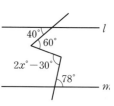

① 60 ② 64

③ 68 ④ 70

⑤ 72

Hint 꺾인 꼭짓점에 평행선에 평행한 직선을 2개 긋는다.

개념 1 간단한 도형의 작도

✔ 작도

눈금 없는 자와 컴퍼스만을 사용하여 도형을 그리는 것

① 눈금 없는 자 : 두 점을 지나는 선분을 그리거나 선분을 연장할 때 사용

② 컴퍼스 : 주어진 선분의 길이를 재어 다른 직선 위로 옮기거나 원을 그릴 때 사용

작도에서 자는 길이를 재는 용도가 아닌 선을 긋는 용도로만 사용해. 눈금 No!

✔ 길이가 같은 선분의 작도

$\overline{AB}$와 길이가 같은 $\overline{CD}$를 작도해 보면
㉠ 직선 l을 긋고 그 위에 점 C를 잡는다.
㉡ $\overline{AB}$의 길이를 컴퍼스를 이용하여 잰다.
㉢ 점 C를 중심으로 $\overline{AB}$의 길이와 같은 점을 찍어 직선 l과의 교점을 D라고 한다.

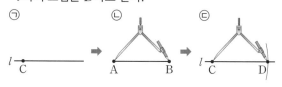

❖ 다음 작도에 대한 설명으로 옳은 것에는 ○표, 옳지 않은 것에는 ×표를 하여라. (1~5)

1 선분을 연장할 때는 눈금 없는 자를 사용한다. _____

2 주어진 선분의 길이를 옮길 때는 컴퍼스를 사용한다.
_____

3 주어진 선분의 길이를 잴 때는 눈금 없는 자를 사용한다.
_____

4 작도를 할 때는 눈금 없는 자와 컴퍼스를 사용한다.
_____

5 두 선분의 길이를 비교할 때는 자를 사용한다.
_____

개념 2 크기가 같은 각의 작도

∠XOY와 크기가 같은 ∠DPQ를 작도해 보면
㉠ 점 O를 중심으로 하는 원을 그려 $\overrightarrow{OX}$, $\overrightarrow{OY}$와의 교점을 각각 A, B라고 한다.
㉡ 점 P를 중심으로 하고 반지름의 길이가 $\overline{OA}$인 원을 그려 $\overrightarrow{PQ}$와의 교점을 C라고 한다.
㉢ $\overline{AB}$의 길이를 잰다.
㉣ 점 C를 중심으로 반지름의 길이가 $\overline{AB}$인 원을 그려 ㉡의 원과 만나는 점을 D라고 한다.
㉤ $\overrightarrow{PD}$를 긋는다.

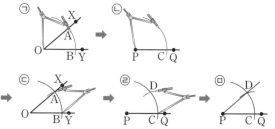

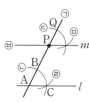

🐝 바빠꿀팁
· 오른쪽 그림과 같이 점 P를 지나고 직선 l에 평행한 직선 m을 동위각의 크기가 같으면 두 직선이 평행하다는 성질을 이용하여 ㉠ → ㉡ → ㉢ → ㉣ → ㉤ → ㉥의 순서로 작도할 수 있다.

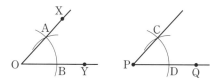

6 다음 그림은 ∠XOY와 크기가 같고 반직선 PQ를 한 변으로 하는 각을 작도하는 과정이다. 다음 보기의 작도 순서를 바르게 나열하여라.

━━ 보 기 ━━
㉠ 점 P를 중심으로 하고 반지름의 길이가 $\overline{OA}$인 원을 그려 $\overrightarrow{PQ}$와의 교점을 D라고 한다.
㉡ $\overrightarrow{PC}$를 긋는다.
㉢ 점 O를 중심으로 하는 원을 그려 $\overrightarrow{OX}$, $\overrightarrow{OY}$와의 교점을 각각 A, B라고 한다.
㉣ $\overline{AB}$의 길이를 잰다.
㉤ 점 D를 중심으로 반지름의 길이가 $\overline{AB}$인 원을 그려 ㉠의 원과 만나는 점을 C라고 한다.

정답

* 정답과 해설 5쪽

1○ 2○ 3× 4○ 5× 6㉢ → ㉠ → ㉣ → ㉤ → ㉡

개념 3 **삼각형의 작도**

✔**삼각형의 세 변의 길이 사이의 관계**

① **삼각형 ABC** : 세 점 A, B, C를 꼭짓점으로 하는 삼각형
⇨ 기호 : △ABC

② **대변과 대각**
• 대변 : 한 각과 마주 보는 변
• 대각 : 한 변과 마주 보는 각

③ **삼각형의 세 변의 길이 사이의 관계**
삼각형의 두 변의 길이의 합은 나머지 한 변의 길이보다 크다. ⇨ $a+b>c, b+c>a, c+a>b$

✔**삼각형의 작도**

① 세 변의 길이가 주어질 때,
㉠ $\overline{BC}$와 길이가 같은 선분을 작도한다.
㉡ 반지름의 길이가 각각 $\overline{AB}$, $\overline{AC}$인 두 원을 점 B, 점 C를 중심으로 그려 그 교점을 A라고 한다.
㉢ 두 점 A와 B, A와 C를 이으면 △ABC가 된다.

② 두 변의 길이와 그 끼인각의 크기가 주어질 때,
㉠, ㉡, ㉢ 점 B를 중심으로 ∠B와 크기가 같은 각을 작도한다.
㉣ 두 변 위에 각각 $\overline{AB}$, $\overline{BC}$와 길이가 같은 선분을 점 B를 중심으로 작도한다.
㉤ 두 점 A와 C를 이으면 △ABC가 된다.

③ 한 변의 길이와 그 양 끝 각의 크기가 주어질 때,
㉠ $\overline{BC}$와 길이가 같은 선분을 작도한다.
㉡, ㉢, ㉣ 점 B를 중심으로 ∠B와 크기가 같은 각을 작도한다.
㉤, ㉥, ㉦ 점 C를 중심으로 ∠C와 크기가 같은 각을 작도한다.
㉣, ㉦의 교점을 A라고 하면 △ABC가 된다.

❖ 세 선분의 길이가 다음과 같을 때, 삼각형을 만들 수 있는 것에는 ○표, 삼각형을 만들 수 없는 것에는 ×표를 하여라. (1~4)

1 3 cm, 5 cm, 8 cm _____

2 4 cm, 5 cm, 6 cm _____

3 7 cm, 7 cm, 7 cm _____

4 3 cm, 4 cm, 9 cm _____

❖ 다음 그림은 △ABC를 작도하는 과정이다. ☐ 안에 알맞은 것을 써넣어라. (5~6)

5 두 변의 길이와 그 끼인각의 크기가 주어질 때

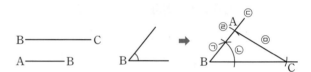

㉠, ㉡, ㉢ 점 B를 중심으로 ☐와 크기가 같은 각을 작도한다.
㉣ ∠B의 두 변 위에 각각 ☐, $\overline{BC}$와 길이가 같은 선분을 작도한다.
㉤ 두 점 A와 ☐를 이으면 △ABC가 된다.

6 한 변의 길이와 그 양 끝 각의 크기가 주어질 때

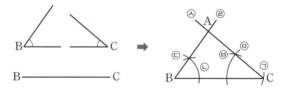

㉠ ☐와 길이가 같은 선분을 작도한다.
㉡, ㉢, ㉣ 점 B를 중심으로 ☐와 크기가 같은 각을 작도한다.
㉤, ㉥, ㉦ 점 C를 중심으로 ☐와 크기가 같은 각을 작도한다.
㉣, ㉦의 교점을 ☐라고 하면 △ABC가 된다.

정답 　　　　　　　　　　　* 정답과 해설 5쪽

1 ×　　2 ○　　3 ○　　4 ×　　5 ∠B, $\overline{AB}$, C　　6 $\overline{BC}$, ∠B, ∠C, A

3. 삼각형이 하나로 정해지는 경우

개념 4 삼각형이 하나로 정해지는 조건 핵심

✔ 삼각형이 하나로 정해지는 경우

① 세 변의 길이가 주어질 때,

② 두 변의 길이와 그 끼인각의 크기가 주어질 때,

③ 한 변의 길이와 그 양 끝 각의 크기가 주어질 때,

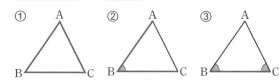

✔ 삼각형이 하나로 정해지지 않는 경우

① 한 변의 길이가 나머지 두 변의 길이의 합보다 크거나 같을 때,

⇨ 삼각형이 그려지지 않는다.

(예)

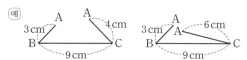

두 변의 길이의 합이 한 변의 길이보다 작거나 같아서 삼각형이 그려지지 않는다.

② 두 변의 길이와 그 끼인각이 아닌 다른 한 각의 크기가 주어진 경우

⇨ 삼각형이 그려지지 않거나 1개 또는 2개로 그려진다.

(예) $\overline{BC}=7$ cm, $\overline{AC}=5$ cm, ∠B=40°

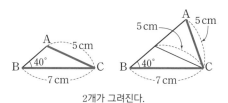

2개가 그려진다.

③ 세 각의 크기가 주어진 경우

⇨ 모양은 같고 크기가 다른 삼각형이 무수히 많이 그려진다.

(예)

무수히 많이 그려진다.

❖ 다음 중 △ABC가 하나로 정해지는 것은 ○표, 정해지지 않는 것은 ×표를 하여라. (1~8)

1 $\overline{AB}=8$ cm, $\overline{BC}=9$ cm, $\overline{CA}=15$ cm _____

2 $\overline{BC}=6$ cm, $\overline{CA}=7$ cm, ∠B=50° _____

3 $\overline{AC}=7$ cm, ∠A=45°, ∠C=70° _____

4 ∠A=40°, ∠B=65°, ∠C=75° _____

5 $\overline{AB}=6$ cm, $\overline{BC}=8$ cm, $\overline{CA}=15$ cm _____

6 $\overline{BC}=8$ cm, ∠B=57°, ∠A=72° _____

7 $\overline{AC}=8$ cm, $\overline{BC}=10$ cm, ∠C=75° _____

8 $\overline{AB}=7$ cm, $\overline{BC}=14$ cm, $\overline{CA}=7$ cm _____

9 △ABC에서 $\overline{AB}$와 $\overline{BC}$의 길이가 주어졌을 때, △ABC가 하나로 정해지기 위해 필요한 나머지 한 조건으로 적당한 것을 다음 보기에서 모두 골라라.

보기

ㄱ. $\overline{CA}$ ㄴ. ∠A   ㄷ. ∠B   ㄹ. ∠C

10 △ABC에서 $\overline{BC}$의 길이와 ∠B의 크기가 주어졌을 때, △ABC가 하나로 정해지기 위해서는 조건이 하나 더 필요하다. 이때 더 필요한 조건이 아닌 것을 다음 보기에서 골라라.

보기

ㄱ. ∠C   ㄴ. $\overline{AB}$ ㄷ. ∠A   ㄹ. $\overline{CA}$

개념 1 - 간단한 도형의 작도

1 다음 중 작도에 대한 설명으로 옳은 것을 모두 고르면? (정답 2개)

① 주어진 각과 크기가 같은 각을 작도할 때는 각도기를 사용한다.

② 눈금 없는 자와 컴퍼스만을 사용한다.

③ 두 선분의 길이를 비교할 때는 눈금 없는 자를 사용한다.

④ 선분을 연장할 때는 눈금없는 자를 사용한다.

⑤ 선분의 길이를 다른 직선으로 옮길 때는 자를 사용한다.

Hint 작도는 눈금 없는 자를 사용하므로 자로 길이를 잴 수 없다.

개념 2 - 크기가 같은 각의 작도

2 아래 그림은 ∠XOY와 크기가 같은 각을 $\overrightarrow{PQ}$를 한 변으로 하여 작도한 것이다. 다음 중 옳지 <u>않은</u> 것은?

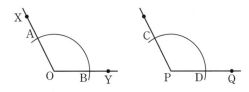

① $\overline{OA}=\overline{OB}$　② $\overline{AB}=\overline{CD}$　③ $\overline{AB}=\overline{PC}$

④ $\overline{OA}=\overline{PD}$　⑤ ∠AOB=∠CPD

Hint 반지름의 길이가 같은 것을 찾아본다.

개념 2 - 평행선의 작도

3 오른쪽 그림은 직선 l 밖의 한 점 P를 지나고 직선 l에 평행한 직선 m을 작도하는 과정이다. 다음 중 작도 순서를 바르게 나열한 것은?

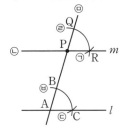

① ㉢ → ㉤ → ㉠ → ㉥ → ㉡ → ㉣

② ㉥ → ㉣ → ㉢ → ㉠ → ㉡ → ㉤

③ ㉤ → ㉣ → ㉥ → ㉠ → ㉢ → ㉡

④ ㉤ → ㉥ → ㉣ → ㉢ → ㉠ → ㉡

⑤ ㉤ → ㉣ → ㉠ → ㉥ → ㉡ → ㉢

Hint 먼저 점 P를 지나는 직선을 그어 직선 l과의 교점을 A라고 한다.

개념 3 - 삼각형의 작도

4 오른쪽 그림과 같이 $\overline{AB}$의 길이와 ∠A, ∠B의 크기가 주어졌을 때, 다음 중 △ABC를 작도하는 순서로 옳지 <u>않은</u> 것은?

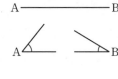

① $\overline{AB}$ → ∠B → ∠A

② ∠A → $\overline{AB}$ → ∠B

③ $\overline{AB}$ → ∠A → ∠B

④ ∠B → $\overline{AB}$ → ∠A

⑤ ∠A → ∠B → $\overline{AB}$

Hint 선분을 먼저 작도하거나 선분을 두 각의 작도의 사이에 작도해야 △ABC가 하나로 작도된다.

개념 4 - 삼각형이 하나로 정해지는 조건

5 △ABC에서 $\overline{AB}$의 길이가 주어졌을 때, 다음 보기 중 △ABC가 하나로 정해지기 위해 더 필요한 조건을 모두 고른 것은?

┌ 보 기 ┐
ㄱ. $\overline{AC}$, ∠A　　　　ㄴ. $\overline{BC}$, ∠A
ㄷ. $\overline{AC}$, ∠C　　　　ㄹ. ∠A, ∠C

① ㄱ, ㄴ　　② ㄱ, ㄷ　　③ ㄱ, ㄹ

④ ㄴ, ㄹ　　⑤ ㄷ, ㄹ

Hint 한 변의 길이가 주어져 있으므로 다른 한 변의 길이와 그 끼인각이 주어진 것을 찾거나 주어진 선분의 양 끝 각을 찾는다.

개념 4 - 삼각형이 하나로 정해지는 조건

6 다음 중 △ABC가 하나로 정해지지 <u>않는</u> 것을 모두 고르면? (정답 2개)

① $\overline{AB}=6$ cm, $\overline{BC}=9$ cm, ∠B=100°

② ∠A=52°, ∠B=48°, ∠C=80°

③ $\overline{BC}=7$ cm, ∠B=65°, ∠A=35°

④ $\overline{AB}=8$ cm, $\overline{BC}=7$ cm, $\overline{CA}=15$ cm

⑤ $\overline{AB}=5$ cm, $\overline{BC}=6$ cm, ∠B=60°

Hint 두 각의 크기가 주어지면 나머지 한 각의 크기를 구할 수 있다.

개념 1 합동

① **합동** : 한 도형을 크기와 모양을 바꾸지 않고 다른 도형에 완전히 포갤 수 있을 때, 이 두 도형을 서로 합동이라고 한다.

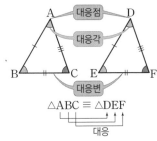

$$\triangle ABC \equiv \triangle DEF$$

⇨ 두 삼각형 ABC와 DEF가 합동일 때
  기호 : $\triangle ABC \equiv \triangle DEF$

② **대응** : 합동인 두 도형에서 서로 포개어지는 꼭짓점, 변, 각은 서로 대응한다고 한다.
  • 대응점 : 점 A와 점 D, 점 B와 점 E, 점 C와 점 F
  • 대응각 : ∠A와 ∠D, ∠B와 ∠E, ∠C와 ∠F
  • 대응변 : $\overline{AB}$와 $\overline{DE}$, $\overline{BC}$와 $\overline{EF}$, $\overline{CA}$와 $\overline{FD}$
  대응변의 길이와 대응각의 크기는 같다.

예 다음 그림의 △ABC와 △DEF가 합동일 때, $\overline{EF}$의 길이와 ∠C의 크기를 각각 구해 보자.

△ABC와 △DEF가 합동이므로 대응각과 대응변을 찾아보면
$\overline{EF} = \overline{BC} = 4$ cm, ∠C = ∠F = 80°

③ **합동인 도형의 성질**
  두 도형이 서로 합동이면
  • 대응변의 길이는 서로 같다.
  • 대응각의 크기는 서로 같다.

🐷 바빠꿀팁
• 합동인 두 도형을 나타낼 때는 두 도형의 대응점을 반드시 같은 순서로 써야 해.

앗! 실수

★ 넓이가 같은 두 원은 항상 합동이지만, 넓이가 같은 두 도형이 항상 합동은 아니야. 예를 들어, 가로의 길이가 3, 세로의 길이가 4인 직사각형과 가로의 길이가 2, 세로의 길이가 6인 직사각형은 넓이가 모두 12로 같지만 합동이 아니거든.

❖ 다음 중 두 도형이 항상 합동인 것에는 ○표, 합동이 아닌 것에는 ×표를 하여라. (1~6)

1 넓이가 같은 두 원 _____

2 한 변의 길이가 같은 두 정삼각형 _____

3 넓이가 같은 두 직사각형 _____

4 둘레의 길이가 같은 두 삼각형 _____

5 넓이가 같은 두 정사각형 _____

6 넓이가 같은 두 삼각형 _____

7 다음 그림에서 △ABC≡△DEF일 때, x, y의 값을 각각 구하여라.

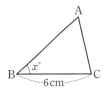 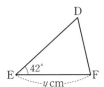

❖ 다음 그림에서 두 사각형 ABCD, EFGH가 합동일 때, 다음 □ 안에 알맞은 값을 써넣어라. (8~11)

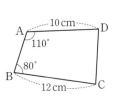 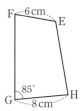

8 ∠C = □   **9** ∠F = □

10 $\overline{FG}$ = □   **11** $\overline{AB}$ = □

정답

* 정답과 해설 6쪽

1 ○   2 ○   3 ×   4 ×   5 ○   6 ×   7 x=42, y=6   8 85°   9 80°   10 12 cm   11 6 cm

2. 삼각형의 합동

개념 2 **삼각형의 합동 조건** 핵심

두 삼각형은 다음의 각 경우에 합동이다.

① 세 대응변의 길이가 각각 같을 때,
$\overline{AB}=\overline{DE}$, $\overline{BC}=\overline{EF}$, $\overline{CA}=\overline{FD}$
⇨ △ABC≡△DEF (**SSS 합동**)

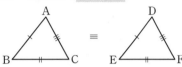

② 두 대응변의 길이가 각각 같고, 그 끼인각의 크기가 같을 때,
$\overline{AB}=\overline{DE}$, $\overline{BC}=\overline{EF}$, ∠B=∠E
⇨ △ABC≡△DEF (**SAS 합동**)

③ 한 대응변의 길이가 같고, 그 양 끝 각의 크기가 각각 같을 때,
$\overline{BC}=\overline{EF}$, ∠B=∠E, ∠C=∠F
⇨ △ABC≡△DEF (**ASA 합동**)

외워 외워!

★ 삼각형의 합동에서 사용하는 S는 Side이고 A는 Angle이야.
- SSS 합동
  → **Side Side Side**, 세 변의 길이가 같은 합동
- SAS 합동
  → **Side Angle Side**, 두 변 사이에 각이 끼어 있는 합동
- ASA 합동
  → **Angle Side Angle**, 한 변의 양쪽에 각이 있는 합동

쑥쑥 쑥쑥(SSS) 싸으면 무서운 사스(SAS)를 예방할 수 있어. 아싸(ASA)! 이렇게 외우자~

바빠 꿀팁
- △ABC=△DEF ⇨ 두 삼각형의 넓이가 같다.
- △ABC≡△DEF ⇨ 두 삼각형이 합동이다.

앗! 실수

★ 합동인 삼각형을 찾을 때 두 각의 크기가 나와 있다면 삼각형의 세 내각의 크기의 합이 180°임을 이용하여 나머지 한 각의 크기를 구한 후 찾아야 실수를 줄일 수 있어.

---

1 다음 중 합동인 삼각형을 찾아 ☐ 안에 알맞은 기호를 써넣어라.

┌ 보기 ┐

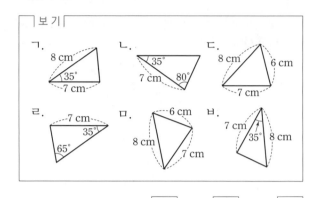

ㄱ — ☐ , ㄴ — ☐ , ㄷ — ☐

❖ 다음은 아래 그림을 보고 두 삼각형이 합동이 되는 과정을 설명한 것이다. ☐ 안에 알맞은 것을 써넣어라. (2~4)

2 △ABC와 △CDA에서

 $\overline{AB}=$ ☐

 ☐ $=\overline{DA}$

 ☐ 는 공통

∴ △ABC≡△CDA (☐ 합동)

3 △OAB와 △OCD에서

$\overline{AO}=$ ☐

$\overline{BO}=$ ☐

∠AOB= ☐

∴ △OAB≡△OCD (☐ 합동)

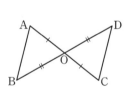

4 $\overline{AB}$ // $\overline{CD}$일 때,
△AOB와 △DOC에서

$\overline{AB}=$ ☐

∠BAO= ☐

☐ =∠DCO

∴ △AOB≡△DOC (☐ 합동)

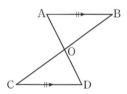

정답

＊ 정답과 해설 6쪽

1 ㅂ, ㄹ, ㅁ   2 $\overline{CD}$, $\overline{BC}$, $\overline{AC}$, SSS   3 $\overline{CO}$, $\overline{DO}$, ∠COD, SAS   4 $\overline{DC}$, ∠CDO, ∠ABO, ASA

3. 정삼각형의 성질을 이용한 삼각형의 합동

개념 3 삼각형이 합동이 되기 위해 추가될 조건

① 두 변의 길이가 각각 같을 때,
  ⇨ 나머지 한 변의 길이 또는 그 끼인각의 크기가 같아야 한다.

② 한 변의 길이와 그 양 끝 각 중 한 각의 크기가 같을 때,
  ⇨ 그 각을 끼고 있는 변의 길이 또는 다른 한 각의 크기가 같아야 한다.

③ 두 각의 크기가 각각 같을 때,
  ⇨ 한 변의 길이가 같아야 한다.

1 아래 그림의 △ABC와 △DEF에서 $\overline{AB}=\overline{DE}$일 때, 다음 보기에서 △ABC≡△DEF가 되는 경우를 모두 골라라.

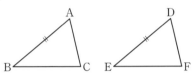

┌─ 보 기 ─┐
ㄱ. ∠A=∠D, ∠B=∠E
ㄴ. $\overline{AC}=\overline{DF}$, ∠B=∠E
ㄷ. $\overline{BC}=\overline{EF}$, ∠B=∠E
ㄹ. $\overline{AC}=\overline{DF}$, ∠C=∠F

개념 4 정삼각형의 성질을 이용하여 합동인 삼각형 찾기 **핵심**

① 세 변의 길이는 모두 같다.

② 세 내각의 크기는 모두 60°이다.

⑩ 오른쪽 그림에서 △ABC는 정삼각형이고 $\overline{DB}=\overline{EC}=\overline{FA}$일 때, 합동인 삼각형을 찾아보자.
  $\overline{AB}=\overline{BC}=\overline{CA}$이고
  $\overline{DB}=\overline{EC}=\overline{FA}$이므로
  $\overline{AD}=\overline{BE}=\overline{CF}$
  ∠A=∠B=∠C=60°
  △ADF와 △BED와 △CFE는 두 변의 길이와 끼인각의 크기가 같다.
  ∴ △ADF≡△BED≡△CFE (SAS 합동)

2 다음은 오른쪽 그림과 같이 $\overline{AB}$ 위에 한 점 C를 잡아 $\overline{AC}$, $\overline{CB}$를 각각 한 변으로 하는 두 정삼각형 ACD, CBE를 만들었을 때, △ACE≡△DCB임을 설명하는 과정이다. □ 안에 알맞은 것을 써넣어라.

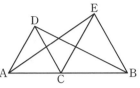

┌─────────────────────┐
△ACE와 △DCB에서
△ACD와 △CBE는 정삼각형이므로
$\overline{AC}=\overline{DC}$, $\overline{CE}=$ □ , ∠ACD=∠BCE
∠ACE=∠ACD+∠DCE=∠BCE+∠DCE
   = □
∴ △ACE≡△DCB (□ 합동)
└─────────────────────┘

❖ 오른쪽 그림에서 △ABC가 정삼각형이고, $\overline{AD}=\overline{CE}$일 때, □ 안에 알맞은 것을 써넣어라. (3~4)

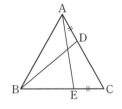

3 합동인 삼각형을 말하여라.

□ ≡ □

4 3번의 합동 조건은 □ 합동이다.

5 오른쪽 그림에서 △ABC가 정삼각형이고 $\overline{DB}=\overline{EC}=\overline{FA}$일 때, ∠x의 크기를 구하여라.

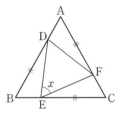

6 오른쪽 그림과 같이 정삼각형 ABC의 변 BC의 연장선 위에 점 D를 잡고, $\overline{AD}$를 한 변으로 하는 정삼각형 AED를 만들었을 때, 합동인 삼각형을 말하여라.

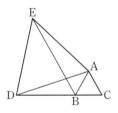

정답

1 ㄱ, ㄷ　2 $\overline{CB}$, ∠DCB, SAS　3 △ABD, △CAE　4 SAS　5 60°　6 △EBA와 △DCA

4. 정사각형의 성질을 이용한 삼각형의 합동
중요도 ★★★★★

개념 5 **정사각형의 성질을 이용하여 합동인 삼각형 찾기** 핵심

① 네 변의 길이는 모두 같다.

② 네 내각의 크기는 모두 90°이다.

1 다음은 오른쪽 그림에서 □ABCD는 정사각형이고 △EBC는 정삼각형일 때, △EAB≡△EDC임을 설명하는 과정이다. □ 안에 알맞은 것을 써 넣어라.

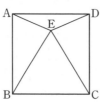

△EAB와 △EDC에서
□ABCD는 정사각형이므로 $\overline{AB}=$ ▭
△EBC는 정삼각형이므로 $\overline{EB}=$ ▭
∠ABE＝90°－60°＝30°
∠DCE＝90°－60°＝30°
∴ △EAB≡△EDC (▭ 합동)

2 오른쪽 그림과 같은 정사각형 ABCD에서 점 E는 대각선 BD 위의 점이고 점 F는 $\overline{AE}$와 $\overline{BC}$의 연장선의 교점이다. 다음은 ∠F＝29°일 때, ∠x의 크기를 구하는 과정이다. □ 안에 알맞은 것을 써넣어라.

△ABE와 △CBE에서
□ABCD는 정사각형이므로 $\overline{AB}=$ ▭
▭ 는 공통, ∠ABE＝∠CBE＝ ▭
∴ △ABE≡△CBE (▭ 합동)
△ABF에서 ∠BAF＝180°－(90°＋29°)＝61°
∴ ∠x＝ ▭

3 다음은 오른쪽 그림의 정사각형 ABCD에서 $\overline{BE}=\overline{CF}$일 때, ∠$x$의 크기를 구하는 과정이다. □ 안에 알맞은 것을 써넣어라.

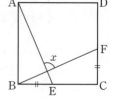

△ABE와 △BCF에서
□ABCD는 정사각형이므로 $\overline{AB}=\overline{BC}$
∠B＝∠C＝ ▭ , $\overline{BE}=\overline{CF}$이므로
△ABE≡△BCF (SAS 합동)
따라서 ∠BAE＝ ▭ 이므로
∠CBF＋∠BEA＝∠BAE＋∠BEA＝90°
∴ ∠x＝ ▭

❖ 오른쪽 그림에서 □ABCD, □GCEF가 정사각형일 때, □ 안에 알맞은 것을 써넣어라. (4~5)

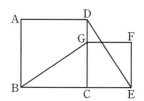

4 합동인 삼각형을 말하여라.

▭ ≡ ▭

5 4번의 합동 조건은 ▭ 합동이다.

6 오른쪽 그림의 정사각형 ABCD에서 $\overline{AP}=\overline{CQ}$일 때, ∠$x$의 크기를 구하여라.

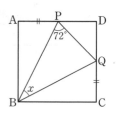

7 오른쪽 그림에서 점 E는 정사각형 ABCD의 대각선 AC 위의 점이고 ∠CED＝67°일 때, ∠x의 크기를 구하여라.

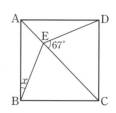

정답
* 정답과 해설 7쪽

1 $\overline{DC}$, $\overline{EC}$, SAS　2 $\overline{CB}$, $\overline{EB}$, 45°, SAS, 61°　3 90°, ∠CBF, 90°　4 △BCG, △DCE　5 SAS　6 36°　7 22°

* 정답과 해설 7쪽

개념 2 - 합동인 삼각형 찾기

1 다음 중 오른쪽 그림의 삼각형과 합동인 것을 모두 고르면? (정답 2개)

① ②

③ ④ ⑤

Hint 삼각형의 두 각의 크기가 주어졌을 때는 삼각형의 세 내각의 크기의 합이 180°임을 이용하여 나머지 한 각의 크기를 먼저 구한다.

개념 2 - 삼각형의 합동 조건

2 오른쪽 그림과 같이 선분 AB의 수직이등분선 위에 한 점 P를 잡아 선분 AP, BP를 그렸다. 합동인 삼각형을 찾고 합동조건을 말하여라.

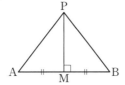

Hint $\overline{AM}=\overline{BM}$, $\overline{PM}$은 공통

개념 2 - 삼각형의 합동 조건

3 오른쪽 그림에서 두 점 B, F는 $\overline{DC}$ 위의 점이고 $\overline{AB}/\!/\overline{FE}$, $\overline{AC}/\!/\overline{DE}$, $\overline{DB}=\overline{CF}$일 때, 다음 중 옳지 않은 것을 모두 고르면? (정답 2개)

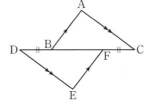

① $\overline{CB}=\overline{DF}$

② ∠ABC=∠FDE

③ △ABC≡△EFD (ASA 합동)

④ ∠ACB=∠EDF

⑤ △ABC≡△EFD (SAS 합동)

Hint 평행선에서 엇각의 크기는 같다.

개념 3 - 삼각형이 합동이 되기 위한 추가 조건

4 △ABC와 △DEF에서 $\overline{AB}=\overline{DE}$, ∠B=∠E일 때, △ABC와 △DEF가 SAS 합동이기 위해 더 필요한 조건은?

① $\overline{BC}=\overline{EF}$ ② ∠A=∠D   ③ $\overline{AC}=\overline{DE}$

④ ∠C=∠F   ⑤ $\overline{AC}=\overline{DF}$

Hint SAS 합동은 두 변의 길이와 그 끼인각의 크기가 같아야 하므로 ∠B와 ∠E가 끼인각이 되는 선분을 찾는다.

개념 4 - 정삼각형을 이용한 삼각형의 합동

5 오른쪽 그림에서 점 C는 $\overline{AB}$ 위의 점이고 △ACD와 △ECB는 정삼각형이다. 다음 중 옳지 않은 것은?

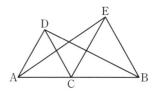

① $\overline{CE}=\overline{CB}$ ② △ACE≡△DCB

③ $\overline{AE}=\overline{BD}$ ④ $\overline{DC}=\overline{CB}$

⑤ ∠ACE=∠DCB=120°

Hint ∠ACD=∠BCE=60°이므로 ∠DCE=60°

개념 5 - 정사각형을 이용한 삼각형의 합동

6 오른쪽 그림과 같이 정사각형 ABCD에서 $\overline{BC}$의 연장선 위에 점 E를 잡아 정사각형 GCEF를 만들었다. $\overline{BG}$의 길이는?

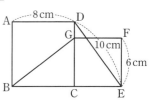

① 8 cm   ② 9 cm   ③ 10 cm

④ 11 cm   ⑤ 12 cm

Hint $\overline{BC}=\overline{DC}$, $\overline{GC}=\overline{EC}$, ∠BCG=∠DCE=90°

1. 다각형과 정다각형
중요도 ★★★☆☆

개념 1 다각형

세 개 이상의 선분으로 둘러싸인 평면도형 ⇨ 삼각형, 사각형, 오각형, …

① **변** : 다각형을 이루는 각 선분

② **꼭짓점** : 변과 변이 만나는 점

③ **내각** : 다각형에서 이웃하는 두 변이 이루는 각

④ **외각** : 다각형의 각 꼭짓점에 이웃하는 두 변 중에서 한 변과 다른 한 변의 연장선이 이루는 각

(내각은 안쪽, 외각은 바깥쪽에 있는 각!)

예 오른쪽 그림의 □ABCD에서 ∠A의 외각의 크기를 구해 보자.
∠A의 외각의 크기는 $180° - 85° = 95°$

바빠꿀팁
· 정해지지 않은 다각형을 n각형이라고 하는데 n에 3, 4, 5, … 를 대입하면 삼각형, 사각형, 오각형, …이 돼.
· 다각형에서 한 내각에 대한 외각은 2개이지만 서로 맞꼭지각으로 크기가 같으므로 2개 중 어느 것으로 생각해도 상관없어.

앗! 실수

★ 도형 전체 또는 일부가 곡선이거나 선분의 끝점이 만나지 않거나 입체도형인 것은 다각형이 아니야.

❖ 다음 중 다각형인 것은 ○표, 다각형이 아닌 것은 ×표를 하여라. (1~4)

1 팔각형 _____   **2** 원 _____

3 평행선 _____   **4** 오각기둥 _____

❖ 오른쪽 그림의 □ABCD에서 다음을 구하여라. (5~6)

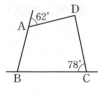

5 ∠A의 내각의 크기

6 ∠C의 외각의 크기

❖ 오른쪽 그림의 △ABC에서 다음을 구하여라. (7~8)

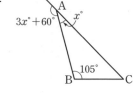

7 ∠A의 크기

8 ∠C의 외각의 크기

개념 2 정다각형

모든 변의 길이가 같고, 모든 내각의 크기가 같은 다각형

정삼각형   정사각형   정오각형   …

앗! 실수

★ 변의 길이가 모두 같아도 내각의 크기가 다르면 정다각형이 아니야. (단, 정삼각형은 제외) ⇨ 마름모
★ 내각의 크기가 모두 같아도 변의 길이가 다르면 정다각형이 아니야. (단, 정삼각형은 제외) ⇨ 직사각형

❖ 다음 정다각형에 대한 설명 중 옳은 것은 ○표, 옳지 않은 것은 ×표를 하여라. (9~12)

9 모든 변의 길이가 같고 모든 내각의 크기가 같다.
_____

10 네 변의 길이가 모두 같은 사각형은 정사각형이다.
_____

11 여섯 개의 내각의 크기가 모두 같은 육각형은 정육각형이다.
_____

12 정오각형은 다섯 개의 변의 길이가 모두 같다.
_____

2. 다각형의 대각선의 개수

개념 3 다각형의 대각선의 개수

① **대각선**

다각형에서 이웃하지 않는 두 꼭짓점을 이은 선분

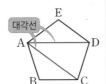

② **대각선의 개수**

- n각형의 한 꼭짓점에서 그을 수 있는 대각선의 개수 ⇨ $n-3$

- n각형의 대각선의 개수

꼭짓점의 개수 ┌ 한 꼭짓점에서 그을 수 있는 대각선의 개수

⇨ $\dfrac{n(n-3)}{2}$

한 대각선을 2번씩 센 것이므로 2로 나누어야 함

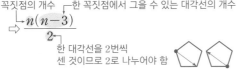

(예) 한 꼭짓점에서 그을 수 있는 대각선의 개수가 6인 다각형을 구해 보자.

다각형을 n각형이라고 하면

$n-3=6$ ∴ $n=9$

따라서 구각형이다.

(예) 육각형의 한 꼭짓점에서 그을 수 있는 대각선의 개수와 총 대각선의 개수를 각각 구해 보자.

육각형의 한 꼭짓점에서 그을 수 있는 대각선의 개수는 $6-3=3$

육각형의 대각선의 개수는

$\dfrac{6\times(6-3)}{2}=9$

바빠꿀팁

- n각형의 한 꼭짓점에서 자신과 이웃하는 2개의 꼭짓점에는 대각선을 그을 수 없으므로 자기 자신과 이웃하는 2개의 꼭짓점을 제외한 $(n-3)$개의 꼭짓점을 그을 수 있어.

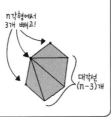

❖ 다음 다각형의 한 꼭짓점에서 그을 수 있는 대각선의 개수를 구하여라. (1~4)

1 사각형

2 오각형

3 팔각형

4 십각형

❖ 한 꼭짓점에서 그을 수 있는 대각선의 개수가 다음과 같은 다각형을 구하여라. (5~8)

5 2

6 4

7 7

8 10

❖ 다음 다각형의 대각선의 개수를 구하여라. (9~12)

9 오각형

10 칠각형

11 구각형

12 십이각형

❖ 대각선의 개수가 다음과 같은 다각형을 구하여라. (13~16)

13 2

14 5

15 9

16 35

정답

1 1   2 2   3 5   4 7   5 오각형   6 칠각형   7 십각형   8 십삼각형   9 5   10 14   11 27   12 54   13 사각형   14 오각형   15 육각형   16 십각형

개념 4　삼각형에서 내각과 외각 사이의 관계 [핵심]

✓ 삼각형에서 내각의 크기의 합

삼각형에서 세 내각의 크기의 합은 180°이다.

⇨ △ABC에서
$\angle A + \angle B + \angle C = 180°$

✓ 삼각형에서 내각과 외각 사이의 관계

삼각형에서 한 외각의 크기는 그와 이웃하지 않는 두 내각의 크기의 합과 같다.

⇨ △ABC에서 $\angle ACD = \angle A + \angle B$

❖ 다음 그림에서 x의 값을 구하여라. (1~4)

1

2
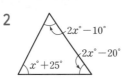

3
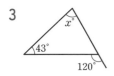

4
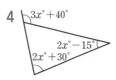

개념 5　삼각형에서 내각의 응용

(예) 오른쪽 그림에서 삼각형의 세 내각의 크기의 합을 이용하여 $\angle x$의 크기를 구해 보자.

두 점 B와 C를 이으면 △ABC에서

$73° + 28° + 37° + \angle DBC + \angle DCB = 180°$
∴ $\angle DBC + \angle DCB = 180° - 138° = 42°$
△DBC에서 $\angle x = 180° - (\angle DBC + \angle DCB) = 138°$

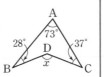

❖ 다음 그림에서 $\angle x$의 크기를 구하여라. (5~6)

5
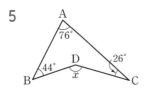

6
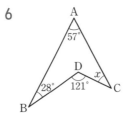

개념 6　삼각형에서 외각의 응용

(예) 오른쪽 그림에서 삼각형의 외각의 성질을 이용하여 $\angle x$의 크기를 구해 보자.

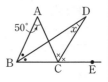

△ABC에서
$\angle A + 2\bullet = 2\times$, $\angle A = 2\times - 2\bullet$
$50° = 2\times - 2\bullet$　⋯ ㉠
㉠÷2를 하면 $25° = \times - \bullet$
△DBC에서 외각의 성질을 이용하면
$\angle x = \times - \bullet$이므로 $\angle x = 25°$

🐘 외워 외워!

★ 위의 그림과 같은 삼각형에서는 언제나
$\angle BDC = \dfrac{1}{2}\angle BAC$

❖ 다음 그림에서 $\angle x$의 크기를 구하여라. (7~8)

7
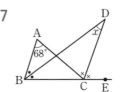

8
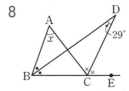

개념 7　별모양 도형에서 각의 크기

(예) 오른쪽 그림에서
$\angle a + \angle b + \angle c + \angle d + \angle e$
의 크기를 구해 보자.
△GBD에서
$\angle AGF = \angle b + \angle d$
△FCE에서
$\angle AFG = \angle c + \angle e$
△AFG의 내각의 크기의 합은 180°이므로
$\angle a + \angle b + \angle c + \angle d + \angle e = 180°$

🐘 외워 외워!

★ 별 모양의 꼭지각의 크기의 합은 무조건 180°야.

9 오른쪽 그림에서
$\angle a + \angle b + \angle c + \angle d$의 크기를 구하여라.

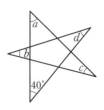

4. 다각형의 내각과 외각의 크기의 합

중요도 ★★★★☆

개념 8 다각형에서 내각의 크기의 합 핵심

n각형에서 내각의 크기의 합은 $180° \times (n-2)$이다.

다각형	사각형	오각형	n각형
한 꼭짓점에서 대각선을 모두 그었을 때 나누어지는 삼각형의 개수	 2	3	$n-2$
내각의 크기의 합	$180° \times 2$ $=360°$	$180° \times 3$ $=540°$	$180° \times (n-2)$

(예) 칠각형의 내각의 크기의 합을 구해 보자.
$180° \times (7-2) = 900°$

자주 나오는 다각형은 내각의 크기의 합을 외워 두면 시간을 절약할 수 있어!
사각형 → 360°
오각형 → 540°
육각형 → 720°

❖ 다음 다각형의 내각의 크기의 합을 구하여라. (1~2)

1 팔각형

2 십각형

❖ 다음 그림에서 ∠x의 크기를 구하여라. (3~4)

3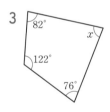
82°
x
122°
76°

4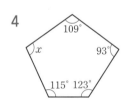
109°
x
93°
115° 123°

❖ 다음 그림에서 ∠x의 크기를 구하여라. (5~6)

5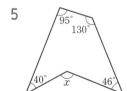
95°
130°
40°
x
46°

6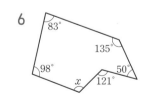
83°
135°
98°
x
121°
50°

개념 9 다각형에서 외각의 크기의 합

n각형에서 외각의 크기의 합은 항상 $360°$이다.

다각형	삼각형	사각형	n각형
① (내각의 크기의 합)+(외각의 크기의 합)	$180° \times 3$	$180° \times 4$	$180° \times n$
② 내각의 크기의 합	$180° \times 1$	$180° \times 2$	$180° \times (n-2)$
①-② 외각의 크기의 합	$360°$	$360°$	$360°$

(예) 칠각형의 외각의 크기의 합을 구해 보자.
모든 다각형의 외각의 크기의 합은 $360°$이다.

❖ 다음 그림에서 ∠x의 크기를 구하여라. (7~8)

7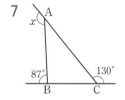
x A
87° 130°
B C

8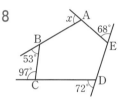
x A
68°
B E
53°
97°
C D
72°

개념 10 정다각형의 한 내각과 한 외각의 크기

① (정n각형에서 한 내각의 크기)$= \dfrac{180° \times (n-2)}{n}$

② (정n각형에서 한 외각의 크기)$= \dfrac{360°}{n}$

❖ 다음 정다각형의 한 내각의 크기를 구하여라. (9~10)

9 정오각형

10 정구각형

❖ 한 외각의 크기가 다음과 같은 정다각형을 구하여라.
(11~12)

11 45°

12 36°

* 정답과 해설 9쪽

개념 2 - 정다각형

1 다음 중 정다각형에 대한 설명으로 옳은 것을 모두 고르면? (정답 2개)

① 모든 변의 길이가 같으면 정다각형이다.
② 꼭짓점이 6개인 정다각형은 정육각형이다.
③ 선분만으로 둘러싸인 평면도형을 정다각형이라고 한다.
④ 정다각형은 모든 변의 길이가 같다.
⑤ 정다각형은 한 내각의 크기와 한 외각의 크기가 같다.

Hint 모든 변의 길이와 모든 각의 크기가 같아야 정다각형이다.

개념 3 - 다각형의 대각선의 개수

2 한 꼭짓점에서 그을 수 있는 대각선의 개수가 8인 다각형의 대각선의 개수는?

① 27   ② 35   ③ 44
④ 48   ⑤ 60

Hint n각형의 한 꼭짓점에서 그을 수 있는 대각선의 개수가 8이므로
$n-3=8$ ∴ $n=11$

개념 4 - 삼각형의 외각의 성질

3 오른쪽 그림에서 ∠x의 크기는?

① 63°   ② 65°
③ 67°   ④ 70°
⑤ 72°

Hint 삼각형의 외각의 성질을 이용한다.

개념 4 - 삼각형의 외각의 성질

4 오른쪽 그림에서 ∠x의 크기는?

① 35°   ② 37°
③ 40°   ④ 44°
⑤ 46°

Hint 삼각형에서 한 외각의 크기는 그와 이웃하지 않는 두 내각의 크기의 합과 같다.

개념 8 - 다각형의 내각의 크기의 합

5 다음 그림에서 ∠a+∠b+∠c+∠d+∠e+∠f+∠g의 크기를 구하여라.

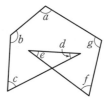

Hint 오른쪽 그림과 같이 보조선을 그어서 오각형의 내각의 크기의 합을 생각한다.

개념 10 - 정다각형의 한 내각과 한 외각의 크기

6 다음 중 옳지 않은 것을 모두 고르면? (정답 2개)

① 외각의 크기의 합이 360°인 다각형은 정육각형이다.
② 정팔각형의 한 내각의 크기는 135°이다.
③ 한 외각의 크기가 40°인 정다각형은 정구각형이다.
④ 육각형의 내각의 크기의 합은 720°이다.
⑤ 한 내각의 크기가 108°인 정다각형은 정육각형이다.

Hint 정n각형의 한 내각의 크기는 $\dfrac{180° \times (n-2)}{n}$

개념 1 | 원과 부채꼴

✅ 원

① **원 O** : 평면 위에서 한 점 O로부터 일정한 거리에 있는 점으로 이루어진 도형

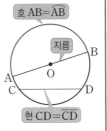

호 AB＝$\widehat{AB}$

지름

현 CD＝$\overline{CD}$

② **호 AB** : 원 위의 두 점을 양 끝 점으로 하는 원의 일부분
  ⇨ 기호 : $\widehat{AB}$

③ **현 CD** : 원 위의 두 점 C, D를 이은 선분
  ⇨ 기호 : $\overline{CD}$

✅ 부채꼴

① **부채꼴 AOB** : 원 O에서 호 AB와 두 반지름 OA, OB로 이루어진 도형

부채꼴

중심각

활꼴

② **호 AB에 대한 중심각** : 부채꼴 AOB에서 ∠AOB

③ **활꼴** : 현 CD와 호 CD로 이루어진 도형

🖊 바빠꿀팁

• $\widehat{AB}$는 오른쪽 그림과 같이 보통 길이가 짧은 쪽의 호를 나타내고 길이가 긴 쪽의 호는 그 호 위에 한 점 P를 잡아 $\widehat{APB}$와 같이 나타내.

호

• 원의 중심을 지나는 현은 그 원의 지름이고, 원의 지름은 그 원에서 길이가 가장 긴 현이야.

• 아래 그림과 같이 여러 모양의 부채꼴과 활꼴이 있고 반원은 부채꼴인 동시에 활꼴이야.

부채꼴의 모양

활꼴의 모양

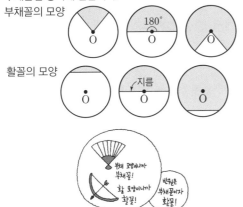

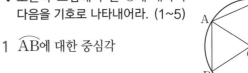

❖ 오른쪽 그림에서 원 O에 대하여 다음을 기호로 나타내어라. (1~5)

1 $\widehat{AB}$에 대한 중심각

2 ∠BOC에 대한 호

3 원 O의 가장 긴 현

4 ∠AOB에 대한 현

5 $\widehat{DC}$에 대한 중심각

❖ 다음 중 옳은 것은 ○표, 옳지 <u>않은</u> 것은 ×표를 하여라. (6~12)

6 부채꼴은 호와 현으로 이루어진 도형이다. _____

7 반원은 활꼴인 동시에 부채꼴이다. _____

8 원 위의 두 점을 이은 선분이 현이다. _____

9 길이가 가장 긴 현은 반지름이다. _____

10 평면 위의 한 점으로부터 일정한 거리에 있는 모든 점으로 이루어진 도형이 원이다. _____

11 한 원에서 부채꼴과 활꼴이 같아질 때의 부채꼴의 중심각의 크기는 90°이다. _____

12 활꼴은 호와 현으로 이루어진 도형이다. _____

정답

1 ∠AOB 2 $\widehat{BC}$ 3 $\overline{AC}$ 4 $\overline{AB}$ 5 ∠DOC 6 × 7 ○ 8 ○ 9 × 10 ○ 11 × 12 ○

2. 부채꼴의 중심각의 크기와 넓이

개념 2 부채꼴의 중심각의 크기와 넓이 핵심

한 원 또는 합동인 두 원에서
① 중심각의 크기가 같은 두 부채꼴의 호의 길이와 넓이는 각각 같다.

② 부채꼴의 호의 길이와 넓이는 각각 중심각의 크기에 정비례한다.

⇨ 중심각의 크기가 2배, 3배, …가 되면 호의 길이도 2배, 3배, …가 되고 넓이도 2배, 3배, …가 된다.

㉠ 오른쪽 그림에서 x의 값을 구해 보자.
$90 : 45 = x : 3$,
$2 : 1 = x : 3$
$\therefore x = 6$

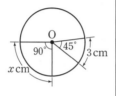

❖ 다음 그림의 원 O에서 x의 값을 구하여라. (1~2)

1

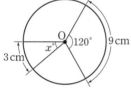

2

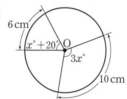

❖ 다음 그림의 원 O에서 x의 값을 구하여라. (3~4)

3

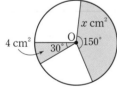

4

5 오른쪽 그림에서 $\overline{AB} /\!/ \overline{CD}$일 때, $\overparen{CD}$의 길이를 구하여라.

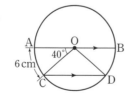

개념 3 부채꼴의 중심각의 크기와 현의 길이 사이의 관계

한 원 또는 합동인 두 원에서
① 중심각의 크기가 같은 두 부채꼴의 현의 길이는 같다.

② 부채꼴의 현의 길이는 중심각의 크기에 정비례하지 않는다.

바빠꿀팁

· 오른쪽 그림의 원 O에서
$\angle AOB = \angle BOC$일 때,
$\overline{AB} = \overline{BC}$이다.
그런데 삼각형의 가장 긴 변의 길이는 나머지 두 변의 길이의 합보다 작으므로
$\triangle ABC$에서 $\overline{AC} < \overline{AB} + \overline{BC} = 2\overline{AB}$이다.
따라서 $\angle AOC = 2\angle AOB$이지만
$\overline{AC} \neq 2\overline{AB}$이다.

앗! 실수

위의 그림에서 원과 부채꼴에 대하여 실수할 수 있는 것들을 한 번에 정리해 보자.
★ $\overparen{AB} = \overparen{BC}$일 때, $\overparen{AC} = 2\overparen{BC}$
★ $\overline{AB} = \overline{BC}$일 때, $\overline{AC} \neq 2\overline{BC}$
★ (부채꼴 OCA의 넓이)$= 2 \times$ (부채꼴 OAB의 넓이)
★ $\triangle OCA \neq 2\triangle OAB$

❖ 다음 설명 중 옳은 것에는 ○표, 옳지 않은 것에는 ×표를 하여라. (6~10)

6 한 원에서 부채꼴에서 중심각의 크기가 2배가 되면 호의 길이도 2배가 된다. _____

7 한 원에서 중심각의 크기가 3배가 되면 현의 길이도 3배가 된다. _____

8 한 원에서 부채꼴의 넓이는 중심각의 크기에 정비례한다. _____

9 한 원에서 같은 크기의 중심각에 대한 현의 길이는 서로 같다. _____

10 한 원에서 호의 길이와 현의 길이는 정비례한다. _____

정답

* 정답과 해설 10쪽

1 40   2 25   3 20   4 30   5 15 cm   6 ○   7 ×   8 ○   9 ○   10 ×

3. 원의 둘레의 길이와 넓이

개념 4 원의 둘레의 길이와 넓이 핵심

① **원주율** : 원의 지름의 길이에 대한 원의 둘레의 길이의 비

$$\text{(원주율)} = \frac{\text{(원의 둘레의 길이)}}{\text{(원의 지름의 길이)}} = \pi$$
└─ 파이

② **원의 둘레의 길이와 넓이**

반지름의 길이가 r인 원의 둘레의 길이를 l, 넓이를 S라고 하면

- $l = 2\pi r$
- $S = \pi r^2$

예) 오른쪽 그림과 같이 반지름의 길이가 6 cm인 원의 둘레의 길이와 넓이를 각각 구해 보자.

원의 둘레의 길이는
$2\pi \times 6 = 12\pi \,(\text{cm})$
원의 넓이는 $\pi \times 6^2 = 36\pi \,(\text{cm}^2)$

바빠꿀팁

- 초등 과정에서는 원의 지름의 길이에 대한 원의 둘레의 길이의 비율을 3.14라고 배우고, 원의 둘레의 길이와 넓이를 구할 때 곱했지? 하지만 중등 과정에서는 3.14 대신에 π를 사용하여 직접 곱하지 않고 2π, 4π 등과 같이 나타내. 초등 과정에서 3.14를 곱하면서 생기던 계산 오류들은 이제 안녕이야.

3.14 대신 파이~

π 3.14···

❖ 다음 그림의 원 O의 둘레의 길이와 넓이를 각각 구하여라. (1~2)

1

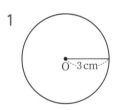

둘레의 길이 _____

넓이 _____

2

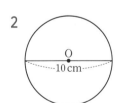

둘레의 길이 _____

넓이 _____

❖ 원의 둘레의 길이가 다음과 같을 때, 원의 반지름의 길이를 구하여라. (3~4)

3 14π cm   **4** 20π cm

❖ 원의 넓이가 다음과 같을 때, 원의 반지름의 길이를 구하여라. (5~6)

5 16π cm^2 **6** 81π cm^2

개념 5 원에서 색칠한 부분의 둘레의 길이와 넓이

예) 오른쪽 그림의 원에서 색칠한 부분의 둘레의 길이와 넓이를 각각 구해 보자.

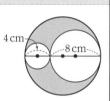

(색칠한 부분의 둘레의 길이)
=(지름의 길이가 4 cm인 원의 둘레의 길이)
　　+(지름의 길이가 8 cm인 원의 둘레의 길이)
　　+(지름의 길이가 12 cm인 원의 둘레의 길이)
=$4\pi + 8\pi + 12\pi = 24\pi \,(\text{cm})$

(색칠한 부분의 넓이)
=(지름의 길이가 12 cm인 원의 넓이)
　　-(지름의 길이가 8 cm인 원의 넓이)
　　-(지름의 길이가 4 cm인 원의 넓이)
=$36\pi - 16\pi - 4\pi = 16\pi \,(\text{cm}^2)$

❖ 다음 그림에서 색칠한 부분의 둘레의 길이와 넓이를 각각 구하여라. (7~8)

7

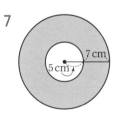

5 cm   7 cm

둘레의 길이 _____

넓이 _____

8

4 cm   6 cm

둘레의 길이 _____

넓이 _____

정답

* 정답과 해설 10쪽

1 6π cm, 9π cm^2　　2 10π cm, 25π cm^2　　3 7 cm　　4 10 cm　　5 4 cm　　6 9 cm　　7 34π cm, 119π cm^2　　8 20π cm, 12π cm^2

45

4. 부채꼴의 호의 길이와 넓이

개념 6 부채꼴의 호의 길이와 넓이 핵심

반지름의 길이가 r, 중심각의 크기가 $x°$인 부채꼴의 호의 길이를 l, 넓이를 S라고 하면

① $l = 2\pi r \times \dfrac{x}{360}$

② $S = \pi r^2 \times \dfrac{x}{360}$

③ (부채꼴의 둘레의 길이)$= l + 2r$

㉠ 오른쪽 그림과 같은 부채꼴에서 호의 길이 l과 넓이 S, 둘레의 길이를 각각 구해 보자.

$$l = 2\pi \times 6 \times \dfrac{60}{360} = 2\pi \,(\text{cm})$$

$$S = \pi \times 6^2 \times \dfrac{60}{360} = 6\pi \,(\text{cm}^2)$$

$$\therefore (\text{부채꼴의 둘레의 길이}) = 2\pi + 2 \times 6 = 2\pi + 12 \,(\text{cm})$$

❖ 다음과 같이 반지름의 길이와 중심각의 크기가 주어질 때, 부채꼴의 호의 길이와 넓이를 각각 구하여라. (1~2)

1

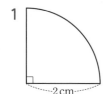

호의 길이 ＿＿＿＿

넓이 ＿＿＿＿

2

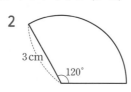

호의 길이 ＿＿＿＿

넓이 ＿＿＿＿

개념 7 부채꼴의 중심각의 크기 구하기

㉠ 오른쪽 그림과 같이 반지름의 길이가 9 cm이고 호의 길이가 π cm인 부채꼴에서 x의 값을 구해 보자.

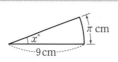

$$2\pi \times 9 \times \dfrac{x}{360} = \pi$$

$$\therefore x = \pi \times \dfrac{360}{18\pi} = 20$$

앗! 실수

★ 위의 계산을 할 때는 좌변에서 약분하지 말고 모두 우변으로 넘겨서 함께 약분하는 것이 실수를 줄일 수 있어.

❖ 다음과 같이 반지름의 길이와 호의 길이 또는 넓이가 주어질 때, 부채꼴의 중심각의 크기를 구하여라. (3~4)

3

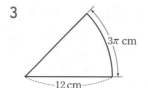

4

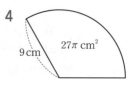

개념 8 부채꼴의 호의 길이와 반지름의 길이를 이용하여 넓이 구하기

반지름의 길이가 r, 호의 길이가 l인 부채꼴의 넓이를 S라고 하면

$$S = \dfrac{1}{2}rl$$

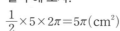

㉠ 오른쪽 그림과 같이 반지름의 길이가 5 cm이고 호의 길이가 2π cm일 때, 이 부채꼴의 넓이를 구해 보자.

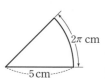

$$\dfrac{1}{2} \times 5 \times 2\pi = 5\pi \,(\text{cm}^2)$$

---

5 오른쪽 그림과 같이 부채꼴의 반지름의 길이가 4 cm이고, 호의 길이가 10π cm일 때, 부채꼴의 넓이를 구하여라.

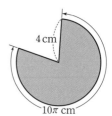

6 오른쪽 그림과 같이 부채꼴의 호의 길이가 2π cm이고 넓이가 6π cm^{2}일 때, 부채꼴의 반지름의 길이를 구하여라.

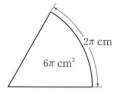

정답

* 정답과 해설 10쪽

1 π cm, π cm^2　　2 2π cm, 3π cm^2　　3 $45°$　　4 $120°$　　5 20π cm^2　　6 6 cm

5. 색칠한 부분의 둘레의 길이와 넓이

개념 9 부채꼴에서 색칠한 부분의 둘레의 길이와 넓이 구하기

(예) 오른쪽 그림에서 색칠한 부분의 둘레의 길이와 넓이를 각각 구해 보자.

(색칠한 부분의 둘레의 길이)
= (큰 부채꼴의 호의 길이)
　 + (작은 부채꼴의 호의 길이)
　 + (색칠한 부분의 직선 부분)
$= 2\pi \times 8 \times \dfrac{45}{360} + 2\pi \times 4 \times \dfrac{45}{360} + 4 \times 2$
$= 3\pi + 8 \,(\text{cm})$

(색칠한 부분의 넓이)
= (큰 부채꼴의 넓이) − (작은 부채꼴의 넓이)
$= \pi \times 8^2 \times \dfrac{45}{360} - \pi \times 4^2 \times \dfrac{45}{360} = 6\pi \,(\text{cm}^2)$

❖ 다음 그림의 부채꼴에서 색칠한 부분의 둘레의 길이와 넓이를 각각 구하여라. (1~2)

1

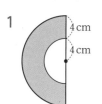

둘레의 길이 ＿＿＿＿＿

넓이 ＿＿＿＿＿

2

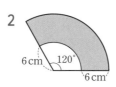

둘레의 길이 ＿＿＿＿＿

넓이 ＿＿＿＿＿

개념 10 정사각형에서 색칠한 부분의 둘레의 길이와 넓이 구하기

(예) 오른쪽 그림에서 색칠한 부분의 둘레의 길이와 넓이를 각각 구해 보자.

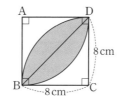

(색칠한 부분의 둘레의 길이)
= (반지름의 길이가 8 cm인 원의 둘레의 길이) $\times \dfrac{1}{4} \times 2$
$= \left(2\pi \times 8 \times \dfrac{1}{4}\right) \times 2 = 8\pi \,(\text{cm})$

(색칠한 부분의 넓이)
$= \left\{ (\text{반지름의 길이가 8 cm인 원의 넓이}) \times \dfrac{1}{4} \right.$
$\left. - \triangle\text{BCD} \right\} \times 2$
$= \left\{ (\pi \times 8^2) \times \dfrac{1}{4} - \left(\dfrac{1}{2} \times 8 \times 8\right) \right\} \times 2 = 32\pi - 64 \,(\text{cm}^2)$

❖ 다음은 오른쪽 그림의 원에서 색칠한 부분의 넓이를 구하는 과정이다. □ 안에 알맞은 것을 써넣어라. (3~5)

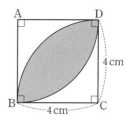

3 (반지름의 길이가 4 cm인 원의 넓이) $\times \dfrac{1}{4} =$ ☐

4 ($\triangle$BCD의 넓이) = ☐

5 (색칠한 부분의 넓이)
$= \left\{ (\text{반지름의 길이가 4 cm인 원의 넓이}) \times \dfrac{1}{4} \right.$
$\left. - \triangle\text{BCD} \right\} \times 2$
$=$ ☐

개념 11 도형을 이동해서 색칠한 부분의 넓이 구하기

정사각형 안에 두 반원이 들어 있는 아래 그림에서 색칠한 부분의 넓이를 구할 때, 두 활꼴을 이동시키면 색칠한 부분의 넓이가 삼각형의 넓이와 같아져서 쉽게 구할 수 있다.

 ➡ ➡

앗! 실수

★ 위의 도형을 이동해서 색칠한 부분의 넓이를 구하는 방법은 둘레의 길이를 구할 때는 절대로 해서는 안 돼. 위의 그림에서 색칠한 부분의 둘레는 반원 두 개의 호의 길이이므로 한 개의 원의 둘레인데 이동한 도형은 삼각형의 둘레가 되니 서로 다르다는 것을 알 수 있겠지?

❖ 다음 그림의 정사각형에서 색칠한 부분의 넓이를 구하여라. (6~7)

6

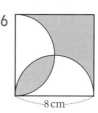

7

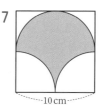

정답

1 $(12\pi + 8)$ cm, 24π cm² 　 2 $(12\pi + 12)$ cm, 36π cm² 　 3 4π cm² 　 4 8 cm² 　 5 $(8\pi - 16)$ cm² 　 6 32 cm² 　 7 50 cm²

*정답과 해설 11쪽

개념 2 - 원안 중심각과 호

1 오른쪽 그림의 원 O에서
$\overline{AC} /\!/ \overline{OD}$이고
$\angle DOB = 30°$, $\overparen{AC} = 16$ cm
일 때, $\overparen{BD}$의 길이는?

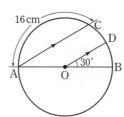

① 4 cm   ② 5 cm

③ 6 cm   ④ 7 cm

⑤ 8 cm

Hint 두 점 C와 O를 연결한 후 $\angle AOC$의 크기를 구한다.

개념 2 - 원의 중심각과 넓이

2 오른쪽 그림의 원 O에서
$\overparen{AC} : \overparen{CD} = 4 : 1$이고
부채꼴 AOC의 넓이가 24 cm²
일 때, 부채꼴 COD의 넓이를 구
하여라.

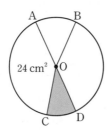

Hint 원에서 호의 길이와 넓이는 정비례한다.

개념 3 - 부채꼴의 중심각과 현

3 오른쪽 그림의 원 O에서
$\angle COD = 2\angle AOB$일 때, 다음
중 옳은 것을 모두 고르면?

(정답 2개)

① $\triangle OCD = 2\triangle OBA$

② $\overparen{AB} = \dfrac{1}{2}\overparen{CD}$

③ $\angle OBA = 2\angle OCD$

④ $\overline{CD} = 2\overline{AB}$

⑤ (부채꼴 OCD의 넓이)$= 2 \times$ (부채꼴 OBA의 넓이)

Hint 부채꼴의 현의 길이는 중심각의 크기에 정비례하지 않는다.

개념 6 - 원의 중심각을 이용한 부채꼴의 넓이

4 오른쪽 그림과 같은 반지름의 길
이가 6 cm이고 중심각의 크기가
270°인 부채꼴의 넓이는?

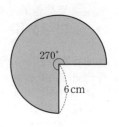

① 20π cm²   ② 24π cm²

③ 27π cm²   ④ 30π cm²

⑤ 32π cm²

Hint (반지름의 길이가 r인 부채꼴의 넓이)$= \pi r^2 \times \dfrac{270}{360}$

개념 8 - 공식을 이용한 부채꼴의 넓이

5 오른쪽 그림과 같이 호의
길이가 14π cm이고 넓이
가 84π cm²인 부채꼴의
반지름의 길이를 구하여라.

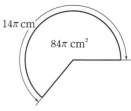

Hint 반지름의 길이가 r, 호의 길이가 l인 부채꼴의 넓이를 S라고 하면
$S = \dfrac{1}{2}rl$

개념 9 - 색칠한 부분의 넓이

6 오른쪽 그림에서 색칠한 부분의 넓
이는?

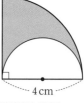

① π cm²   ② 2π cm²

③ 4π cm²   ④ 6π cm²

⑤ 8π cm²

Hint 반지름의 길이가 4 cm인 부채꼴의 넓이에서 반지름의 길이가
2 cm인 반원의 넓이를 빼면 된다.

1. 다면체

중요도 ★★★☆☆

개념 1　다면체

① **다면체** : 다각형인 면으로만 둘러싸인 입체도형
   • **면** : 다면체를 둘러싸고 있는 다각형 모양의 면
   • **모서리** : 다면체를 둘러싸고 있는 다각형의 변
   • **꼭짓점** : 다면체를 둘러싸고 있는 다각형의 꼭짓점

② 다면체는 그 면의 개수에 따라 사면체, 오면체, 육면체, … 라고 한다.

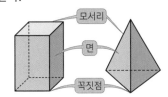

🍭바빠꿀팁

• 일면체, 이면체, 삼면체는 없어. 면이 최소한 4개는 있어야 입체도형이 될 수 있으니까 면의 개수가 가장 적은 다면체는 사면체야.
• 오른쪽 그림과 같은 두 다면체는 모양은 다르지만 면이 5개이므로 오면체야.

앗! 실수

★ 원기둥, 원뿔, 구는 원 또는 곡면으로 이루어져 있어서 다면체가 아니야.

1 다음 보기에서 다면체인 것을 모두 골라 기호로 써라.

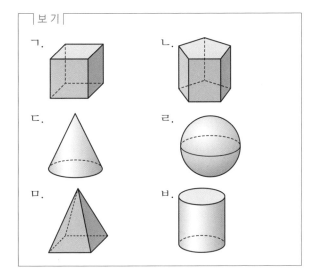

❖ 다음 다면체가 몇 면체인지 구하여라. (2~5)

2 사각기둥

3 오각뿔

4 삼각뿔

5 육각기둥

개념 2　다면체의 종류　핵심

① **각기둥** : 두 밑면이 서로 평행하고 합동인 다각형이고 옆면은 모두 직사각형인 다면체

② **각뿔** : 밑면이 다각형이고 옆면은 모두 삼각형인 다면체

③ **각뿔대** : 각뿔을 밑면에 평행한 평면으로 잘라서 생기는 두 다면체 중에서 각뿔이 아닌 쪽의 다면체
   ➡ 밑면의 모양에 따라 삼각뿔대, 사각뿔대, …라고 한다.
   • **밑면** : 각뿔대의 평행한 두 면
   • **높이** : 두 밑면에 수직인 선분의 길이
   • 각뿔대의 옆면은 모두 사다리꼴이다.

밑면이 사각형이니까 사각뿔, 사각뿔대!

❖ 오른쪽 그림의 각뿔대에 대하여 다음 물음에 답하여라. (6~9)

6 밑면의 다각형의 모양은 무엇인가?

7 각뿔대의 이름은 무엇인가?

8 몇 면체인가?

9 옆면을 이루는 다각형의 모양은 무엇인가?

2. 다면체의 특징

개념 3 다면체의 특징

다면체	n각기둥	n각뿔	n각뿔대
겨냥도	사각기둥	삼각뿔	사각뿔대
밑면의 개수	2	1	2
옆면의 모양	직사각형	삼각형	사다리꼴
면의 개수	$n+2$	$n+1$	$n+2$
모서리의 개수	$3n$	$2n$	$3n$
꼭짓점의 개수	$2n$	$n+1$	$2n$

바빠꿀팁

• 각기둥과 각뿔대를 비교해 보면 면, 모서리, 꼭짓점의 개수는 같은데 각기둥의 옆면은 직사각형이고 각뿔대의 옆면은 사다리꼴이야.
• 각기둥은 밑면이 서로 평행하고 합동인 다각형인데, 각뿔대는 밑면이 서로 평행인 다각형이지만 합동인 다각형은 아니야.

예 오른쪽 다면체의 이름을 알아보자.
옆면의 모양은 사다리꼴이고, 밑면의 모양은 삼각형이다. 두 밑면이 평행하므로 삼각뿔대이다.

예 육각뿔의 면의 개수, 모서리의 개수, 꼭짓점의 개수를 구해 보자.
n각뿔의 면의 개수는 $n+1$, 모서리의 개수는 $2n$, 꼭짓점의 개수는 $n+1$이다.
따라서 육각뿔의 밑면은 육각형이므로 면의 개수는 $6+1=7$, 모서리의 개수는 $2\times6=12$, 꼭짓점의 개수는 $6+1=7$

❖ 다음 다면체의 면, 모서리, 꼭짓점의 개수를 각각 구하여라. (1~3)

1 칠각기둥

면의 개수 _____

모서리의 개수 _____

꼭짓점의 개수 _____

2 팔각뿔

면의 개수 _____

모서리의 개수 _____

꼭짓점의 개수 _____

3 오각뿔대

면의 개수 _____

모서리의 개수 _____

꼭짓점의 개수 _____

❖ 다음을 만족하는 다면체의 이름을 말하여라. (4~7)

4 모서리의 개수가 12인 각기둥

5 면의 개수가 11인 각뿔

6 꼭짓점의 개수가 16인 각뿔대

7 모서리의 개수가 18인 각뿔

❖ 다음 조건을 모두 만족하는 입체도형을 말하여라. (8~9)

8
조건
(가) 밑면의 모양은 오각형이다.
(나) 꼭짓점의 개수는 6이다.
(다) 육면체이다.

9
조건
(가) 두 밑면이 서로 평행하다.
(나) 옆면의 모양은 사다리꼴이다.
(다) 모서리의 개수는 21이다.

정답
1 9, 21, 14   2 9, 16 , 9   3 7, 15, 10   4 사각기둥   5 십각뿔   6 팔각뿔대   7 구각뿔   8 오각뿔   9 칠각뿔대

3. 정다면체 1

개념 4 정다면체 [핵심]

① 각 면이 모두 합동인 정다각형이고, 각 꼭짓점에 모인 면의 개수가 같은 다면체

② 정사면체, 정육면체, 정팔면체, 정십이면체, 정이십면체의 5가지뿐이다.

정다면체는 5개 뿐! 이 정도는 외워 두자!

정사면체

정육면체

정팔면체

정십이면체

정이십면체

	정사면체	정육면체	정팔면체	정십이면체	정이십면체
면의 모양	정삼각형	정사각형	정삼각형	정오각형	정삼각형
한 꼭짓점에 모인 면의 개수	3	3	4	3	5
면의 개수	4	6	8	12	20
모서리의 개수	6	12	12	30	30
꼭짓점의 개수	4	8	6	20	12

앗! 실수

★ 각 면이 모두 합동인 정다각형으로 이루어져 있고 각 꼭짓점에 모인 면의 개수가 같은 다면체가 정다면체이므로 다음 그림과 같은 도형은 각 꼭짓점에 모인 면의 개수가 달라서 정다면체가 아니야.

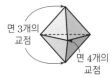
면 3개의 교점

면 4개의 교점

★ '각 면이 모두 합동인 정다각형으로 이루어진 다면체는 정다면체이다.' 라는 표현은 틀린 표현이지만 이렇게 두 조건을 모두 만족해야 정다면체인데 '정다면체는 각 면이 모두 합동인 정다각형으로 이루어져 있다.'는 옳은 표현이야. 헷갈리지 말아야 해.

❖ 다음 중 정다면체에 대한 설명으로 옳은 것에는 ○표, 옳지 않은 것에는 ×표를 하여라. (1~5)

1 정다면체는 각 면이 모두 합동인 정다각형으로 이루어져 있다.　＿＿＿＿

2 각 면이 모두 합동인 정다각형으로 이루어져 있는 다면체를 정다면체라고 한다.　＿＿＿＿

3 정육각형으로 이루어진 정다면체는 없다.　＿＿＿＿

4 정다면체는 5가지뿐이다.　＿＿＿＿

5 한 꼭짓점에 모인 면의 개수가 5인 정다면체는 없다.　＿＿＿＿

❖ 다음 정다면체의 이름을 말하여라. (6~11)

6 한 꼭짓점에 모인 면의 개수가 4이고, 모서리의 개수가 12인 정다면체　＿＿＿＿

7 모서리의 개수가 12, 꼭짓점의 개수가 8인 정다면체　＿＿＿＿

8 정오각형으로 이루어진 정다면체　＿＿＿＿

9 모든 면은 합동인 정삼각형이고 한 꼭짓점에 모인 면의 개수가 5인 정다면체　＿＿＿＿

10 모서리의 개수가 6, 꼭짓점의 개수가 4인 정다면체　＿＿＿＿

11 한 꼭짓점에 모인 면의 개수가 3인 정다면체 중 면이 가장 많은 정다면체　＿＿＿＿

개념 5 정다면체의 전개도

✔ 정다면체가 다섯 가지뿐인 이유

정다면체는 입체도형이므로
① 한 꼭짓점에 모인 면의 개수가 3 이상이어야 한다.

② 한 꼭짓점에 모인 각의 크기의 합은 360°보다 작아야 한다.

따라서 정다면체의 면이 될 수 있는 다각형은 정삼각형, 정사각형, 정오각형뿐이고, 만들 수 있는 정다면체는 다음과 같다.

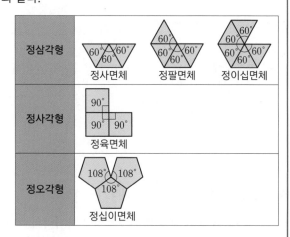

정삼각형	정사면체	정팔면체	정이십면체
정사각형	정육면체		
정오각형	정십이면체		

✔ 정다면체의 전개도

① 정사면체

② 정육면체

③ 정팔면체

④ 정십이면체

⑤ 정이십면체
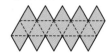

예) 오른쪽 그림과 같은 전개도로 만든 정다면체에 대하여 알아보자.

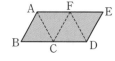

면의 개수가 4이므로 정사면체이고 이 전개도로 정사면체를 만들 때, 점 E와 겹치는 점은 점 A, $\overline{BC}$와 겹치는 선분은 $\overline{DC}$이다.

❖ 다음 전개도로 만들 수 있는 정다면체의 이름을 말하여라. (1~4)

1

2

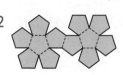

3

4

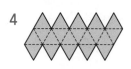

❖ 오른쪽 그림의 전개도에서 정다면체를 만들 때, 다음을 구하여라. (5~7)

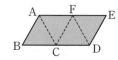

5 점 A와 만나는 점

6 점 D와 만나는 점

7 $\overline{DC}$와 겹쳐지는 선분

❖ 오른쪽 그림의 전개도로 정다면체를 만들 때, 다음을 구하여라. (8~10)

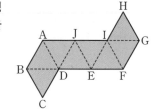

8 점 C와 만나는 점

9 $\overline{IH}$와 겹쳐지는 선분

10 $\overline{BC}$와 겹쳐지는 선분

정답

*정답과 해설 12쪽

1 정사면체   2 정십이면체   3 정육면체   4 정이십면체   5 점 E   6 점 B   7 $\overline{BC}$ 8 점 E   9 $\overline{IJ}$ 10 $\overline{FE}$

5. 회전체 1

개념 6 회전체

① **회전체** : 평면도형을 한 직선 l을 축으로 하여 1회전 시킬 때 생기는 입체도형

② **회전축** : 회전시킬 때 축이 되는 직선 l

③ **모선** : 회전체에서 회전하여 옆면을 만드는 선분

④ **원뿔대** : 원뿔을 밑면에 평행한 평면으로 잘라서 생기는 두 입체도형 중 원뿔이 아닌 쪽의 입체도형

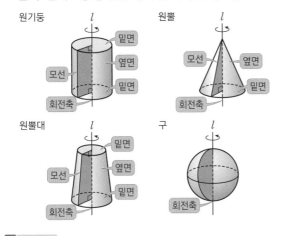

🖌️ **바빠꿀팁**
• 회전체를 그리는 방법
  ① 회전축을 대칭으로 하는 선대칭도형을 그린다.
  ② ①의 도형을 회전축을 중심으로 1회전 시킬 때 생기는 회전체의 겨냥도를 그린다.

❖ 다음 그림과 같은 평면도형을 직선 l을 축으로 하여 1회전 시킬 때 생기는 입체도형를 보기에서 골라 기호로 써라.
(1~3)

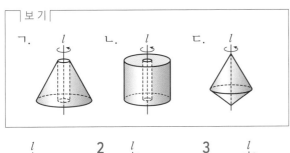

1 　　2 　　3

개념 7 회전체의 성질 핵심

① 회전체를 회전축에 수직인 평면으로 자를 때 생기는 단면의 경계는 항상 원이다.

② 회전체를 회전축을 포함하는 평면으로 자른 단면은 모두 합동이고, 회전축에 대하여 선대칭도형이다.

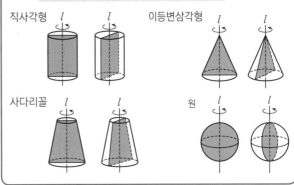

❖ 다음 중 회전체의 단면에 대한 설명으로 옳은 것은 ○표, 옳지 않은 것은 ×표를 하여라. (4~10)

4 회전체를 회전축에 수직인 평면으로 자른 단면은 모두 합동이다. ＿＿＿＿

5 구의 회전축은 무수히 많다. ＿＿＿＿

6 원뿔대를 회전축을 포함하는 평면으로 자른 단면은 항상 사다리꼴이다. ＿＿＿＿

7 구를 회전축에 수직인 평면으로 자를 때와 회전축을 포함하는 평면으로 자를 때의 단면은 모두 원이다. ＿＿＿＿

8 원기둥을 회전축을 포함하는 평면으로 자른 단면은 원이다. ＿＿＿＿

9 회전체를 회전축을 포함하는 평면으로 자를 때 생기는 단면은 모두 합동이다. ＿＿＿＿

10 원뿔을 회전축을 포함하는 평면으로 자른 단면은 정삼각형이다. ＿＿＿＿

정답

1 ㄴ　2 ㄷ　3 ㄱ　4 ×　5 ○　6 ○　7 ○　8 ×　9 ○　10 ×

6. 회전체 2

개념 8 회전체의 단면의 넓이와 둘레의 길이

① 회전축에 수직인 평면으로 자를 때,
   ⇨ 단면의 경계는 항상 원이므로 반지름의 길이를 찾아 원의 넓이와 둘레를 구하는 공식을 이용한다.

② 회전축을 포함하는 평면으로 자를 때,
   ⇨ 회전시키기 전의 평면도형의 변의 길이를 이용한다.

❖ 다음 평면도형을 직선 l을 회전축으로 하여 1회전 시킬 때 생기는 회전체를 회전축을 포함하는 평면으로 자른 단면의 넓이를 구하여라. (1~4)

1
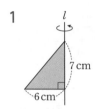

2
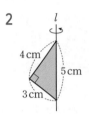

3
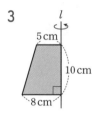

4
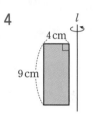

❖ 다음 평면도형을 직선 l을 축으로 하여 1회전 시킬 때 생기는 회전체를 회전축에 수직인 평면으로 자른 단면 중 가장 큰 단면의 넓이를 구하여라. (5~6)

5
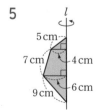

6
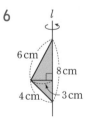

개념 9 회전체의 전개도

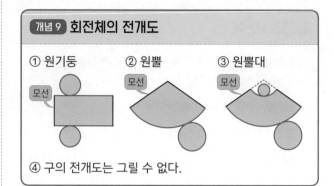

① 원기둥   ② 원뿔   ③ 원뿔대

④ 구의 전개도는 그릴 수 없다.

❖ 다음 입체도형과 전개도를 보고, x, y의 값을 차례로 구하여라. (7~9)

7
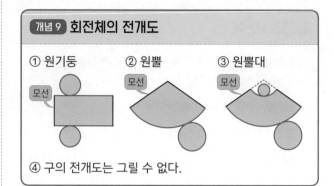

8
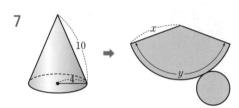

9
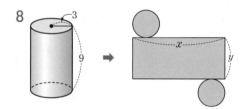

10 오른쪽 그림과 같은 전개도로 만들어지는 원뿔의 밑면의 반지름의 길이를 구하여라.
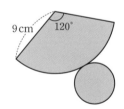

정답

1 42 cm²   2 12 cm²   3 130 cm²   4 72 cm²   5 36π cm²   6 9π cm²   7 $x=10$, $y=8π$ 8 $x=6π$, $y=9$ 9 $x=5$, $y=18π$ 10 3 cm

＊정답과 해설 13쪽

개념 3 - 다면체

1 다음 중 모서리의 개수가 가장 많은 다면체는?

① 육각뿔대   ② 구각뿔   ③ 칠각기둥

④ 십각뿔   ⑤ 팔각기둥

Hint 기둥과 뿔대의 모서리의 개수는 밑면의 모서리의 개수의 3배이다.

개념 3 - 다면체

2 다음 중 각뿔대에 대한 설명으로 옳지 <u>않은</u> 것은?

① 십각뿔대는 십이면체이다.

② 모서리의 개수는 밑면의 모서리의 개수의 3배이다.

③ 면의 개수는 밑면의 꼭짓점의 개수에 2를 더하면 된다.

④ 두 밑면은 합동인 다각형이고 옆면은 모두 사다리꼴이다.

⑤ 팔각뿔대를 밑면에 평행한 평면으로 자른 단면은 팔각형이다.

Hint 각뿔대의 두 밑면의 크기는 다르다.

개념 4 - 정다면체

3 다음 중 정다면체에 대한 설명으로 옳지 <u>않은</u> 것은?

① 정십이면체와 정이십면체의 모서리의 개수가 같다.

② 정다면체의 종류는 다섯 가지뿐이다.

③ 정다면체의 면의 모양은 정삼각형, 정사각형, 정오각형뿐이다.

④ 한 꼭짓점에 모인 면의 개수가 5인 정다면체는 정십이면체이다.

⑤ 정사면체, 정팔면체, 정이십면체의 한 꼭짓점에 모인 면의 모양은 같다.

Hint 한 꼭짓점에 삼각형이 5개가 모인 정다면체를 생각해 본다.

개념 4 - 정다면체

4 다음 두 조건을 모두 만족하는 정다면체를 말하여라.

┌─ 조 건 ┐

(가) 한 꼭짓점에 모인 면의 개수는 3이다.

(나) 모든 면이 합동인 정삼각형이다.

Hint 모든 면이 합동인 정삼각형인 정다면체는 정사면체, 정팔면체, 정이십면체이다.

개념 6 - 회전체

5 오른쪽 그림의 회전체는 다음 중 어느 평면도형을 회전시킨 것인가?

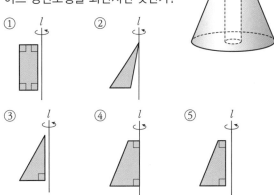

①   ②   ③   ④   ⑤

Hint 회전축에서 떨어져 있는 평면도형을 1회전 시킨 것이다.

개념 6 - 다면체와 회전체

6 다음 중 다면체인 것의 개수를 x, 회전체인 것의 개수를 y라고 할 때, $x-y$의 값을 구하여라.

정육면체,	구면체,	원뿔,	칠각뿔,
사각뿔대,	구,	오각뿔,	정십이면체,
반구,	육각기둥,	원뿔대,	구각뿔대,

Hint 평면도형을 한 직선을 축으로 하여 1회전 시킬 때 생기는 입체도형이 회전체이다.

개념 1 각기둥, 원기둥의 부피 핵심

① **각기둥의 부피**

(각기둥의 부피)＝(밑넓이)×(높이)

② **원기둥의 부피**

밑면의 반지름의 길이가 r, 높이가 h인 원기둥의 부피를 V라고 하면

$V=(밑넓이)×(높이)=\pi r^2 h$

㉘ 오른쪽 그림과 같은 삼각기둥의 부피를 구해 보자.

밑넓이는 $\dfrac{1}{2}×5×4=10(\mathrm{cm}^2)$

따라서 삼각기둥의 부피는

$10×8=80(\mathrm{cm}^3)$

❖ 다음 각기둥의 부피를 구하여라. (1~2)

1 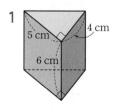 5 cm, 4 cm, 6 cm

2 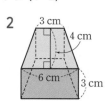 3 cm, 4 cm, 6 cm, 3 cm

❖ 다음 원기둥의 부피를 구하여라. (3~4)

3 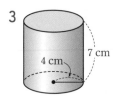 4 cm, 7 cm

4 5 cm, 3 cm

5 오른쪽 그림의 전개도로 만든 원기둥의 부피를 구하여라.

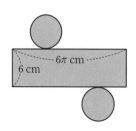 6π cm, 6 cm

개념 2 각뿔, 원뿔의 부피 핵심

아래 그림과 같이 뿔에 물을 가득 채운 후 밑넓이와 높이가 각각 같은 기둥에 물을 부으면 기둥의 높이의 $\dfrac{1}{3}$이 된다.

① **각뿔의 부피**

밑넓이가 S, 높이가 h인 각뿔의 부피를 V라고 하면

$$V=\frac{1}{3}Sh$$

② **원뿔의 부피**

밑면의 반지름의 길이가 r, 높이가 h인 원뿔의 부피를 V라고 하면

$$V=\frac{1}{3}\pi r^2 h$$

외워 외워!

★ 기둥의 부피는 밑면의 모양이 사각형, 오각형, 팔각형 등 무엇이든지 밑넓이와 높이를 곱하면 돼.

★ 뿔의 부피는 무조건 기둥의 부피의 $\dfrac{1}{3}$임을 기억해.

❖ 다음 각뿔의 부피를 구하여라. (6~7)

6 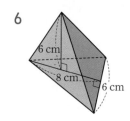 6 cm, 8 cm, 6 cm

7 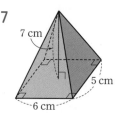 7 cm, 5 cm, 6 cm

❖ 다음 원뿔의 부피를 구하여라. (8~9)

8  8 cm, 3 cm

9 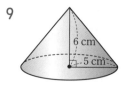 6 cm, 5 cm

2. 뿔대, 구의 부피

개념 3 뿔대의 부피

(뿔대의 부피)=(큰 뿔의 부피)−(작은 뿔의 부피)

예 오른쪽 그림과 같은 각뿔대의 부피를 구해 보자.

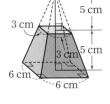

(큰 뿔의 부피)$=\dfrac{1}{3}\times 6\times 6\times 10$
$=120(\text{cm}^3)$

(작은 뿔의 부피)$=\dfrac{1}{3}\times 3\times 3\times 5$
$=15(\text{cm}^3)$

∴ (각뿔대의 부피)$=120-15=105(\text{cm}^3)$

❖ 다음 각뿔대의 부피를 구하여라. (1~2)

1
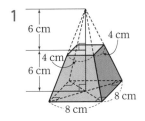

2
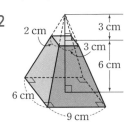

❖ 다음 원뿔대의 부피를 구하여라. (3~4)

3
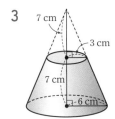

4
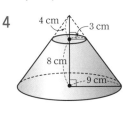

개념 4 구의 부피

아래 그림과 같이 밑면의 반지름의 길이가 r, 높이가 $2r$인 원기둥에 물을 가득 채우고 반지름의 길이가 r인 구를 물 속에 완전히 잠기도록 넣었다가 꺼내면 남아 있는 물의 높이는 원기둥의 높이의 $\dfrac{1}{3}$이 된다.

따라서 구의 부피는 넘친 물의 양과 같은 원기둥의 부피의 $\dfrac{2}{3}$이다. 반지름의 길이가 r인 구의 부피를 V라고 하면

$$V=\dfrac{2}{3}\times(\text{원기둥의 부피})$$
$$=\dfrac{2}{3}\times(\text{밑넓이})\times(\text{높이})$$
$$=\dfrac{2}{3}\times \pi r^2\times 2r=\dfrac{4}{3}\pi r^3$$

구의 부피는
$\dfrac{4}{3}\pi r^3$

🐘 외워 외워!

★ 구의 부피는 기둥의 원부피의 $\dfrac{2}{3}$이지만 구는 원기둥과 상관없이 공식을 외워야 해. 너무 생소한 느낌의 $\dfrac{4}{3}\pi r^3$을 말이야. r는 제곱이 아니라 세제곱이야.

❖ 다음 구의 부피를 구하여라. (5~6)

5
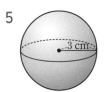

6
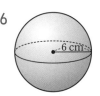

❖ 다음 잘려진 구의 부피를 구하여라. (7~8)

7
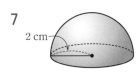

8
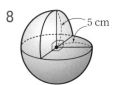

정답

1 224 cm³　2 156 cm³　3 147π cm³　4 312π cm³　5 36π cm³　6 288π cm³　7 $\dfrac{16}{3}\pi$ cm³　8 125π cm³

3. 기둥, 뿔의 겉넓이

중요도 ★★★★☆

개념 5 기둥의 겉넓이 핵심

① 각기둥의 겉넓이

(각기둥의 겉넓이)=(밑넓이)×2+(옆넓이)

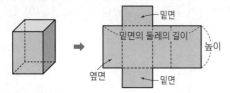

② 원기둥의 겉넓이

밑면의 반지름의 길이가 r, 높이가 h인 원기둥의 겉넓이를 S라고 하면

$$S=(밑넓이)×2+(옆넓이)=2\pi r^2+2\pi rh$$

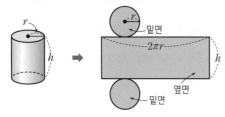

🖐 바빠꿀팁

• 겉넓이란 입체도형을 펼쳤을 때 얻어지는 전개도의 전체 넓이를 말해. 선물을 싸고 있는 포장지의 넓이와 같은 거지.

• 기둥의 옆넓이는 전개도에서 밑면이 아닌 직사각형의 넓이와 같아.

❖ 다음은 사각기둥의 전개도를 보고 겉넓이를 구하는 과정이다. □ 안에 알맞은 것을 써넣어라. (1~2)

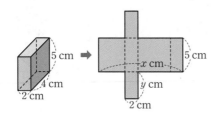

1 $x=$ ☐ , $y=$ ☐

2 (겉넓이)=(밑넓이)×2+(옆넓이)= ☐

❖ 다음은 원기둥의 전개도를 보고 겉넓이를 구하는 과정이다. □ 안에 알맞은 것을 써넣어라. (3~4)

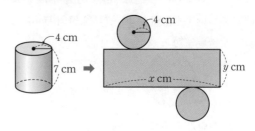

3 $x=$ ☐ , $y=$ ☐

4 (겉넓이)=(밑넓이)×2+(옆넓이)= ☐

개념 6 뿔의 겉넓이 핵심

① 각뿔의 겉넓이

(각뿔의 겉넓이)=(밑넓이)+(옆넓이)

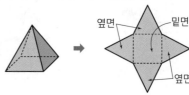

② 원뿔의 겉넓이

밑면의 반지름의 길이가 r, 모선의 길이가 l인 원뿔의 겉넓이를 S라고 하면

$$S=(밑넓이)+(옆넓이)$$
$$=\pi r^2+\frac{1}{2}×l×2\pi r=\pi r^2+\pi rl$$

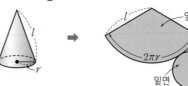

❖ 다음 뿔의 겉넓이를 구하여라. (5~6)

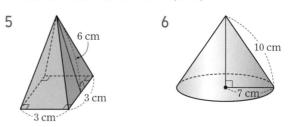

4. 뿔대, 구의 겉넓이

중요도 ★★★★☆

뿔대의 겉넓이

① (각뿔대의 겉넓이)=(두 밑면의 넓이의 합)+(옆넓이)

예 오른쪽 그림과 같은 사각뿔대에서 겉넓이를 구해 보자.
(두 밑면의 넓이의 합)
+(사다리꼴의 넓이)×4
$=(7×7+3×3)$
$+\left\{\dfrac{1}{2}×(7+3)×6\right\}×4$
$=58+120=178(\text{cm}^2)$

② (원뿔대의 겉넓이)
=(두 밑면의 넓이의 합)+(옆넓이)
=(두 밑면의 넓이의 합)
 +{(큰 부채꼴의 넓이)−(작은 부채꼴의 넓이)}

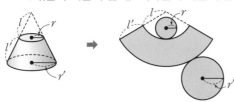

예 다음 그림과 같은 원뿔대에서 겉넓이를 구해 보자.

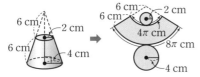

(두 밑면의 넓이의 합)$=4π+16π=20π(\text{cm}^2)$
(큰 부채꼴의 넓이)$=π×4×12=48π(\text{cm}^2)$
(작은 부채꼴의 넓이)$=π×2×6=12π(\text{cm}^2)$
따라서 원뿔대의 겉넓이는
$20π+(48π−12π)=56π(\text{cm}^2)$

❖ 다음은 사각뿔대의 전개도를 보고 겉넓이를 구하는 과정이다. □ 안에 알맞은 것을 써넣어라. (1~2)

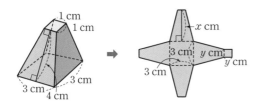

1 $x=$□ , $y=$□

2 (겉넓이)=(두 밑면의 넓이의 합)+(사다리꼴의 넓이)×4
= □

❖ 다음은 원뿔대의 전개도를 보고 겉넓이를 구하는 과정이다. □ 안에 알맞은 것을 써넣어라. (3~4)

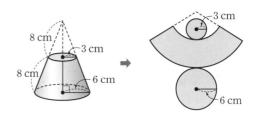

3 (큰 부채꼴의 넓이)=□
(작은 부채꼴의 넓이)=□

4 (겉넓이)=(두 밑면의 넓이의 합)
 +{(큰 부채꼴의 넓이)−(작은 부채꼴의 넓이)}
= □

구의 겉넓이

반지름의 길이가 r인 구의 겉면을 가는 끈으로 감고 다시 풀어서 감긴 끈으로 평면 위에 원을 만든 후 구를 반으로 나누어 이 원 위에 놓으면 원의 반지름의 길이가 $2r$가 됨을 알 수 있다.

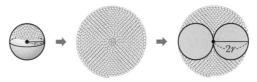

따라서 구의 겉넓이를 S라고 하면
$$S=π×(2r)^2=4πr^2$$

앗! 실수

★ 반구의 겉넓이는 (구의 겉넓이)$×\dfrac{1}{2}$이라고 생각하지만 밑면인 원의 넓이도 더해 주어야만 해.

❖ 다음 구의 겉넓이를 구하여라. (5~6)

5
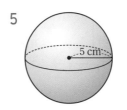

6
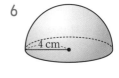

개념 9 구멍 뚫린 기둥의 겉넓이와 부피

① 부피
(부피)＝(밑넓이)×(높이)

② 겉넓이
(겉넓이)＝(밑넓이)×2
　　　　　＋(안쪽 원기둥의 옆넓이)
　　　　　＋(바깥쪽 원기둥의 옆넓이)

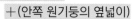

(예) 오른쪽 그림의 구멍 뚫린 기둥의
겉넓이와 부피를 각각 구해 보자.
(부피)＝$(16\pi-4\pi)\times 8$
　　　＝$96\pi(\mathrm{cm}^3)$
(안쪽 원기둥의 옆넓이)
＝$4\pi\times 8=32\pi(\mathrm{cm}^2)$
(바깥쪽 원기둥의 옆넓이)＝$8\pi\times 8=64\pi(\mathrm{cm}^2)$
(겉넓이)＝$(16\pi-4\pi)\times 2+32\pi+64\pi$
　　　＝$120\pi(\mathrm{cm}^2)$

❖ 오른쪽 그림과 같은 구멍 뚫린 기
둥에서 다음 □ 안에 알맞은 것을
써넣어라. (1~5)

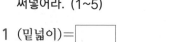

1 (밑넓이)＝ ☐

2 (안쪽 원기둥의 옆넓이)＝ ☐

3 (바깥쪽 원기둥의 옆넓이)＝ ☐

4 (겉넓이)＝(밑넓이)×2＋(안쪽 원기둥의 옆넓이)
　　　　　＋(바깥쪽 원기둥의 옆넓이)＝ ☐

5 (부피)＝(밑넓이)×(높이)＝ ☐

개념 10 직육면체에서 삼각뿔의 부피

(예) 오른쪽 그림과 같이 직육면체를
세 꼭짓점 B, G, D를 지나는 평
면으로 자를 때 생기는 삼각뿔의
부피를 구해 보자.
(잘라낸 삼각뿔의 부피)
＝$\dfrac{1}{3}\times(\triangle BCD의 넓이)\times\overline{CG}$
＝$\dfrac{1}{3}\times\left(\dfrac{1}{2}\times 3\times 2\right)\times 4=4(\mathrm{cm}^3)$

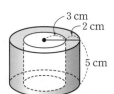

6 오른쪽 그림과 같은 직육면체를
세 꼭짓점 B, G, D를 지나는 평
면으로 자를 때 생기는 삼각뿔
의 부피를 구하여라.

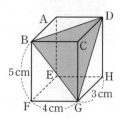

개념 11 원뿔, 구, 원기둥의 부피 사이의 관계

(예) 오른쪽 그림과 같이 원기둥에 구와
원뿔이 꼭 맞게 들어갈 때, 원뿔, 구,
원기둥의 부피의 비를 구해 보자.
(원뿔의 부피)＝$\dfrac{1}{3}\times\pi\times 1^2\times 2$
　　　　　＝$\dfrac{2}{3}\pi(\mathrm{cm}^3)$
(구의 부피)＝$\dfrac{4}{3}\times\pi\times 1^3=\dfrac{4}{3}\pi(\mathrm{cm}^3)$
(원기둥의 부피)＝$\pi\times 1^2\times 2=2\pi(\mathrm{cm}^3)$
∴ (원뿔의 부피) : (구의 부피) : (원기둥의 부피)
＝$\dfrac{2}{3}\pi : \dfrac{4}{3}\pi : 2\pi=1:2:3$

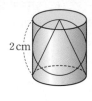

🐘 외워 외워!

★ 원기둥에 구와 원뿔이 꼭 맞게 들어갈 때, 구의 반지름의
길이에 상관없이 다음과 같은 부피의 비가 성립하니 외우
면 문제가 쉬워져.
(원뿔의 부피) : (구의 부피) : (원기둥의 부피)＝1 : 2 : 3

❖ 오른쪽 그림과 같이 높이가 6 cm인
원기둥에 구와 원뿔이 꼭 맞게 들어
가 있다고 한다. 다음 물음에 답하여
라. (7~10)

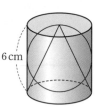

7 원뿔의 부피

8 구의 부피

9 원기둥의 부피

10 (원뿔의 부피) : (구의 부피) : (원기둥의 부피)
　　　　　(단, 가장 간단한 자연수의 비로 나타내어라.)

정답   ＊정답과 해설 15쪽

1 16π cm²　2 30π cm²　3 50π cm²　4 112π cm²　5 80π cm³　6 10 cm³　7 18π cm³　8 36π cm³　9 54π cm³　10 1 : 2 : 3

개념 1 - 기둥의 부피

1 오른쪽 그림과 같은 사각기둥의
부피는?

① 48 cm³　　② 52 cm³

③ 56 cm³　　④ 64 cm³

⑤ 75 cm³

Hint 밑면이 사다리꼴이므로 사다리꼴의 넓이에 높이를 곱한다.

개념 3 - 원뿔대의 부피

2 오른쪽 그림과 같은 평면도형을 직선
l을 축으로 하여 1회전 시킬 때 생기
는 입체도형의 부피는?

① 64π cm³　　② 75π cm³

③ 94π cm³　　④ 98π cm³

⑤ 125π cm³

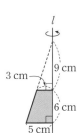

Hint 평면도형을 직선 l을 축으로 하여 1회전 시킬 때, 생기는 입체도형은
원뿔대이므로 큰 원뿔의 부피에서 작은 원뿔의 부피를 빼면 된다.

개념 4 - 입체도형의 부피

3 오른쪽 그림과 같은 입체도형의 부
피는?

① 63π cm³　　② 75π cm³

③ 81π cm³　　④ 92π cm³

⑤ 102π cm³

Hint (부피)＝(원기둥의 부피)＋$\frac{1}{2}$×(구의 부피)

개념 6 - 원뿔의 겉넓이

4 오른쪽 그림과 같은 원뿔의 겉넓이
는?

① 24π cm²　　② 48π cm²

③ 50π cm²　　④ 58π cm²

⑤ 64π cm²

Hint (겉넓이)＝(밑넓이)＋(원뿔의 옆면의 넓이)

개념 8 - 구의 겉넓이

5 오른쪽 그림과 같은 입체도형의 겉넓
이는?

① 40π cm²　　② 52π cm²

③ 64π cm²　　④ 78π cm²

⑤ 90π cm²

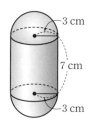

Hint (겉넓이)＝(구의 겉넓이)＋(원기둥의 옆넓이)

개념 10 - 삼각뿔의 부피의 활용

6 오른쪽 그림과 같이 직육면
체 모양의 그릇에 물을 가득
채운 후 그릇을 기울여 물을
흘려보냈을 때, 남아 있는 물
의 부피를 구하여라.

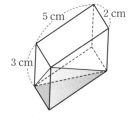

Hint (남아 있는 물의 부피)＝$\frac{1}{3}$×(밑넓이)×(높이)

고르고 고른
1학년 도형 총정리 문제

☆중요
1 다음 그림에서 점 M은 $\overline{AB}$의 중점이고, 점 N은 $\overline{BC}$의 중점이다. $\overline{AM}=9$ cm, $\overline{AB}:\overline{BC}=3:1$일 때, $\overline{MN}$의 길이를 구하여라.

2 오른쪽 그림에서 ∠AOB : ∠BOC=2 : 3일 때, ∠BOC의 크기는?

① 18°   ② 28°
③ 36°   ④ 42°
⑤ 54°

3 오른쪽 그림에서 ∠AOF의 크기는?

① 35°   ② 62°
③ 71°   ④ 76°
⑤ 82°

4 오른쪽 그림과 같은 직육면체에서 두 모서리 BC, CD와 동시에 꼬인 위치에 있는 모서리는?

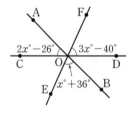

① $\overline{GH}$ ② $\overline{EH}$
③ $\overline{EF}$ ④ $\overline{AE}$
⑤ $\overline{DH}$

☆중요
5 오른쪽 그림에서 두 직선 l, m이 서로 평행할 때, $y-x$의 값은?

① 30   ② 33
③ 35   ④ 38
⑤ 40

☆중요
6 오른쪽 그림에서 △ABC와 △BDE는 정삼각형이다. △ABE와 합동인 삼각형을 찾고 합동 조건을 써라.

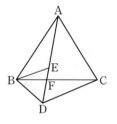

7 한 꼭짓점에서 그을 수 있는 대각선의 개수가 5인 다각형의 대각선의 개수는?

① 20   ② 36   ③ 40
④ 45   ⑤ 52

8 오른쪽 그림에서 ∠a+∠b+∠c+∠d+∠e+∠f의 크기는?

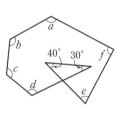

① 600°   ② 650°
③ 680°   ④ 700°
⑤ 720°

9 한 외각의 크기가 30°인 정다각형의 내각의 크기의 합은?

① 540°　　　② 720°　　　③ 1260°
④ 1440°　　　⑤ 1800°

☆중요

10 오른쪽 그림의 원 O에서 다음 중 옳은 것을 모두 고르면?
(정답 2개)

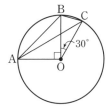

① $\overline{AB}=3\overline{BC}$

② $\triangle AOB=3\triangle BOC$

③ $\overarc{BC}=\dfrac{1}{3}\overarc{AB}$

④ $\angle OAB=3\angle OBC$

⑤ (부채꼴 AOC의 넓이)$=4\times$(부채꼴 BOC의 넓이)

☆중요

11 오른쪽 그림과 같은 반지름의 길이가 9 cm인 원 O에서 $\angle CAB=20°$일 때, $\overarc{CB}$의 길이는?

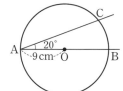

① 2π cm　　　② 3π cm
③ 4π cm　　　④ 5π cm
⑤ 6π cm

12 오른쪽 그림에서 색칠한 부분의 넓이를 구하여라.

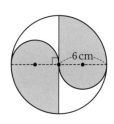

13 모서리의 개수가 18인 각뿔대의 면의 개수를 x, 꼭짓점의 개수를 y라고 할 때, $y-x$의 값은?

① 4　　　② 5　　　③ 6
④ 7　　　⑤ 8

14 다음 중 정다면체에 대한 설명으로 옳지 않은 것을 모두 고르면? (정답 2개)

① 한 꼭짓점에 모인 면의 개수가 6인 정다면체는 없다.

② 각 면이 모두 합동인 정다각형으로 이루어진 다면체가 정다면체이다.

③ 면의 모양이 정삼각형으로 이루어진 정다면체는 정사면체, 정팔면체, 정이십면체이다.

④ 정사각형으로 이루어진 정다면체는 정사면체이다.

⑤ 한 꼭짓점에 모인 면의 개수가 4인 정다면체는 정팔면체이다.

☆중요

15 오른쪽 그림의 전개도로 만든 원기둥의 부피는?

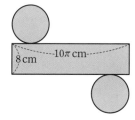

① 123π cm^3

② 144π cm^3

③ 160π cm^3

④ 180π cm^3

⑤ 200π cm^3

16 오른쪽 그림과 같은 삼각형을 직선 l을 회전축으로 하여 1회전시킬 때 생기는 회전체의 겉넓이를 구하여라.

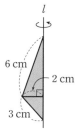

2학년 도형

저자 선생님의
단원 소개 영상

'**2학년 도형**'에서 배우는 도형의 개념들은 1학년에서 배우는 도형보다도 수능 문제에 훨씬 많이 나와요. 이 중 수능에서 가장 중요한 것은 단연 '**15 도형의 닮음**'이에요. 고등학교 도형 문제 중에서도 어려운 문제에 많이 쓰여요. 또 닮은 도형의 닮음비를 이용하여 넓이의 비를 구하는 문제도 많이 나온답니다. 닮음이 얼마나 중요한지 알겠죠?

직각삼각형에서 피타고라스 정리를 이용하여 변의 길이를 구하는 것도 거의 매년 수능에 나오니, 중학교에서 배우는 공식 중 가장 중요하다고 해도 과언이 아니에요. 또, 삼각형의 외심과 내심을 이용하여 길이를 구하거나 넓이를 구하는 문제도 수능에 자주 출제돼요.

이렇게 보니 어때요? 중학교 2학년 도형 개념을 모르면 수능 문제도 풀기 어렵다는 것을 알겠죠? 지금부터 수능에서도 중요한 '**2학년 도형**' 총정리를 시작해 봐요!

단원명	수능과 모의고사 기출	중요도
⑪ 이등변삼각형, 직각삼각형의 합동	2023학년도 수능 2022학년도 수능 2018학년도 수능 2014학년도 수능 2021년 6월 모의	★★★★★
⑫ 삼각형의 외심과 내심	2023학년도 수능 2022년 7월 모의 2021년 6월 모의 2021년 4월 모의 2020년 10월 모의	★★★★★
⑬ 평행사변형	2019학년도 수능 2022년 3월 모의	★★★★☆
⑭ 여러 가지 사각형	2021학년도 수능 2018학년도 수능	★★★★☆
⑮ 도형의 닮음	2021학년도 수능 2020학년도 수능 2016학년도 수능 2013학년도 수능 2012학년도 수능	★★★★★
⑯ 평행선과 선분의 길이의 비	2021년 4월 모의	★★★★★
⑰ 삼각형의 무게중심, 닮은 도형의 넓이와 부피	2020학년도 수능 2017학년도 수능 2014학년도 수능 2011학년도 수능	★★★★★
⑱ 피타고라스 정리	2022학년도 수능 2020학년도 수능 2019학년도 수능 2018학년도 수능 2016학년도 수능 2014학년도 수능	★★★★★

11 이등변삼각형, 직각삼각형의 합동

1. 이등변삼각형 1

중요도 ★★★★★

개념 1 이등변삼각형

두 변의 길이가 같은 삼각형
⇨ $\overline{AB}=\overline{AC}$

① **꼭지각** : 길이가 같은 두 변이 이루는 각 ⇨ ∠A

② **밑변** : 꼭지각의 대변 ⇨ $\overline{BC}$

③ **밑각** : 밑변의 양 끝 각 ⇨ ∠B, ∠C

㉾ 오른쪽 그림과 같이 $\overline{AB}=\overline{AC}$인 이등변삼각형 ABC에서 ∠$x$의 크기를 구해 보자.
$$\angle x=\frac{1}{2}\times(180°-70°)$$
$$=55°$$

바빠꿀팁
• 삼각형의 한 외각의 크기는 그와 이웃하지 않는 두 내각의 크기의 합과 같다.

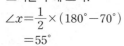

❖ 다음 그림과 같이 $\overline{AB}=\overline{AC}$인 이등변삼각형 ABC에서 ∠$x$의 크기를 구하여라. (1~2)

1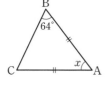

2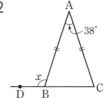

❖ 다음 그림과 같이 $\overline{AB}=\overline{AC}$인 이등변삼각형 ABC에서 $\overline{BC}=\overline{BD}$일 때, ∠$x$의 크기를 구하여라. (3~4)

3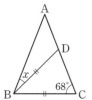

4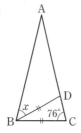

개념 2 이등변삼각형의 성질 핵심

① 이등변삼각형의 두 밑각의 크기는 같다.
⇨ ∠B=∠C

② 이등변삼각형의 꼭지각의 이등분선은 밑변을 수직이등분한다.
△ABC에서 $\overline{AB}=\overline{AC}$,
∠BAD=∠CAD
⇨ $\overline{BD}=\overline{CD}$, $\overline{AD}\perp\overline{BC}$

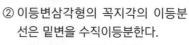
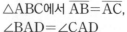

㉾ 오른쪽 그림과 같이 $\overline{AB}=\overline{AC}$인 이등변삼각형 ABC에서 ∠$x$의 크기와 y의 값을 각각 구해 보자.
이등변삼각형의 꼭지각의 이등분선은 밑변을 수직이등분하므로
$$\angle x=180°-(90°+40°)=50°, y=\frac{1}{2}\times10=5$$

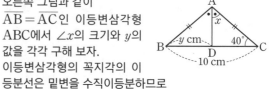

외워 외워!
★ 이등변삼각형에서 다음은 모두 같은 말이니 꼭 기억해.
(꼭지각의 이등분선)
=(밑변의 수직이등분선)
=(꼭짓점에서 밑변에 내린 수선)
=(꼭짓점과 밑변의 중점을 이은 선분)

❖ 다음 그림과 같이 $\overline{AB}=\overline{AC}$인 이등변삼각형 ABC에서 ∠$x$의 크기와 y의 값을 각각 구하여라. (5~6)

5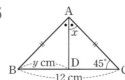

6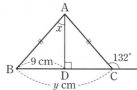

7 오른쪽 그림과 같이 직각삼각형 ABC에서 $\overline{AB}$의 수직이등분선과 ∠A의 이등분선이 $\overline{BC}$ 위의 점 D에서 만날 때, ∠B의 크기를 구하여라.

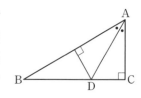

중요도 ★★★★★

개념 3 이등변삼각형의 성질을 이용하여 각의 크기 구하기

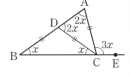

$\triangle$DBC에서
$\angle$DBC$=\angle$DCB$=\angle x$라고 하자.
삼각형의 외각의 성질을 이용하면
$\angle$ADC$=\angle$CAD$=2\angle x$
$\triangle$ABC에서 외각의 성질을 이용하면
$\angle$ACE$=3\angle x$

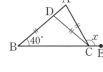

(예) 오른쪽 그림에서 $\angle$DBC$=40°$
일 때, $\angle x$의 크기를 구해 보자.
$\angle$DCB$=\angle$DBC$=40°$
$\triangle$DBC에서 외각의 성질을 이용하면
$\angle$CAD$=\angle$CDA$=80°$
$\triangle$ABC에서 외각의 성질을 이용하면
$\angle x=80°+40°=120°$

❖ 다음 그림에서 $\angle x$의 크기를 구하여라. (1~2)

1
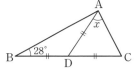

2
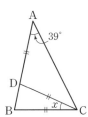

❖ 다음 그림에서 $\angle x$의 크기를 구하여라. (3~4)

3
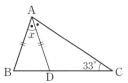

4
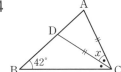

❖ 다음 그림에서 $\angle x$의 크기를 구하여라. (5~6)

5
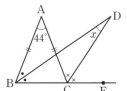

6
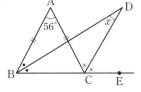

개념 4 이등변삼각형이 되는 조건

두 내각의 크기가 같은 삼각형은 이등변삼각형이다.
⇨ $\triangle$ABC에서
$\angle$B$=\angle$C이면
$\overline{AB}=\overline{AC}$

(예) 오른쪽 그림과 같이 $\overline{AB}=\overline{AC}$인 이등변삼각형 ABC에서 $\angle$BDC의 크기와 x의 값을 각각 구해 보자.

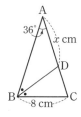

$\overline{AB}=\overline{AC}$인 이등변삼각형이므로
$\angle$ABC$=\angle$ACB
$=\dfrac{1}{2}\times(180°-36°)$
$=72°$
$\therefore \angle$ABD$=\dfrac{1}{2}\times72°=36°$
이때 $\angle$BAD$=\angle$ABD이므로 $\triangle$ABD는 이등변삼각형이 된다. $\therefore \overline{BD}=x$ cm
$\triangle$ABC에서 $\angle$BDC$=36°+36°=72°$
따라서 $\angle$BDC$=\angle$BCD이므로 $\triangle$BCD는 이등변삼각형이 된다. $\therefore \overline{BD}=\overline{BC}=8$ cm
$\therefore x=8$

7 오른쪽 그림과 같이 $\overline{AB}=\overline{AC}$인 이등변삼각형 ABC에서 $\overline{BD}$의 길이를 구하여라.

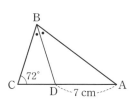

8 오른쪽 그림에서 $\overline{DC}$의 길이를 구하여라.

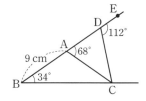

* 정답과 해설 17쪽

1 62° 2 24° 3 38° 4 32° 5 22° 6 28° 7 7 cm 8 9 cm

개념 5 **직각삼각형의 합동 조건** 핵심

두 직각삼각형은 다음의 각 경우에 서로 합동이다.

① 두 직각삼각형의 빗변의 길이와 한 예각의 크기가 각각
   R   H   A
   같을 때

$\angle C = \angle F = 90°$,
$\overline{AB} = \overline{DE}$, $\angle B = \angle E$
⇨ $\triangle ABC \equiv \triangle DEF$
(RHA 합동)

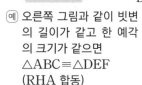

(예) 오른쪽 그림과 같이 빗변
의 길이가 같고 한 예각
의 크기가 같으면
$\triangle ABC \equiv \triangle DEF$
(RHA 합동)

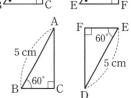

② 두 직각삼각형의 빗변의 길이와 다른 한 변의 길이가
   R   H   S
   각각 같을 때

$\angle C = \angle F = 90°$,
$\overline{AB} = \overline{DE}$, $\overline{AC} = \overline{DF}$
⇨ $\triangle ABC \equiv \triangle DEF$
(RHS 합동)

(예) 오른쪽 그림과
같이 빗변의 길
이가 같고 다른
한 변의 길이가
같으면
$\triangle ABC \equiv \triangle DEF$ (RHS 합동)

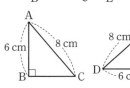

🐢 **바빠꿀팁**

• 삼각형의 합동 조건은 세 가지 SSS 합동, SAS 합동, ASA
합동으로 배웠는데 두 삼각형이 특별하게 직각삼각형일 때는
RHA 합동, RHS 합동도 있어.

• RHA 합동, RHS 합동에서
R : 직각(Right angle)
H : 빗변(Hypotenuse)
A : 각(Angle)
S : 변(Side)

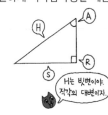

H는 빗변이야.
직각의 대변이지.

앗! 실수

★ 직각삼각형의 합동 조건을 이용
할 때는 반드시 빗변의 길이가
같은지 확인해야 해. 오른쪽 그
림과 같이 두 직각삼각형이 있
어도 빗변의 길이가 아닌 다른
변의 길이와 한 예각의 크기가 같으면 RHA 합동이 아니라
ASA 합동이 돼.

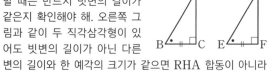

❖ 다음의 삼각형이 보기의 삼각형과 직각삼각형의 합동인
것을 보기에서 모두 골라 기호로 써라. (1~2)

보기

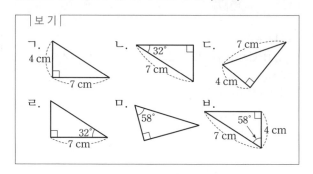

1

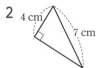

2

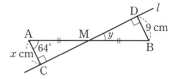

3 오른쪽 그림과 같이
$\overline{AB}$의 중점 M을 지
나는 직선 l에 두 점
A, B에서 내린 수선
의 발을 각각 C, D라고 할 때, x의 값과 $\angle y$의 크기를
각각 구하여라.

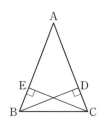

4 다음은 오른쪽 그림과 같이
$\overline{AB} = \overline{AC}$인 이등변삼각형 ABC
에서 $\overline{CE} = \overline{BD}$임을 보여주는 과정
이다. □ 안에 알맞은 것을 써넣어
라.

$\triangle$EBC와 $\triangle$DCB에서

☐ $= \angle CDB = 90°$ ··· ㉠

$\overline{BC}$는 공통   ··· ㉡

$\overline{AB} = \overline{AC}$이므로 $\angle EBC =$ ☐   ··· ㉢

㉠, ㉡, ㉢에 의하여

$\triangle$EBC$\equiv$ ☐ (☐ 합동)

∴ $\overline{CE} =$ ☐

개념 6 직각삼각형의 합동 조건의 응용

예 오른쪽 그림과 같이
∠A=90°이고
$\overline{AB}=\overline{AC}$인 직각이등변
삼각형 ABC의 꼭짓점
A를 지나는 직선 l이 있
을 때, $\overline{DE}$의 길이를 구해 보자.
∠ADB=∠CEA=90°
∠DBA+∠BAD=90°, ∠EAC+∠BAD=90°
이므로 ∠DBA=∠EAC
$\overline{AB}=\overline{AC}$
∴ △DBA≡△EAC (RHA 합동)
따라서 $\overline{DA}=\overline{EC}$=5 cm, $\overline{AE}=\overline{BD}$=3 cm이므로
$\overline{DE}$=5+3=8(cm)

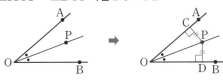

예 오른쪽 그림과 같이
∠A=90°이고 $\overline{AB}=\overline{AC}$
인 직각이등변삼각형 ABC
의 꼭짓점 A를 지나는 직선 l
이 있을 때, $\overline{DE}$의 길이를 구
해 보자.
△ABD와 △CAE에서 ∠BDA=∠AEC=90°
∠DBA+∠BAD=90°, ∠EAC+∠BAD=90°이
므로 ∠DBA=∠EAC, $\overline{AB}=\overline{CA}$
∴ △ABD≡△CAE (RHA 합동)
따라서 $\overline{AD}=\overline{CE}$=13 cm, $\overline{AE}=\overline{BD}$=8 cm이므로
$\overline{DE}$=13−8=5(cm)

1 오른쪽 그림과 같이
∠A=90°이고 $\overline{AB}=\overline{AC}$
인 직각이등변삼각형 ABC
의 꼭짓점 A를 지나는 직선
l이 있을 때, $\overline{DE}$의 길이를 구하여라.

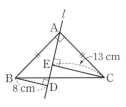

2 오른쪽 그림과 같이
∠A=90°이고 $\overline{AB}=\overline{AC}$인
직각이등변삼각형 ABC의
꼭짓점 A를 지나는 직선 l이
있을 때, $\overline{DE}$의 길이를 구하
여라.

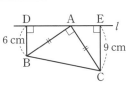

개념 7 각의 이등분선의 성질

① 각의 이등분선 위의 임의의 점에서 그 각을 이루는 두
변까지의 거리는 같다.
⇨ ∠AOP=∠BOP이면 $\overline{PC}=\overline{PD}$

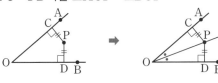

② 각의 두 변에서 같은 거리에 있는 점은 그 각의 이등분
선 위에 있다.
⇨ $\overline{PC}=\overline{PD}$이면 ∠AOP=∠BOP

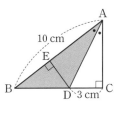

예 오른쪽 그림에서 $\overline{AB}$=8,
$\overline{DC}$=3일 때, △ABD의 넓이
를 구해 보자.
두 직각삼각형 AED와
ACD에서 빗변인 $\overline{AD}$는 공통,
∠AED=∠ACD=90°, ∠EAD=∠CAD이므로
△AED≡△ACD (RHA 합동)
∴ $\overline{DE}=\overline{DC}$=3 ∴ △ABD=$\frac{1}{2}$×8×3=12

3 오른쪽 그림과 같이 ∠C=90°
인 직각삼각형 ABC에서 ∠A
의 이등분선이 $\overline{BC}$와 만나는
점을 D라고 하자. 점 D에서
$\overline{AC}$에 내린 수선의 발을 E라
고 할 때, △ABD의 넓이를 구하여라.

4 오른쪽 그림과 같이 ∠C=90°
인 △ABD의 넓이가 30 cm²
일 때, $\overline{DC}$의 길이를 구하여라.

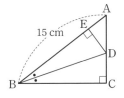

＊ 정답과 해설 18쪽

개념 1 - 이등변삼각형

1 오른쪽 그림과 같이 $\overline{AB}=\overline{AC}$인 이등변삼각형 ABC에서 x의 값은?

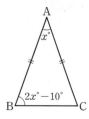

① 32 　② 34

③ 35 　④ 40

⑤ 42

Hint $\angle ACB=\angle ABC=2x°-10°$

개념 3 - 이등변삼각형의 외각

2 오른쪽 그림에서 $\overline{AB}=\overline{AC}=\overline{DC}$이고 $\angle B=39°$일 때, $\angle x$의 크기를 구하여라.

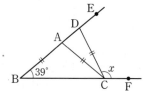

Hint $\angle CDA=\angle CAD=39°+39°=78°$

개념 4 - 이등변삼각형이 되는 조건

3 오른쪽 그림과 같이 직사각형 모양의 종이를 접었을 때, $\overline{FG}$의 길이를 구하여라.

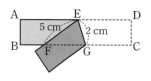

Hint 접은 각의 크기와 원래의 각의 크기는 같으므로 $\angle FEG=\angle DEG$
평행선에서 엇각의 크기는 같으므로 $\angle DEG=\angle FGE$

개념 5 - 직각삼각형의 합동 조건

4 다음 중 오른쪽 그림과 같이 $\angle C=\angle F=90°$인 직각삼각형 ABC와 DEF가 합동이 되는 조건이 <u>아닌</u> 것은?

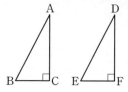

① $\overline{AB}=\overline{DE}$, $\overline{AC}=\overline{DF}$

② $\overline{AC}=\overline{DF}$, $\angle A=\angle D$

③ $\angle A=\angle D$, $\angle B=\angle E$

④ $\overline{AB}=\overline{DE}$, $\angle B=\angle E$

⑤ $\overline{BC}=\overline{EF}$, $\overline{AC}=\overline{DF}$

Hint 두 직각삼각형의 합동은 직각삼각형의 합동 조건을 만족해도 되지만 삼각형의 합동 조건을 만족해도 된다.

개념 6 - 직각삼각형의 합동 조건의 응용

5 오른쪽 그림과 같이 $\angle B=90°$인 두 직각삼각형 ABC, DBE에서 $\overline{AC}=\overline{DE}$, $\overline{BC}=\overline{BE}$이다. $\angle A=34°$이고 $\overline{AC}$와 $\overline{DE}$의 교점을 F라고 할 때, $\angle EFC$의 크기는?

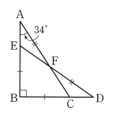

① 130° 　② 136° 　③ 142°

④ 152° 　⑤ 158°

Hint △ABC≡△DBE (RHS 합동)이므로
$\angle DEB=\angle ACB=180°-(90°+34°)$

개념 7 - 각의 이등분선의 성질

6 오른쪽 그림과 같이 $\angle C=90°$인 직각삼각형 ABC에서 $\overline{AB}\perp\overline{ED}$이다. $\overline{AB}=10\ cm$, $\overline{BC}=8\ cm$, $\overline{AC}=6\ cm$일 때, △BDE의 둘레의 길이를 구하여라.

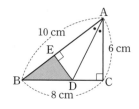

Hint △AED≡△ACD이므로 $\overline{DE}=\overline{DC}$
$\therefore \overline{BD}+\overline{DE}=\overline{BD}+\overline{DC}=8(cm)$

12 삼각형의 외심과 내심

1. 삼각형의 외심

중요도 ★★★★★

개념 1 삼각형의 외접원과 외심 핵심

✔ 삼각형의 외접원과 외심

△ABC의 세 꼭짓점이 원 O 위에 있을 때, 원 O는 △ABC 에 외접한다고 한다. 이때 원 O 를 △ABC의 외접원이라 하고, 외접원의 중심 O를 외심이라고 한다.

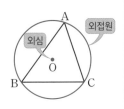

✔ 삼각형의 외심의 성질

① 삼각형의 세 변의 수직이 등분선은 한 점(외심)에서 만난다.

② 외심에서 세 꼭짓점에 이르는 거리는 같다.

⇨ $\overline{OA}=\overline{OB}=\overline{OC}$=(외접원의 반지름의 길이)

🐢 바빠꿀팁

· 직각삼각형의 RHS 합동 조건에 의하여 다음 직각삼각형이 합동이다.

△AOD≡△BOD
△BOE≡△COE
△AOF≡△COF

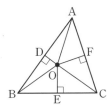

❖ 오른쪽 그림에서 점 O가 △ABC 의 외심일 때, 다음 중 옳은 것은 ○를, 옳지 <u>않은</u> 것은 ×를 하여 라. (1~5)

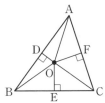

1 $\overline{OD}=\overline{OE}=\overline{OF}$ _____

2 $\overline{OA}=\overline{OB}$ _____

3 $\angle OAD=\angle OBD$ _____

4 $\overline{CE}=\overline{CF}$ _____

5 $\angle AOD=\angle AOF$ _____

개념 2 삼각형의 외심의 위치

① 예각삼각형   ② 둔각삼각형   ③ 직각삼각형

외접원의 반지름

삼각형의 내부   삼각형의 외부   빗변의 중점

예 오른쪽 직각삼각형 ABC에서 점 O 가 외심일 때, $\overline{AB}$의 길이를 구해 보자.

$\overline{AO}=\overline{BO}=\overline{CO}=5$ cm이므로
$\overline{AB}=10$ cm

🐢 바빠꿀팁

· 여러 삼각형의 외심 중에서 시험에 가장 많이 출제되는 것은 직각삼각형에서의 외심이야. 빗변의 길이의 반이 외접원의 반지름이 된다는 사실을 잊으면 안 돼. 따라서 △OBC, △OCA는 모두 이등변삼각형이 돼.

❖ 다음 직각삼각형 ABC에서 점 O가 외심일 때, x의 값을 구하여라. (6~7)

6
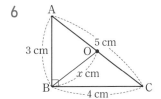

7
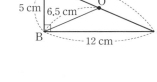

❖ 다음 직각삼각형 ABC에서 점 O가 외심일 때, $\angle x$의 크기를 구하여라. (8~9)

8

9
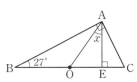

정답

1 ×   2 ○   3 ○   4 ×   5 ×   6 2.5   7 13   8 82°   9 36°

2. 삼각형의 외심의 응용

중요도 ★★★★★

삼각형의 외심의 응용 1

점 O가 △ABC의 외심일 때, 다음이 성립한다.

$\angle x + \angle y + \angle z = 90°$

⇨ $\angle A + \angle B + \angle C = 180°$

$2(\angle x + \angle y + \angle z) = 180°$

∴ $\angle x + \angle y + \angle z = 90°$

예 오른쪽 그림에서 점 O가 △ABC
의 외심일 때, $\angle x$의 크기를 구해
보자.

$\angle x + 29° + 37° = 90°$

∴ $\angle x = 24°$

❖ 다음 그림에서 점 O가 △ABC의 외심일 때, $\angle x$의 크기
를 구하여라. (1~2)

1

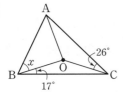

2

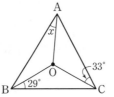

삼각형의 외심의 응용 2

$\angle BOC = 2\angle A$

⇨ $\angle BOC = 2\bullet + 2\times$

$\qquad = 2(\bullet + \times)$

$\qquad = 2\angle A$

무조건 각A의
두 배!!

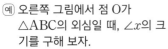

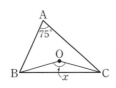

예 오른쪽 그림에서 점 O가
△ABC의 외심일 때, $\angle x$의 크
기를 구해 보자.

$\angle x = 2 \times 75° = 150°$

❖ 다음 그림에서 점 O가 △ABC의 외심일 때, $\angle x$의 크기
를 구하여라. (3~4)

3

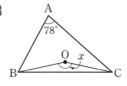

4

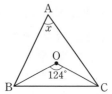

❖ 다음 그림에서 점 O가 △ABC의 외심일 때, $\angle x$의 크기
를 구하여라. (5~10)

5

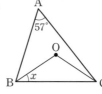

6

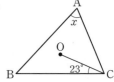

7

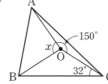

8

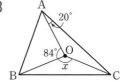

9

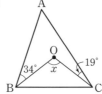

10

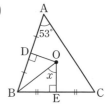

정답

* 정답과 해설 19쪽

1 47°   2 28°   3 156°   4 62°   5 33°   6 67°   7 94°   8 136°   9 106°   10 53°

3. 삼각형의 내심　　　　　　　　　　　　　　중요도 ★★★★★

개념 5　삼각형의 내심　핵심

① **삼각형의 내접원과 내심**

　△ABC의 세 변이 모두 원 I에 접할 때, 원 I는 △ABC에 **내접**한다고 한다. 이때 원 I를 △ABC의 **내접원**이라 하고, 내접원의 중심 I를 **내심**이라고 한다.

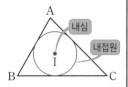

② **삼각형의 내심의 성질**

・삼각형의 세 내각의 이등분선은 한 점(내심)에서 만난다.

・내심에서 세 변에 이르는 거리는 같다.

　⇨ $\overline{ID}=\overline{IE}=\overline{IF}$

③ **삼각형의 내심의 위치**

모든 삼각형의 내심은 삼각형의 내부에 있다.

$\overline{AB}=\overline{AC}$인 이등변삼각형

꼭지각의 이등분선 위

정삼각형

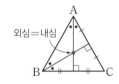

외심과 내심이 일치

바빠꿀팁

・직각삼각형의 RHA 합동 조건에 의하여 다음 직각삼각형이 합동이다.

△ADI≡△AFI, △BDI≡△BEI
△CEI≡△CFI

외워 외워!

★ 외심	★ 내심
	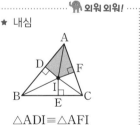
△ADO≡△BDO	△ADI≡△AFI

❖ 다음 그림에서 점 I가 △ABC의 내심일 때, 다음 중 옳은 것은 ○를, 옳지 <u>않은</u> 것은 ×를 하여라.

(1~6)

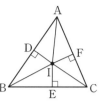

1 ∠DBI＝∠EBI　　　　＿＿＿＿

2 $\overline{IA}=\overline{IB}=\overline{IC}$　　　　＿＿＿＿

3 $\overline{AD}=\overline{BD}$　　　　＿＿＿＿

4 $\overline{ID}=\overline{IE}=\overline{IF}$　　　　＿＿＿＿

5 ∠IBE＝∠ICE　　　　＿＿＿＿

6 ∠AID＝∠AIF　　　　＿＿＿＿

❖ 다음 그림에서 점 I가 △ABC의 내심일 때, ∠x의 크기를 구하여라. (7~10)

7

8

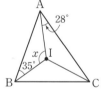

9

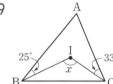

10

＊ 정답과 해설 19쪽

정답

1○　2×　3×　4○　5×　6○　7 37°　8 117°　9 122°　10 20°

4. 삼각형의 내심의 응용

중요도 ★★★★★

개념 6 삼각형의 내심의 응용 1

점 I가 △ABC의 내심일 때, 다음이 성립한다.

① $\angle x + \angle y + \angle z = 90°$

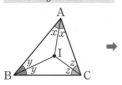

② $\angle BIC = 90° + \dfrac{1}{2}\angle A$

각 A를 반띵하고 90°를 더해!!

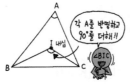

 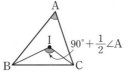

③ △ABC의 내접원이 $\overline{AB}$, $\overline{BC}$, $\overline{CA}$와 만나는 점을 각각 D, E, F 라고 할 때,

$$\overline{AD} = \overline{AF}, \overline{BD} = \overline{BE}, \overline{CE} = \overline{CF}$$

❖ 다음 그림에서 점 I가 △ABC의 내심일 때, ∠x의 크기를 구하여라. (1~4)

1
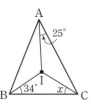

2
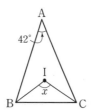

3
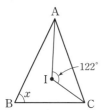

4
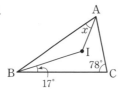

개념 7 삼각형의 내심의 응용 2

△ABC에서 세 변의 길이가 각각 a, b, c이고 내접원의 반지름의 길이가 r일 때,

$$\triangle ABC = \frac{1}{2}r(a+b+c)$$

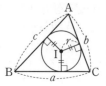

🗡️ 바빠꿀팁

• 삼각형의 넓이는 밑변의 길이와 높이를 알아야 구할 수 있었는데 이제부터는 삼각형의 둘레의 길이와 내접원의 반지름의 길이만 알면 삼각형의 넓이를 구할 수 있어.

🐘 외워 외워!

★ 외심과 내심의 비교

외심(O)	내심(I)
외접원의 중심 ⇨ 세 변의 수직이등분선의 교점	내접원의 중심 ⇨ 세 내각의 이등분선의 교점
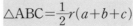	
외심에서 세 꼭짓점에 이르는 거리는 같다.	내심에서 세 변에 이르는 거리는 같다.

5 오른쪽 그림에서 점 I가 △ABC의 내심이다. △ABC의 넓이가 26 cm² 일 때, △ABC의 내접원의 반지름의 길이를 구하여라.

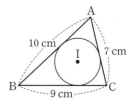

6 오른쪽 그림에서 점 I가 △ABC의 내심이다. △ABC의 넓이가 42 cm²일 때, △ABC의 둘레의 길이를 구하여라.

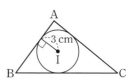

7 오른쪽 그림에서 두 점 O, I는 각각 △ABC의 외심, 내심일 때, ∠x의 크기를 구하여라.

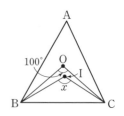

* 정답과 해설 19쪽

정답

1 31° 2 111° 3 64° 4 34° 5 2 cm 6 28 cm 7 115°

* 정답과 해설 20쪽

개념 2 - 직각삼각형의 외심

1 오른쪽 그림과 같이 ∠B=90°인 직각삼각형 ABC에서 $\overline{AB}$=6 cm, $\overline{BC}$=8 cm, $\overline{CA}$=10 cm 일 때, △ABC의 외접원의 넓이를 구하여라.

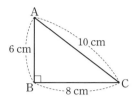

Hint 직각삼각형의 외접원의 반지름의 길이는 빗변의 길이의 $\frac{1}{2}$이다.

개념 5 - 삼각형의 내심

4 다음 중 점 I가 삼각형의 내심인 것을 모두 고르면?

(정답 2개)

① ② ③

④ ⑤

Hint 삼각형의 내심은 세 내각의 이등분선의 교점이고 내심에서 세 변에 이르는 거리는 같다.

개념 3 - 삼각형의 외심의 응용

2 오른쪽 그림에서 점 O는 △ABC의 외심이다. ∠BOC=140°일 때, ∠x+∠y의 크기는?

① 65° ② 68°
③ 70° ④ 76°
⑤ 82°

Hint $\angle OCB=\frac{1}{2}\times(180°-140°)=20°$

개념 6 - 삼각형의 내심의 응용

5 오른쪽 그림에서 점 I는 △ABC의 내심이다. $\overline{DE}\,/\!/\,\overline{BC}$이고 $\overline{DB}$=6 cm, $\overline{EC}$=7 cm일 때, $\overline{DE}$의 길이를 구하여라.

Hint 두 점 I와 B를 이으면 ∠DBI=∠IBC=∠BID이므로 △DBI가 이등변삼각형이 된다.

개념 4 - 삼각형의 외심의 응용

3 오른쪽 그림에서 점 O는 △ABC의 외심이다. ∠ACO=46°, ∠BCO=19° 일 때, ∠A−∠B의 크기는?

① 26° ② 27°
③ 29° ④ 34°
⑤ 36°

Hint 두 점 O와 A를 이으면 ∠OAB+19°+46°=90°

개념 7 - 삼각형의 외심과 내심

6 오른쪽 그림에서 두 점 O, I 는 각각 △ABC의 외심, 내심이고 ∠BIC=126°일 때, ∠x의 크기는?

① 128° ② 136°
③ 139° ④ 144°
⑤ 150°

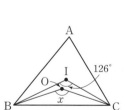

Hint $90°+\frac{1}{2}\angle A=126°$

개념 1 평행사변형의 뜻

✔ 사각형의 기호

① 사각형 ABCD를 기호로 □ABCD와 같이 나타낸다.

② 사각형에서 서로 마주 보는 변을 대변, 서로 마주 보는 각을 대각이라고 한다.
오른쪽 그림과 같은 □ABCD에서 $\overline{AB}$와 $\overline{DC}$, $\overline{AD}$와 $\overline{BC}$가 대변이고, ∠A와 ∠C, ∠B와 ∠D가 대각이다.

✔ 평행사변형의 뜻

평행사변형은 두 쌍의 대변이 각각 평행한 사각형이다.

⇨ $\overline{AB} /\!/ \overline{DC}$, $\overline{AD} /\!/ \overline{BC}$

❖ 다음 그림과 같은 평행사변형 ABCD에서 ∠x, ∠y의 크기를 각각 구하여라. (1~2)

1
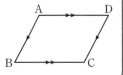

2
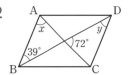

개념 2 평행사변형의 성질 핵심

① 두 쌍의 대변의 길이는 각각 같다.

⇨ $\overline{AB} = \overline{DC}$, $\overline{AD} = \overline{BC}$

② 두 쌍의 대각의 크기는 각각 같다.

⇨ ∠A = ∠C, ∠B = ∠D

③ 두 대각선은 서로 다른 것을 이등분한다.

$\overline{OA} = \overline{OC}$, $\overline{OB} = \overline{OD}$

❖ 다음 그림과 같은 평행사변형 ABCD에서 x, y의 값을 각각 구하여라. (3~4)

3
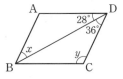

4
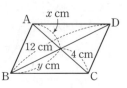

❖ 다음 그림과 같은 평행사변형 ABCD에서 □ 안에 알맞은 길이를 써넣어라. (5~6)

5
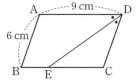

6
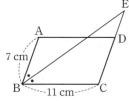

$\overline{EC} = $

$\overline{DE} = $

개념 3 평행사변형에서 이웃하는 두 내각의 크기의 합

평행사변형에서 이웃하는 두 내각의 크기의 합은 180°이다.

∠A + ∠B = 180°

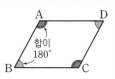

🖎 바빠 꿀팁

• 평행사변형에서 한 내각의 크기가 주어지면 나머지 각의 크기를 모두 알 수 있어. ∠A의 크기가 주어지면 ∠A + ∠B = 180°이므로 ∠B의 크기를 구할 수 있고 대각의 크기가 같음을 이용하면 ∠C와 ∠D의 크기도 구할 수 있지.

❖ 다음 그림과 같은 평행사변형 ABCD에서 ∠x의 크기를 구하여라. (7~8)

7
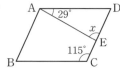

8
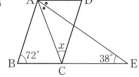

2. 평행사변형이 되는 조건

개념 4 평행사변형이 되는 조건 핵심

□ABCD가 다음의 어느 한 조건을 만족하면 평행사변형
이다.

① 두 쌍의 대변이 각각 평행하다.
⇨ $\overline{AB}//\overline{DC}$, $\overline{AD}//\overline{BC}$

② 두 쌍의 대변의 길이가 각각 같다.
⇨ $\overline{AB}=\overline{DC}$, $\overline{AD}=\overline{BC}$

③ 두 쌍의 대각의 크기가 각각 같다.
⇨ ∠A=∠C, ∠B=∠D

④ 두 대각선은 서로 다른 것을 이등분
한다.
⇨ $\overline{OA}=\overline{OC}$, $\overline{OB}=\overline{OD}$

⑤ 한 쌍의 대변이 평행하고 그 길이가
같다.
⇨ $\overline{AD}//\overline{BC}$, $\overline{AD}=\overline{BC}$

바빠꿀팁

• 앞쪽에서 배운 것도 거의 비슷한데 왜 똑같은 것을 배우지? 라
고 생각하는 학생들이 있어. 앞쪽에서 배운 내용은 평행사변형
이라면 갖게 되는 성질을 배운 것이고, 여기서는 어떤 사각형인
지 모르는 사각형이 위의 5가지 조건 중 한 가지를 만족한다면
평행사변형이 된다는 거야.

앗! 실수

★ 5가지 평행사변형이 되는 조건 중에서 가장 시험 출제율이 높
은 것은 마지막 5번이야. 아래 그림과 같이 한 쌍의 대변이 평
행하고 다른 쌍의 길이가 같아도 평행사변형이라고 생각하는
거야. 반드시 외우자! 어느 쪽이든지 평행한 그 두 선분의 길이
가 같아야 평행사변형이라는 것을!

한 쌍의 대변이 평행하고
그 길이가 같으므로
평행사변형이야.

아무리 평행사변형인 것처럼
그려 놓아도 절대
평행사변형이 아니야.

❖ 오른쪽 그림과 같은 □ABCD가
평행사변형이 되는 것은 ○를, 평
행사변형이 되지 않는 것은 ×를
하여라. (1~9)

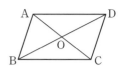

1 $\overline{AB}=\overline{DC}=8$ cm _____

2 $\overline{AB}//\overline{DC}$, $\overline{AB}=\overline{DC}=9$ cm _____

3 $\overline{OA}=\overline{OB}=6$ cm, $\overline{OC}=\overline{OD}=4$ cm _____

4 $\overline{AB}//\overline{DC}$, $\overline{AD}//\overline{BC}$ _____

5 ∠A=110°, ∠B=70° _____

6 $\overline{OA}=\overline{OC}=7$ cm, $\overline{OB}=\overline{OD}=5$ cm _____

7 ∠A=∠C=125°, ∠B=55° _____

8 $\overline{AD}//\overline{BC}$, $\overline{AB}=\overline{DC}=6$ cm _____

9 $\overline{AB}=\overline{DC}=10$ cm, $\overline{AD}=\overline{BC}=13$ cm _____

10 오른쪽 그림과 같이
∠A=120°이고 $\overline{AD}//\overline{BC}$인
사다리꼴 ABCD에 한 가지
조건만을 추가하여 평행사변
형이 되게 하려고 한다. 다음 보기에서 가능한 조건을
모두 골라 기호로 써라.

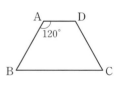

보기

ㄱ. $\overline{AD}=\overline{BC}$ ㄴ. ∠B=∠C

ㄷ. $\overline{AB}=\overline{DC}$ ㄹ. $\overline{AB}//\overline{DC}$

ㅁ. ∠A+∠C=180°

정답

1 × 　2 ○ 　3 × 　4 ○ 　5 × 　6 ○ 　7 ○ 　8 × 　9 ○ 　10 ㄱ, ㄹ

개념 5 평행사변형이 되는 조건의 응용

다음 그림의 □ABCD는 평행사변형이다.

① $\overline{AS}=\overline{SD}=\overline{BQ}=\overline{QC}$,
$\overline{AP}=\overline{PB}=\overline{DR}=\overline{RC}$
⇨ $\overline{AE}/\!/\overline{FC}$, $\overline{AF}/\!/\overline{EC}$
⇨ □AECF는 두 쌍의 대변이
각각 평행하므로 평행사변형이다.

② ∠ABE=∠EBF,
∠EDF=∠FDC
⇨ ∠EBF=∠EDF,
∠BED=∠BFD
⇨ □EBFD는 두 쌍의 대각의 크기가 각각 같으므로
평행사변형이다.

③ $\overline{BE}=\overline{DF}$
⇨ $\overline{OE}=\overline{OF}$, $\overline{OA}=\overline{OC}$
⇨ □AECF는 두 대각선이
서로 다른 것을 이등분하므
로 평행사변형이다.

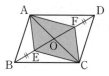

④ $\overline{AE}=\overline{CF}$
⇨ $\overline{EB}/\!/\overline{DF}$, $\overline{EB}=\overline{DF}$
⇨ □EBFD는 한 쌍의 대변이
평행하고 그 길이가 같으므로 평행사변형이다.

⑤ ∠AEB=∠CFD=90°
⇨ $\overline{AE}/\!/\overline{CF}$, $\overline{AE}=\overline{CF}$
⇨ □AECF는 한 쌍의 대변이
평행하고 그 길이가 같으므로 평행사변형이다

❖ 다음은 □ABCD가 평행사변형일 때, 주어진 사각형이 평행사변형이 되는 과정이다. □ 안에 알맞을 것을 써넣어라. (1~5)

1

□AQCS에서 $\overline{AS}/\!/\overline{QC}$,
$\overline{AS}=\boxed{}$
□AQCS가 평행사변형이므
로 $\overline{AE}/\!/\boxed{}$
□APCR에서 $\overline{AP}/\!/\overline{RC}$, $\overline{AP}=\boxed{}$
□APCR가 평행사변형이므로 $\overline{AF}/\!/\boxed{}$
따라서 □AECF는 두 쌍의 대변이 각각 평행하므로 평행사변형이다.

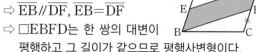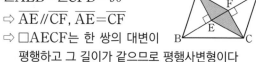

2

∠B=∠D이므로
$\frac{1}{2}∠B=\frac{1}{2}∠D$
∴ ∠EBF=∠EDF
∠AEB=∠EBF(엇각),
∠DFC=∠EDF(엇각)
∠AEB=∠DFC에서
∠DEB=180°−∠AEB=180°−$\boxed{}$
=$\boxed{}$
따라서 □EBFD는 두 쌍의 대각의 크기가 각각 같
으므로 평행사변형이다.

3

$\overline{AO}=\overline{CO}$, $\overline{BO}=\boxed{}$
이고 $\overline{BE}=\overline{DF}$이므로
$\overline{EO}=\boxed{}$
따라서 □AECF는 두 대각선
이 서로 다른 것을 이등분하므로 평행사변형이다.

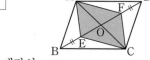

4

$\overline{AB}/\!/\overline{DC}$이므로 $\overline{EB}/\!/\overline{DF}$
$\overline{AB}=\boxed{}$, $\overline{AE}=\boxed{}$
∴ $\overline{EB}=\boxed{}$
따라서 □EBFD는 한 쌍의 대변이 평행하고 그 길이가 같으므로 평행사변형이다.

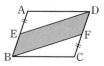

5

△ABE와 △CDF에서
∠AEB=∠CFD=90°
$\overline{AB}=\boxed{}$
∠ABE=$\boxed{}$(엇각)
이므로
△ABE≡△CDF (RHA 합동) ∴ $\overline{AE}=\boxed{}$
또, ∠AEF=∠CFE(엇각)이므로
$\overline{AE}/\!/\boxed{}$
따라서 □AECF는 한 쌍의 대변이 평행하고 그 길이가 같으므로 평행사변형이다.

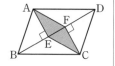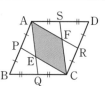

정답

* 정답과 해설 20쪽

1 $\overline{QC}$, $\overline{FC}$, $\overline{RC}$, $\overline{EC}$ 2 ∠DFC, ∠BFD   3 $\overline{DO}$, $\overline{FO}$ 4 $\overline{DC}$, $\overline{CF}$, $\overline{DF}$ 5 $\overline{DC}$, ∠CDF, $\overline{CF}$, $\overline{FC}$

4. 평행사변형과 넓이

개념 6 평행사변형과 넓이 1

평행사변형 ABCD에 대하여 다음이 성립한다.
① 평행사변형의 넓이는 한 대각선에 의하여 이등분된다.

$$\triangle ABC = \triangle CDA = \frac{1}{2} \square ABCD$$

$$\triangle ABD = \triangle BCD = \frac{1}{2} \square ABCD$$

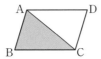

② 평행사변형의 넓이는 두 대각선
에 의하여 사등분된다.

$$\triangle ABO = \triangle BCO$$
$$= \triangle DAO = \triangle CDO$$
$$= \frac{1}{4} \square ABCD$$

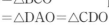

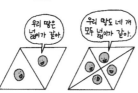

❖ 다음 그림과 같이 □ABCD가 평행사변형일 때, 주어진 값을 이용하여 □ 안에 알맞은 넓이를 써넣어라. (1~3)

1 $\triangle ABC = 5 \text{ cm}^2$일 때,
　□BFED = ☐

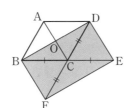

2 □ABCD = 24 cm²일 때,
　□EPFQ = ☐

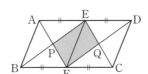

3 □ABCD = 36 cm²일 때,
　(색칠한 부분의 넓이)
　= ☐

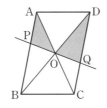

개념 7 평행사변형과 넓이 2

내부의 임의의 점 P에 대하여
　$\triangle PAB + \triangle PCD$
　$= \triangle PDA + \triangle PBC$
　$= \frac{1}{2} \square ABCD$

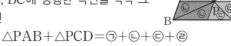

오른쪽 그림과 같이 점 P를 지나고
$\overline{AB}, \overline{BC}$에 평행한 직선을 각각 그
으면

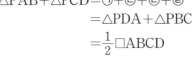

$$\triangle PAB + \triangle PCD = ㉠+㉡+㉢+㉣$$
$$= \triangle PDA + \triangle PBC$$
$$= \frac{1}{2} \square ABCD$$

[예] 평행사변형 ABCD의 넓이가
54 cm²일 때, △PAB와
△PCD의 넓이의 합을 구해
보자.
평행사변형에서 △PAB와
△PCD의 넓이의 합은 평행사변형 ABCD의 넓이의
$\frac{1}{2}$이므로 $\frac{1}{2} \times 54 = 27(\text{cm}^2)$

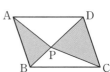

❖ 다음 그림과 같이 □ABCD가 평행사변형일 때, 주어진 값을 이용하여 □ 안에 알맞은 넓이를 써넣어라. (4~6)

4 □ABCD = 20 cm²일 때,
　$\triangle PAB + \triangle PCD = $ ☐

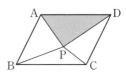

5 $\triangle PAB = 7 \text{ cm}^2$,
　$\triangle PBC = 5 \text{ cm}^2$,
　$\triangle PCD = 6 \text{ cm}^2$일 때,
　$\triangle PDA = $ ☐

6 $\triangle PAB = 11 \text{ cm}^2$,
　$\triangle PCD = 9 \text{ cm}^2$일 때,
　□ABCD = ☐

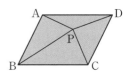

 정답

1 20 cm²　　2 6 cm²　　3 9 cm²　　4 10 cm²　　5 8 cm²　　6 40 cm²

* 정답과 해설 21쪽

개념 2 - 평행사변형의 성질

1 오른쪽 그림과 같은 평행사변
형 ABCD의 두 대각선의 교
점 O를 지나는 직선이 $\overline{AD}$,
$\overline{BC}$와 만나는 점을 각각 P, Q
라고 할 때, 다음 중 옳지 <u>않은</u>
것은?

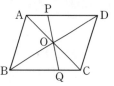

① ∠APO=∠CQO   ② $\overline{OP}=\overline{OQ}$
③ $\overline{AP}=\overline{CQ}$ ④ △AOP≡△COQ
⑤ ∠PAO=∠OCD

Hint $\overline{AO}=\overline{CO}$, ∠PAO=∠QCO(엇각)
∠AOP=∠COQ(맞꼭지각)

개념 3 - 평행사변형의 성질의 응용

2 오른쪽 그림과 같은 평행사변
형 ABCD에서
∠A : ∠B=7 : 5일 때,
∠A의 크기는?

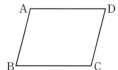

① 95°   ② 100°
③ 105°   ④ 110°
⑤ 120°

Hint ∠A+∠B=180°이므로 ∠A=$180° \times \dfrac{7}{7+5}$

개념 3 - 평행사변형의 성질의 응용

3 오른쪽 그림과 같은 평행사변
형 ABCD에서 ∠ADC의 이
등분선과 $\overline{BC}$가 만나는 점을
E라고 하자. ∠B=74°일 때,
∠x의 크기를 구하여라.

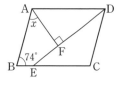

Hint ∠ADF=$\dfrac{1}{2} \times 74° = 37°$

개념 4 - 평행사변형이 되는 조건

4 다음 중 오른쪽 그림과 같이
□ABCD가 평행사변형이
<u>아닌</u> 것을 모두 고르면?

(정답 2개)

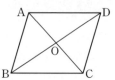

① $\overline{OA}=\overline{OB}=9$ cm, $\overline{OC}=\overline{OD}=7$ cm
② ∠A=∠C=95°, ∠B=85°
③ $\overline{AD}/\!/\overline{BC}$, $\overline{AB}=\overline{DC}=10$ cm
④ $\overline{AB}=\overline{DC}=13$ cm, $\overline{AD}=\overline{BC}=16$ cm
⑤ ∠A+∠B=180°, ∠B+∠C=180°

Hint $\overline{AD}/\!/\overline{BC}$, $\overline{AD}=\overline{BC}$이면 평행사변형이 된다.

개념 5 - 평행사변형이 되는 조건의 응용

5 오른쪽 그림과 같이 평행사변
형 ABCD의 두 대각선의 교
점을 O라 하고, $\overline{AO}$, $\overline{BO}$,
$\overline{CO}$, $\overline{DO}$의 중점을 각각 P,
Q, R, S라고 하자. 다음 중
□PQRS가 평행사변형이 되는 가장 알맞은 조건은?

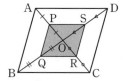

① 두 쌍의 대변이 각각 평행하다.
② 두 쌍의 대변의 길이가 각각 같다.
③ 두 쌍의 대각의 크기가 각각 같다.
④ 두 대각선이 서로 다른 것을 이등분한다.
⑤ 한 쌍의 대변이 평행하고 그 길이가 같다.

Hint $\overline{AO}=\overline{CO}$이므로 $\overline{PO}=\overline{RO}$

개념 7 - 평행사변형의 넓이

6 오른쪽 그림과 같은 평행사변
형 ABCD의 넓이가 68 cm^2
이고, △PBC의 넓이가
20 cm^{2}일 때, △PDA의 넓
이를 구하여라.

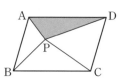

Hint △PDA+△PBC=$\dfrac{1}{2}$□ABCD

14 여러 가지 사각형

1. 직사각형

개념 1 직사각형 핵심

① **직사각형의 뜻**
네 내각의 크기가 같은 사각형
⇨ $\angle A = \angle B = \angle C = \angle D$
$= 90°$

② **직사각형의 성질**
두 대각선은 길이가 같고 서로 다른 것을 이등분한다.
⇨ $\overline{AC} = \overline{BD}$, $\overline{AO} = \overline{BO} = \overline{CO} = \overline{DO}$

(예) 오른쪽 그림과 같은 직사각형 ABCD에서 두 대각선의 교점을 O라고 할 때, $\overline{AO}$의 길이와 $\angle BDC$의 크기를 각각 구해 보자.

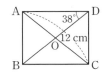

$\overline{AO} = \dfrac{1}{2} \times 12 = 6(\text{cm})$
$\angle BDC = 90° - 38° = 52°$

❖ 다음 그림과 같은 직사각형 ABCD에서 x의 값을 구하여라. (1~2)

1
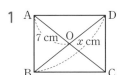

2
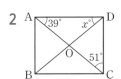

❖ 다음 그림과 같은 직사각형 ABCD에서 □ 안에 알맞은 것을 써넣어라. (3~4)

3
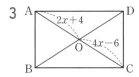

$\overline{BD} = \boxed{}$

4
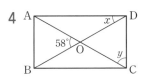

$\angle x = \boxed{}$, $\angle y = \boxed{}$

5 오른쪽 그림과 같은 직사각형 ABCD에서 두 대각선의 교점을 O라고 하자.
$\overline{AB} = 9\,\text{cm}$, $\overline{BC} = 12\,\text{cm}$,
$\overline{AC} = 15\,\text{cm}$일 때, $\triangle ABO$의 둘레의 길이를 구하여라.

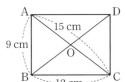
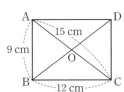

개념 2 평행사변형이 직사각형이 되는 조건

평행사변형이 다음 중 어느 한 조건을 만족하면 직사각형이 된다.
• 한 내각이 직각이다.
• 두 대각선의 길이가 같다.

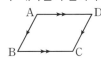

🖐 **바빠꿀팁**
• 평행사변형의 한 내각이 직각이면 대각의 크기는 같으므로 네 각이 모두 직각이 되어 직사각형이 돼.

❖ 오른쪽 그림에서 평행사변형 ABCD가 직사각형이 되는 조건으로 옳은 것은 ○를, 옳지 않은 것은 ×를 하여라. (6~9)

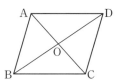

6 $\angle B = 90°$ _____

7 $\overline{AC} = \overline{BD}$ _____

8 $\overline{AB} = \overline{AD}$ _____

9 $\overline{AC} \perp \overline{BD}$ _____

10 다음은 '두 대각선의 길이가 같은 평행사변형은 직사각형이다.'를 확인하는 과정이다. □ 안에 알맞은 것을 써넣어라.

$\overline{AC} = \overline{BD}$인 평행사변형 ABCD에 대하여 △ABC와 △DCB에서

$\boxed{} = \overline{DC}$, $\overline{AC} = \boxed{}$
$\overline{BC}$는 공통이므로
$\triangle ABC \equiv \triangle DCB$ ($\boxed{}$ 합동)
∴ $\angle B = \angle C$ ··· ㉠
▱ABCD는 평행사변형이므로
$\angle A = \boxed{}$, $\angle B = \boxed{}$ ··· ㉡
㉠, ㉡에 의하여 $\angle A = \angle B = \angle C = \angle D = 90°$
따라서 ▱ABCD는 직사각형이다.

정답
1 14　2 39　3 28　4 29°, 61°　5 24 cm　6 ○　7 ○　8 ×　9 ×　10　11 $\overline{AB}$, $\overline{DB}$, SSS, $\angle C$, $\angle D$

* 정답과 해설 21쪽

개념 3 마름모 `핵심`

① 마름모의 뜻

네 변의 길이가 같은 사각형

⇨ $\overline{AB}=\overline{BC}=\overline{CD}=\overline{DA}$

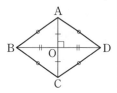

② 마름모의 성질

두 대각선은 서로 다른 것을 수직이등분한다.

⇨ $\overline{AC}\perp\overline{BD}$, $\overline{AO}=\overline{CO}$, $\overline{BO}=\overline{DO}$

예) 오른쪽 그림과 같은 마름모 ABCD에서 두 대각선의 교점을 O라고 할 때, $\angle x$, $\angle y$ 의 크기와 z의 값을 각각 구해 보자.

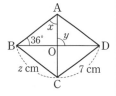

$\angle x=90°-36°=54°$

$\angle y=90°$, $z=7$

🐘**외워 외워!**

★ 마름모의 대각선은 꼭지각을 이등분해. 외워두면 문제 풀이가 쉬워져.

❖ 다음 그림과 같은 마름모 ABCD에서 $\angle x$, $\angle y$의 크기를 각각 구하여라. (1~2)

1
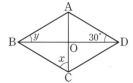

2
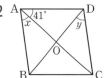

3 오른쪽 그림과 같은 마름모 ABCD에서 $x+y$의 값을 구하여라.

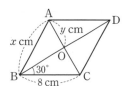

4 오른쪽 그림과 같은 마름모 ABCD에서 x의 값을 구하여라.

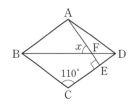

개념 4 평행사변형이 마름모가 되는 조건

평행사변형이 다음 중 어느 한 조건을 만족하면 마름모가 된다.

• 이웃하는 두 변의 길이가 같다.

• 대각선이 서로 수직이다.

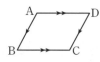
$\boxed{\overline{AB}=\overline{BC}}$
또는
$\boxed{\overline{AC}\perp\overline{BD}}$

📘**바빠꿀팁**

• 평행사변형의 이웃하는 두 변의 길이가 같으면 평행사변형은 대변의 길이가 같으므로 네 변의 길이가 모두 같게 되어 마름모가 돼.

❖ 오른쪽 그림에서 평행사변형 ABCD가 마름모가 되는 조건으로 옳은 것은 ○를, 옳지 <u>않은</u> 것은 ×를 하여라. (5~9)

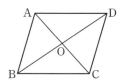

5 $\angle A=\angle B$ 　　　＿＿＿＿＿

6 $\overline{AB}=\overline{AD}$ 　　　＿＿＿＿＿

7 $\overline{AC}\perp\overline{BD}$ 　　　＿＿＿＿＿

8 $\angle OBC=\angle OCB$ 　　　＿＿＿＿＿

9 $\angle ADB+\angle ACB=90°$ 　　　＿＿＿＿＿

10 오른쪽 그림과 같은 평행사변형 ABCD에서 대각선 BD를 그었더니 $\angle ABD=\angle DBC$ 가 되었다. $\overline{BC}=10$ cm일 때, $\overline{DC}$의 길이를 구하여라.

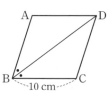

`정답` 　　　　　　　　　　　　　　　　　　　　　　　＊정답과 해설 21쪽

1 $\angle x=60°$, $\angle y=30°$　2 $\angle x=41°$, $\angle y=49°$　3 12　4 55°　5 ×　6 ○　7 ○　8 ×　9 ○　10 10 cm

3. 정사각형, 사다리꼴　　　　　중요도 ★★★★☆

개념 5 정사각형 핵심

① **정사각형의 뜻**

네 변의 길이가 같고 네 내각의 크기가 같은 사각형

⇨ $\overline{AB}=\overline{BC}=\overline{CD}=\overline{DA}$,
$\angle A=\angle B=\angle C=\angle D=90°$

② **정사각형의 성질**

두 대각선은 길이가 같고, 서로 다른 것을 수직이등분 한다.

⇨ $\overline{AC}=\overline{BD}$, $\overline{AC}\perp\overline{BD}$,
$\overline{AO}=\overline{BO}=\overline{CO}=\overline{DO}$

③ **직사각형이 정사각형이 되는 조건**

이웃하는 두 변의 길이가 같거나 두 대각선이 수직이다.

④ **마름모가 정사각형이 되는 조건**

한 내각이 직각이거나 두 대각선의 길이가 같다.

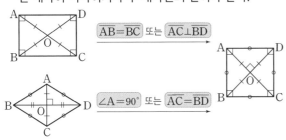

$\boxed{\overline{AB}=\overline{BC}}$ 또는 $\boxed{\overline{AC}\perp\overline{BD}}$

$\boxed{\angle A=90°}$ 또는 $\boxed{\overline{AC}=\overline{BD}}$

❖ 오른쪽 그림에서 평행사변형 ABCD가 정사각형이 되는 조건으로 옳은 것은 ○를, 옳지 않은 것은 ×를 하여라. (1~5)

1 $\angle ABC=90°$, $\angle AOB=90°$ ＿＿＿

2 $\angle AOB=90°$, $\overline{AB}=\overline{AD}$ ＿＿＿

3 $\overline{AB}=\overline{AD}$, $\angle BAO=\angle DAO$ ＿＿＿

4 $\overline{AC}=\overline{BD}$, $\overline{AC}\perp\overline{BD}$ ＿＿＿

5 $\overline{AB}=\overline{AD}$, $\overline{OA}=\overline{OD}$ ＿＿＿

❖ 다음 그림과 같은 정사각형 ABCD에서 $\angle x$, $\angle y$의 크기를 각각 구하여라. (6~7)

6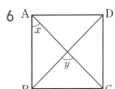

7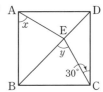

개념 6 사다리꼴

① **사다리꼴의 뜻**

한 쌍의 대변이 평행한 사각형

⇨ $\overline{AD}/\!/\overline{BC}$

② **등변사다리꼴의 뜻**

밑변의 양 끝 각의 크기가 같은 사다리꼴

⇨ $\overline{AD}/\!/\overline{BC}$, $\angle B=\angle C$

③ **등변사다리꼴의 성질**

• 평행하지 않은 한 쌍의 대변의 길이가 같다.

⇨ $\overline{AB}=\overline{DC}$

• 두 대각선의 길이가 같다.

⇨ $\overline{AC}=\overline{BD}$

❖ 다음 그림과 같이 $\overline{AD}/\!/\overline{BC}$인 등변사다리꼴 ABCD에서 x의 값을 구하여라. (8~11)

8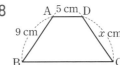

9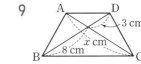

10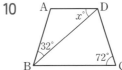

11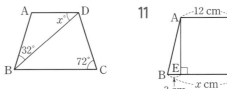

＊정답과 해설 22쪽

1 ○　2 ×　3 ×　4 ○　5 ○　6 $\angle x=45°$, $\angle y=90°$　7 $\angle x=60°$, $\angle y=75°$　8 9　9 11　10 40　11 18

4. 여러 가지 사각형 사이의 관계

중요도 ★★★☆☆

개념 7 여러 가지 사각형 사이의 관계

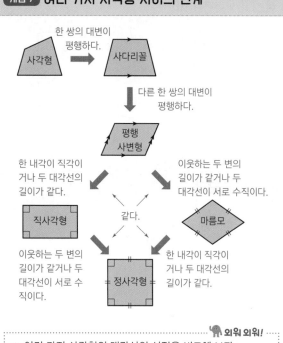

한 쌍의 대변이 평행하다.

사각형 ➡ 사다리꼴

다른 한 쌍의 대변이 평행하다.

평행사변형

한 내각이 직각이거나 두 대각선의 길이가 같다.

이웃하는 두 변의 길이가 같거나 두 대각선이 서로 수직이다.

직사각형

같다.

마름모

이웃하는 두 변의 길이가 같거나 두 대각선이 서로 수직이다.

한 내각이 직각이거나 두 대각선의 길이가 같다.

정사각형

외워 외워!

★ 여러 가지 사각형의 대각선의 성질을 비교해 보자.
- 평행사변형 ⇨ 서로 다른 것을 이등분
- 직사각형 ⇨ 길이가 같고, 서로 다른 것을 이등분
- 마름모 ⇨ 서로 다른 것을 수직이등분
- 정사각형 ⇨ 길이가 같고, 서로 다른 것을 수직이등분

❖ 다음 그림은 사각형에 조건이 하나씩 추가되어 여러 가지 사각형이 되는 과정을 나타낸 것이다. 다음 조건에 알맞은 것을 보기에서 골라 기호를 써라. (1~6)

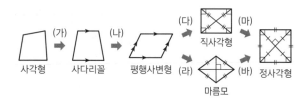

(가) 사각형 ➡ (나) 사다리꼴 ➡ 평행사변형 ➡ (다) 직사각형 (마) / (라) 마름모 (바) 정사각형

보 기

ㄱ. 다른 한 쌍의 대변이 평행하다.
ㄴ. 한 쌍의 대변이 평행하다.
ㄷ. 이웃하는 두 변의 길이가 같거나 두 대각선이 서로 수직이다.
ㄹ. 한 내각이 직각이거나 두 대각선의 길이가 같다.

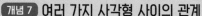

1 (가) − _____   2 (나) − _____

3 (다) − _____   4 (라) − _____

5 (마) − _____   6 (바) − _____

개념 8 사각형의 각 변의 중점을 연결하여 만든 사각형

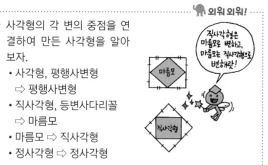

사각형	평행사변형	직사각형
평행사변형	평행사변형	마름모
마름모	정사각형	등변사다리꼴
직사각형	정사각형	마름모

외워 외워!

★ 사각형의 각 변의 중점을 연결하여 만든 사각형을 알아보자.
- 사각형, 평행사변형 ⇨ 평행사변형
- 직사각형, 등변사다리꼴 ⇨ 마름모
- 마름모 ⇨ 직사각형
- 정사각형 ⇨ 정사각형

직사각형은 마름모로 변하고, 마름모는 직사각형으로 변해랏!

❖ 다음과 같은 사각형이 주어질 때, □EFGH의 둘레의 길이를 구하여라. (7~8)

7

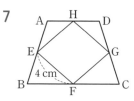

4 cm

□ABCD는 등변사다리꼴

8

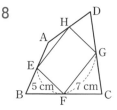

5 cm   7 cm

□ABCD는 사각형

중요도 ★★★★★

개념 9 **평행선과 삼각형의 넓이** 핵심

두 직선 l, m이 평행할 때,
△ABC와 △DBC는 밑변 BC
가 공통이고 높이는 h로 같으므
로 넓이가 서로 같다.

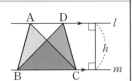

⇨ $l /\!/ m$이면 △ABC＝△DBC

예 오른쪽 그림과 같은 $\overline{AD} /\!/ \overline{BC}$
인 등변사다리꼴 ABCD에서
△ABD, △ABO와 넓이가 같
은 삼각형을 알아보자.
$\overline{AD} /\!/ \overline{BC}$이므로 밑변이 $\overline{AD}$
로 같은 삼각형을 찾는다.
∴ △ABD＝△ACD
△ABD, △ACD에서 공통으로 있는 △AOD의 넓이
를 각각 빼면 △ABO＝△DOC

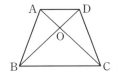

🍠 바빠·꿀팁

· $\overline{AC} /\!/ \overline{DE}$일 때, □ABCD와
△ABE는 넓이가 같아 보이지 않
지만 넓이가 같아. 평행선에서 밑변의
길이가 같은 두 삼각형의 넓이가 같
으므로 △ACD＝△ACE야.
양변에 △ABC를 더하면
△ACD＋△ABC＝△ACE＋△ABC
∴ □ABCD＝△ABE

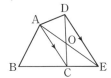

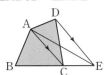

❖ 다음 그림과 같은 $\overline{AD} /\!/ \overline{BC}$인 등변사다리꼴 ABCD에
서 □ 안에 알맞은 넓이를 써넣어라. (1~2)

1 △ABO＝6 cm²
　△OBC＝14 cm²
　△DBC＝□

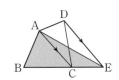

2 △ABC＝36 cm²
　△OBC＝24 cm²
　△OCD＝□

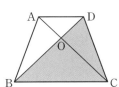

3 오른쪽 그림에서 $\overline{AE} /\!/ \overline{DB}$
이고 □ABCD의 넓이가
32 cm²일 때, △DEC의 넓
이를 구하여라.

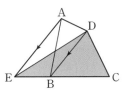

4 오른쪽 그림에서 $\overline{AC} /\!/ \overline{DE}$,
$\overline{AH} \perp \overline{BE}$일 때, □ABCD의
넓이를 구하여라.

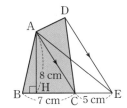

8 cm
7 cm　5 cm

개념 10 **높이가 같은 삼각형의 넓이의 비**

높이가 같은 두 삼각형의 넓이의
비는 밑변의 길이의 비와 같다.
⇨ △ABD : △ADC＝$a : b$

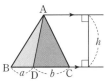

예 오른쪽 그림에서
△ABC＝30 cm²,
$\overline{BD} : \overline{DC}$＝3 : 2일 때,
△ABD의 넓이를 구해 보자.
△ABD와 △ADC는 높이가 같
으므로 넓이의 비는 밑변의 길이의
비와 같다.
∴ △ABD＝$30 \times \dfrac{3}{3+2}$＝18(cm²)

❖ 다음 그림에서 □ 안에 알맞은 넓이를 써넣어라. (5~6)

5 △ABC＝88 cm²,
　$\overline{BD} : \overline{DC}$＝6 : 5일 때,
　△ADC＝□

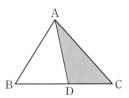

6 △ABC＝48 cm²
　$\overline{AE} : \overline{ED}$＝1 : 3
　△EDC＝□

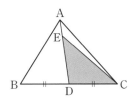

개념 2 - 평행사변형이 직사각형이 되는 조건

1 다음 중 오른쪽 그림의 평행사변형 ABCD가 직사각형이 되기 위한 조건이 <u>아닌</u> 것은?

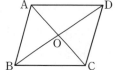

① $\overline{AO}=\overline{BO}$

② $\angle A=\angle C$

③ $\angle B=90°$

④ $\angle C=\angle D$

⑤ $\overline{AC}=\overline{BD}$

Hint 평행사변형에서 이웃하는 두 내각의 크기의 합은 180°이다.

개념 3 - 마름모

2 오른쪽 그림과 같은 평행사변형 ABCD가 마름모가 되도록 하는 x, y에 대하여 $x+y$의 값을 구하여라.

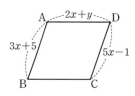

Hint $3x+5=5x-1$, $3x+5=2x+y$

개념 5 - 정사각형

3 오른쪽 그림과 같은 정사각형 ABCD에서 $\overline{AD}=\overline{AE}$, $\angle ABE=30°$일 때, $\angle EAD$의 크기는?

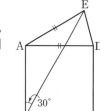

① 20°   ② 24°

③ 28°   ④ 30°

⑤ 32°

Hint □ABCD는 정사각형이므로 $\overline{AB}=\overline{AD}=\overline{AE}$
따라서 △ABE는 이등변삼각형이다.

개념 6 - 등변사다리꼴

4 오른쪽 그림과 같이 $\overline{AD} /\!/ \overline{BC}$인 등변사다리꼴 ABCD에서 $\overline{AD}=4$ cm, $\overline{AB}=6$ cm, $\angle B=60°$일 때, $\overline{BC}$의 길이를 구하여라.

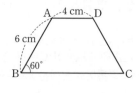

Hint 점 A에서 $\overline{DC}$에 평행한 선을 그어 $\overline{BC}$와 만나는 점을 E라고 하면 △ABE는 정삼각형, □AECD는 평행사변형이 된다.

개념 9 - 평행선과 삼각형의 넓이

5 오른쪽 그림과 같은 평행사변형 ABCD에서 $\overline{BD} /\!/ \overline{EF}$일 때, 다음 삼각형 중 그 넓이가 나머지 넷과 <u>다른</u> 하나는?

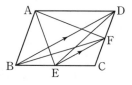

① △DBE   ② △ABE   ③ △DEF

④ △DAF   ⑤ △DBF

Hint 평행선에서 밑변의 길이가 같으면 삼각형의 넓이는 같다.
□ABCD가 평행사변형이므로 $\overline{AD} /\!/ \overline{BC}$, $\angle ABE=\angle DBE$

개념 10 - 높이가 같은 삼각형의 넓이

6 오른쪽 그림과 같은 평행사변형 ABCD에서 대각선 BD 위의 점 P에 대하여 $\overline{BP} : \overline{PD}=3 : 5$이고 △ABP=15 cm²일 때, □APCD의 넓이는?

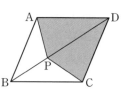

① 30 cm²   ② 35 cm²   ③ 42 cm²

④ 48 cm²   ⑤ 50 cm²

Hint △ABP : △APD=3 : 5, △APD=△CPD

개념 1 **도형의 닮음** 핵심

한 도형을 일정한 비율로 확대 또는 축소한 것이 다른 도형과 합동일 때, 이 두 도형은 서로 닮음인 관계가 있다고 하고, 닮음인 관계가 있는 두 도형을 닮은 도형이라고 한다.
△ABC와 △DEF가 서로 닮은 도형일 때, 이것을 기호 ∽를 사용하여 나타낸다.
　　△ABC∽△DEF

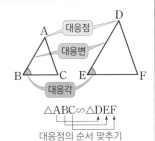

△ABC∽△DEF
대응점의 순서 맞추기

앗! 실수

★ 아래와 같이 대응점의 순서를 다르게 하면 대응변도 달라져. 따라서 대응점의 순서는 반드시 지켜야 하는 거야.
　• △ABC∽△DEF
　　$\overline{AB}$의 대응변이 $\overline{DE}$
　　$\overline{AC}$의 대응변이 $\overline{DF}$
　• △ABC∽△DFE
　　$\overline{AB}$의 대응변이 $\overline{DF}$
　　$\overline{AC}$의 대응변이 $\overline{DE}$

❖ 두 삼각형 ABC와 DEF가 닮음일 때, 다음을 구하여라. (1~2)

1 기호로 나타내기
　　△ABC ☐ △DEF

2 $\overline{AC}$의 대응변

개념 2 **평면도형에서의 닮음의 성질**

서로 닮은 두 평면도형에서
① 대응변의 길이의 비는 일정하다.
　⇒ $\overline{AB} : \overline{EF}$
　　$= \overline{BC} : \overline{FG}$
　　$= \overline{CD} : \overline{GH}$
　　$= \overline{DA} : \overline{HE}$

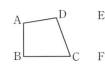

□ABCD∽□EFGH

② 대응각의 크기는 각각 같다.
　⇒ ∠A=∠E, ∠B=∠F, ∠C=∠G, ∠D=∠H

③ **닮음비** : 대응변의 길이의 비

❖ 아래 그림에서 □ABCD∽□EFGH일 때, 다음을 구하여라. (3~6, 단 가장 간단한 자연수의 비로 나타낸다.)

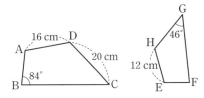

3 $\overline{AD} : \overline{EH}$

4 □ABCD와 □EFGH의 닮음비

5 $\overline{HG}$의 길이

6 ∠C의 크기

개념 3 **입체도형에서의 닮음의 성질**

서로 닮은 두 입체도형에서
① 대응하는 모서리의 길이의 비는 일정하다.
　⇒ $\overline{AD} : \overline{A'D'}$
　　$= \overline{DE} : \overline{D'E'}$
　　$= \overline{EF} : \overline{E'F'} = \cdots$

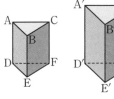

② 대응하는 면은 닮은 도형이다.
　⇒ □ADEB∽□A'D'E'B',
　　□BEFC∽□B'E'F'C', ⋯

③ **닮음비** : 대응하는 모서리의 길이의 비

❖ 아래 그림의 두 직육면체가 닮은 도형일 때, 다음을 구하여라. (7~8, 단 가장 간단한 자연수의 비로 나타낸다.)

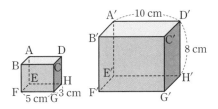

7 두 직육면체의 닮음비

8 $\overline{DH}$의 길이, $\overline{G'H'}$의 길이

정답

1 ∽　2 $\overline{DF}$　3 4 : 3　4 4 : 3　5 15 cm　6 46°　7 1 : 2　8 $\overline{DH}$=4 cm, $\overline{G'H'}$=6 cm

개념 4 삼각형의 닮음 조건 [핵심]

두 삼각형이 다음의 세 경우 중 어느 하나를 만족하면 서로 닮음이다.

① 세 쌍의 대응변의 길이의 비가 같다.
(SSS 닮음)

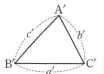

$\Rightarrow a : a' = b : b' = c : c'$

② 두 쌍의 대응변의 길이의 비가 같고, 그 끼인각의 크기가 같다.
(SAS 닮음)

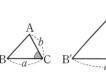

$\Rightarrow a : a' = b : b'$, $\angle C = \angle C'$

③ 두 쌍의 대응각의 크기가 각각 같다.
(AA 닮음)

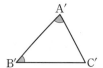

$\Rightarrow \angle A = \angle A'$, $\angle B = \angle B'$

[예] 다음 그림의 △ABC와 △DEF가 닮은 도형인지 알아보자.

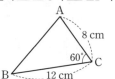

$\overline{AC} : \overline{DF} = \overline{BC} : \overline{EF} = 2 : 1$, $\angle C = \angle F$
∴ △ABC∽△DEF (SAS 닮음)

❖ 다음은 두 삼각형의 닮음 조건을 나타낸 것이다. □ 안에 알맞은 것을 써넣어라. (1~3)

1 △ABC와 △DEF에서

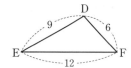

$\overline{AB} : \boxed{} = 6 : 9 = 2 : 3$

$\overline{BC} : \boxed{} = 8 : 12 = 2 : 3$

$\overline{CA} : \boxed{} = 4 : 6 = 2 : 3$

∴ △ABC∽△DEF ($\boxed{}$ 닮음)

2 △ABC와 △DEF에서

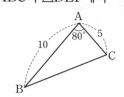

$\angle A = \boxed{}$, $\overline{AB} : \boxed{} = 10 : 6 = 5 : 3$

$\overline{AC} : \boxed{} = 5 : 3$

∴ △ABC∽△DEF ($\boxed{}$ 닮음)

3 △ABC와 △DEF에서

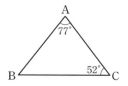

$\angle A = \boxed{}$, $\boxed{} = \angle F$

∴ △ABC∽△DEF ($\boxed{}$ 닮음)

❖ 다음 중 닮음인 삼각형을 각각 골라 기호로 써라. (4~6)

보기

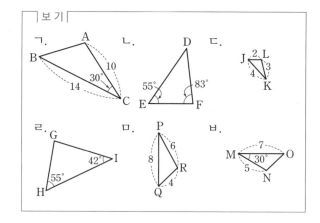

4 SSS 닮음　　　＿＿＿＿＿

5 SAS 닮음　　　＿＿＿＿＿

6 AA 닮음　　　＿＿＿＿＿

정답

1 $\overline{DE}$, $\overline{EF}$, $\overline{FD}$, SSS　　2 ∠D, $\overline{DE}$, $\overline{DF}$, SAS　　3 ∠D, ∠C, AA　　4 ㄷ, ㅁ　　5 ㄱ, ㅂ　　6 ㄴ, ㄹ

3. 삼각형의 닮음 조건의 응용　　　중요도 ★★★★★

개념 5 삼각형의 닮음 조건의 응용 핵심

두 삼각형이 겹쳐진 도형에서 닮음인 삼각형은 다음과 같이 찾는다.

① SAS 닮음의 응용

공통인 각을 기준으로 대응변의 길이의 비가 같은 삼각형을 찾는다.

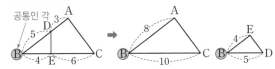

② AA 닮음의 응용

공통인 각을 기준으로 다른 한 각의 크기가 같은 삼각형을 찾는다.

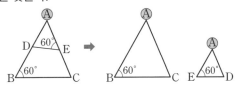

바빠꿀팁

- 겹쳐진 도형에서 닮음을 찾을 때는 큰 삼각형과 작은 삼각형을 따로 떼낸 것으로 생각하면 돼.
- 공통으로 겹쳐진 각을 먼저 찾아내고,
  변의 길이의 비가 같으면
  ⇨ SAS 닮음
  다른 한 각의 크기가 같으면
  ⇨ AA 닮음

이산가족 찾기

나랑 똑같이 생긴 아들을 찾아 주세요.

모양이 달라 보여도, 두 각이 같으니 제가 아들이에요.

❖ 다음 그림에서 x의 값을 구하여라. (1~4)

1

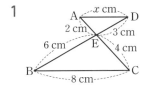

2

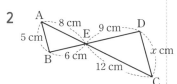

3

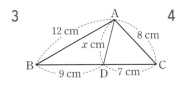

4

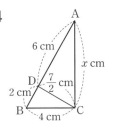

❖ 다음 그림에서 x의 값을 구하여라. (5~8)

5 ∠ABD=∠ACB

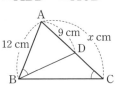

6 ∠AED=∠ABC

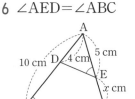

7 ∠ACD=∠ABC

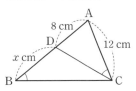

8 ∠DAC=∠ABC

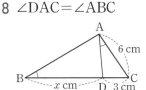

개념 6 평행선을 이용한 삼각형의 닮음

평행한 두 직선과 평행하지 않은 다른 한 직선이 만날 때 엇각과 동위각의 크기가 같음을 이용하여 크기가 같은 각을 구한 후 닮은 삼각형을 찾는다.

예 오른쪽 그림에서 x의 값을 구해 보자. (단, $\overline{\rm AD} /\!\!/ \overline{\rm BC}$, $\overline{\rm AB} /\!\!/ \overline{\rm DE}$)
$\overline{\rm AB} /\!\!/ \overline{\rm DE}$이므로
∠BAC=∠DEA
$\overline{\rm AD} /\!\!/ \overline{\rm BC}$이므로
∠BCA=∠DAE
∴ △ABC∽△EDA (AA 닮음)
$\overline{\rm BC} : \overline{\rm DA}=\overline{\rm AC} : \overline{\rm EA}$이므로
$10 : x=(9+6) : 9$, $15x=90$ ∴ $x=6$

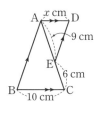

❖ 다음 그림에서 x의 값을 구하여라. (9~10)

9 $\overline{\rm AC} /\!\!/ \overline{\rm DE}$

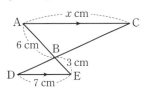

10 $\overline{\rm AD} /\!\!/ \overline{\rm BC}$, $\overline{\rm AB} /\!\!/ \overline{\rm DE}$

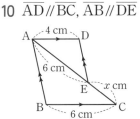

정답

1 4　　2 $\dfrac{15}{2}$　　3 6　　4 7　　5 16　　6 3　　7 10　　8 9　　9 14　　10 3

* 정답과 해설 23쪽

4. 직각삼각형에서 닮은 삼각형

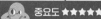

개념 7 직각삼각형의 닮음

두 직각삼각형에서 한 예각의 크기가 같으면 서로 닮음이다.

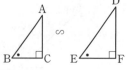

⇨ $\angle B = \angle E$,
  $\angle C = \angle F = 90°$
∴ $\triangle ABC \backsim \triangle DEF$ (AA 닮음)

❖ 다음 그림에서 x의 값을 구하여라. (1~2)

1

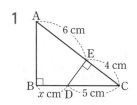

2

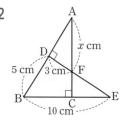

개념 8 직각삼각형의 닮음의 응용

$\angle A = 90°$인 직각삼각형 ABC에서 $\overline{AD} \perp \overline{BC}$일 때, $\triangle ABC \backsim \triangle DBA \backsim \triangle DAC$ (AA 닮음)이고, 이때 다음이 성립한다.

① $\triangle ABC \backsim \triangle DBA$
  (AA 닮음)
  $\overline{AB} : \overline{DB} = \overline{BC} : \overline{BA}$
  ∴ $\overline{AB}^2 = \overline{BD} \times \overline{BC}$

② $\triangle ABC \backsim \triangle DAC$
  (AA 닮음)
  $\overline{AC} : \overline{DC} = \overline{BC} : \overline{AC}$
  ∴ $\overline{AC}^2 = \overline{CD} \times \overline{CB}$

③ $\triangle DBA \backsim \triangle DAC$
  (AA 닮음)
  $\overline{DA} : \overline{DC} = \overline{DB} : \overline{DA}$
  ∴ $\overline{AD}^2 = \overline{DB} \times \overline{DC}$

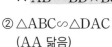
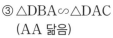

❖ 다음 그림과 같은 직각삼각형에서 x의 값을 구하여라. (3~6)

3

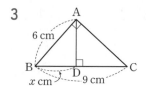

4

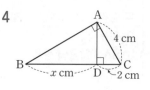

5

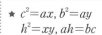

6

개념 9 직각삼각형의 넓이를 이용한 식

직각삼각형 ABC의 넓이를 구하면

$$\frac{1}{2} \times \overline{BC} \times \overline{AH}$$
$$= \frac{1}{2} \times \overline{AB} \times \overline{AC}$$

∴ $\overline{BC} \times \overline{AH} = \overline{AB} \times \overline{AC}$

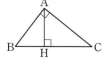

외워 외워!

★ $c^2 = ax$, $b^2 = ay$
  $h^2 = xy$, $ah = bc$

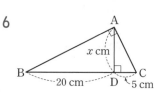

❖ 다음 그림과 같은 직각삼각형에서 x, y의 값을 각각 구하여라. (7~8)

7

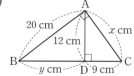

8

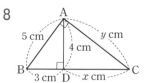

* 정답과 해설 24쪽

1 3   2 6   3 4   4 6   5 9   6 10   7 $x = 15$, $y = 16$ 8 $x = \dfrac{16}{3}$, $y = \dfrac{20}{3}$

 중요도 ★★★★★

중**2**

개념 10 삼각형에서 평행선과 선분의 길이의 비 1 핵심

△ABC에서 $\overline{AB}$, $\overline{AC}$ 또는 그 연장선 위에 각각 점 D,
E가 있을 때

① $\overline{BC}/\!/\overline{DE}$이면 $a:a'=b:b'=c:c'$

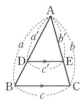 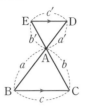

② $\overline{BC}/\!/\overline{DE}$이면 $a:a'=b:b'$

③ $\overline{BC}/\!/\overline{DE}$이면
$\Rightarrow a:a'=b:b'$

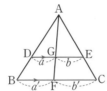

 앗! 실수

★ 오른쪽 그림에서 밑변 x를 구할 때
$8:4=6:x$로 착각해서 실수를 많이 해.
그렇지만 밑변을 구할 경우 닮음을 이용하
여 구해야 하기 때문에 반드시
$8:(8+4)=6:x$로 구해야만 해.

❖ 다음 그림에서 $\overline{BC}/\!/\overline{DE}$일 때, x의 값을 구하여라.
(1~4)

1

2

3

4

❖ 다음 그림에서 $\overline{BC}/\!/\overline{DE}/\!/\overline{FG}$일 때, x, y의 값을 각각
구하여라. (5~6)

5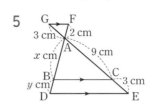

6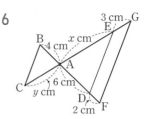

개념 11 삼각형에서 평행선과 선분의 길이의 비 2

△ABC에서 $\overline{AB}$, $\overline{AC}$ 또는 그 연장선 위에 각각 점 D,
E가 있을 때

① $a:a'=b:b'=c:c'$이면 $\overline{BC}/\!/\overline{DE}$

  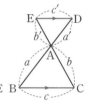

② $a:a'=b:b'$이면 $\overline{BC}/\!/\overline{DE}$

  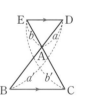

❖ 다음 그림에서 $\overline{BC}$와 $\overline{DE}$가 평행하면 ○를, $\overline{BC}$와 $\overline{DE}$가
평행하지 않으면 ×를 써넣어라. (7~8)

7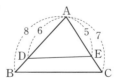

_____

8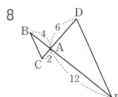

_____

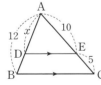

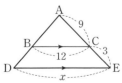

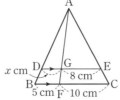

* 정답과 해설 24쪽

1 8   2 6   3 16   4 4   5 $x=6$, $y=2$ 6 $x=9$, $y=6$ 7 ×   8 ○

＊정답과 해설 25쪽

개념 1 - 도형와 닮음

1 다음 그림에서 □ABCD와 □EFGH는 평행사변형이고 서로 닮음이다. 닮음비가 5 : 7일 때, □EFGH의 둘레의 길이를 구하여라.

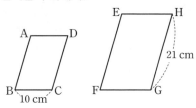

Hint $\overline{BC} : \overline{FG} = 5 : 7$

개념 5 - 삼각형의 닮음

2 오른쪽 그림과 같은 △ABC에서 ∠ABD＝∠ACB일 때, x의 값은?

① 7 ② 8
③ 9 ④ 10
⑤ 11

Hint 두 각의 크기가 같은 삼각형은 닮은 삼각형이다.

개념 6 - 평행선을 이용한 삼각형의 닮음

3 오른쪽 그림과 같은 평행사변형 ABCD에서 x의 값은?

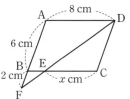

① 3 ② 4
③ 5 ④ 6
⑤ 7

Hint □ABCD는 평행사변형이므로 $\overline{AD} /\!/ \overline{BC}$
$\overline{FB} : \overline{FA} = \overline{BE} : \overline{AD}, \ 2 : 8 = \overline{BE} : 8$

개념 7 - 직각삼각형의 닮음

4 오른쪽 그림과 같이 △ABC의 두 꼭짓점 B, C에서 $\overline{AC}$, $\overline{AB}$에 내린 수선의 발을 각각 D, E라고 하자. $\overline{AD}=8$ cm, $\overline{AE}=6$ cm, $\overline{EB}=8$ cm일 때, x의 값을 구하여라.

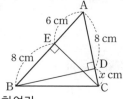

Hint △ABD∽△ACE (AA 닮음)

개념 8 - 직각삼각형의 닮음

5 오른쪽 그림과 같은 직각삼각형 ABC에서 $\overline{AD}\perp\overline{BC}$이고 $\overline{AD}=4$ cm, $\overline{DC}=2$ cm 일 때, △ABD의 넓이는?

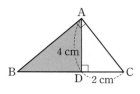

① 20 cm^2 ② 16 cm^2 ③ 12 cm^2
④ 10 cm^2 ⑤ 8 cm^2

Hint $4^2 = \overline{BD} \times 2$

개념 10 - 삼각형에서 평행선과 선분의 길이의 비

6 오른쪽 그림의 △ABC에서 $\overline{BC} /\!/ \overline{DE}$일 때, $y-x$의 값은?

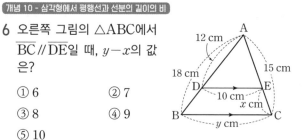

① 6 ② 7
③ 8 ④ 9
⑤ 10

Hint $12 : (18-12) = 15 : x, \ 12 : 18 = 10 : y$

16 평행선과 선분의 길이의 비

1. 삼각형의 내각과 외각의 이등분선

중요도 ★★★★★

개념1 삼각형의 내각의 이등분선의 성질 핵심

△ABC에서 ∠A의 이등분선이
$\overline{BC}$와 만나는 점을 D라고 하면

$$\overline{AB} : \overline{AC} = \overline{BD} : \overline{CD}$$

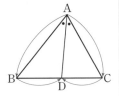

예 오른쪽 그림에서 x의 값을 구해
보자.
$6 : 4 = 3 : x$, $6x = 12$
$\therefore x = 2$

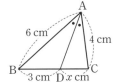

바빠꿀팁
- 삼각형의 내각의 이등분선의 성질은 여러 가지 도형 문제를 풀
때 응용되어 나오니 확실히 기억해야 해.

❖ 다음과 같이 △ABC에서 $\overline{AD}$가 ∠A의 이등분선일 때,
x의 값을 구하여라. (1~4)

1
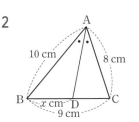

2

3 $\overline{ED} / / \overline{AC}$
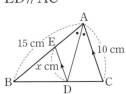

4
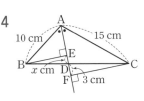

개념2 삼각형의 내각의 이등분선의 성질의 응용

△ABC에서 ∠BAD=∠CAD이면
△ABD : △ADC $= \overline{BD} : \overline{CD}$
$= \overline{AB} : \overline{AC}$
$= a : b$

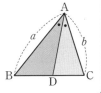

❖ 다음과 같이 △ABC에서 $\overline{AD}$가 ∠A의 이등분선일 때,
□ 안에 알맞은 것을 써넣어라. (5~6)

5
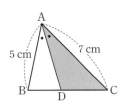

△ABC=36 cm²일 때,
△ADC= □

6
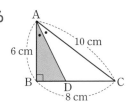

△ABD= □

개념3 삼각형의 외각의 이등분선의 성질

△ABC에서 ∠A의 외
각의 이등분선이 $\overline{BC}$의
연장선과 만나는 점을 D
라고 하면

$$\overline{AB} : \overline{AC} = \overline{BD} : \overline{CD}$$

바빠꿀팁
- 삼각형의 내각과 외각의 공식들은 공식을 외우는 것보다 그림
의 형태로 기억하는 것이 더 빨리 기억할 수 있어.

앗! 실수

★ 외각의 이등분선 공식을 다음과 같이 착각하지 않도록 주의하자.

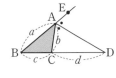

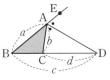

$a : b = c : d$ (×) $a : b = c : d$ (○)

❖ 다음과 같이 △ABC에서 $\overline{AD}$가 ∠A의 외각의 이등분선
일 때, x의 값을 구하여라. (7~8)

7
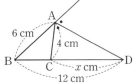

8
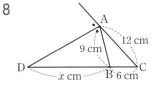

---

1 4   2 5   3 6   4 2   5 21 cm²   6 9 cm²   7 8   8 18

2. 사다리꼴에서 평행선과 선분의 길이의 비

개념 4 평행선 사이의 선분의 길이의 비 핵심

세 개 이상의 평행선이 다른 두 직선과 만나서 생긴 선분의 길이의 비는 같다.
다음 그림에서 $l /\!/ m /\!/ n$일 때,

$$a : b = a' : b' \text{ 또는 } a : a' = b : b'$$

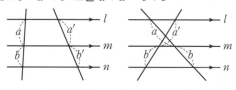

❖ 다음에서 $l /\!/ m /\!/ n$일 때, x의 값을 구하여라. (1~2)

1
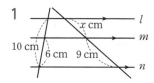

2
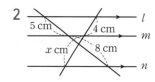

개념 5 사다리꼴에서 평행선 사이의 선분의 길이의 비

$\overline{AD} /\!/ \overline{BC}$인 사다리꼴 ABCD에서 $\overline{EF} /\!/ \overline{BC}$일 때, $\overline{EF}$의 길이를 구해 보자.

① **방법 1 : 평행선 긋기**
$\overline{GF} = \overline{AD} = \overline{HC} = a$
△ABH에서
$\overline{EG} : \overline{BH} = m : (m+n)$
⇨ $\overline{EF} = \overline{EG} + \overline{GF}$

② **방법 2 : 대각선 긋기**
△ABC에서
$\overline{EG} : \overline{BC} = m : (m+n)$
△CDA에서
$\overline{GF} : \overline{AD} = n : (n+m)$
⇨ $\overline{EF} = \overline{EG} + \overline{GF}$

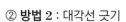

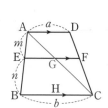

❖ 다음 그림에서 $\overline{AD} /\!/ \overline{EF} /\!/ \overline{BC}$일 때, $\overline{EF}$의 길이를 구하여라. (3~4)

3
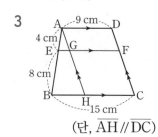
(단, $\overline{AH} /\!/ \overline{DC}$)

4
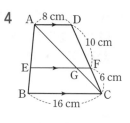

❖ 다음 그림에서 $\overline{AD} /\!/ \overline{EF} /\!/ \overline{BC}$일 때, $\overline{EF}$의 길이를 구하여라. (5~6)

5
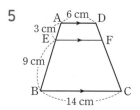

6
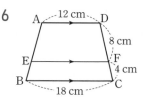

개념 6 평행선 사이의 선분의 길이의 비의 응용

[예] 오른쪽 그림에서 $\overline{EF}$의 길이를 구해 보자.
△ECD∽△EAB에서
$\overline{CE} : \overline{AE} = \overline{CD} : \overline{AB} = 1 : 2$
△CAB에서
$\overline{CE} : \overline{CA} = \overline{EF} : \overline{AB}$이므로
$1 : 3 = \overline{EF} : 12$
∴ $\overline{EF} = 4$

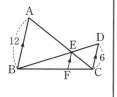

❖ 다음 그림에서 $\overline{AB} /\!/ \overline{EF} /\!/ \overline{DC}$일 때, x의 값을 구하여라. (7~8)

7
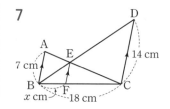

8
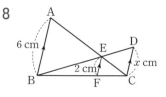

정답

* 정답과 해설 25쪽

1 6   2 $\frac{32}{5}$ 3 11 cm   4 13 cm   5 8 cm   6 16 cm   7 6   8 3

3. 삼각형의 두 변의 중점을 연결한 선분의 성질

중요도 ★★★★★

개념 7 삼각형의 두 변의 중점을 연결한 선분의 성질

핵심

① 삼각형의 두 변의 중점을 연결한 선분은 나머지 변과 평행하고 그 길이는 나머지 변의 길이의 $\frac{1}{2}$이다.

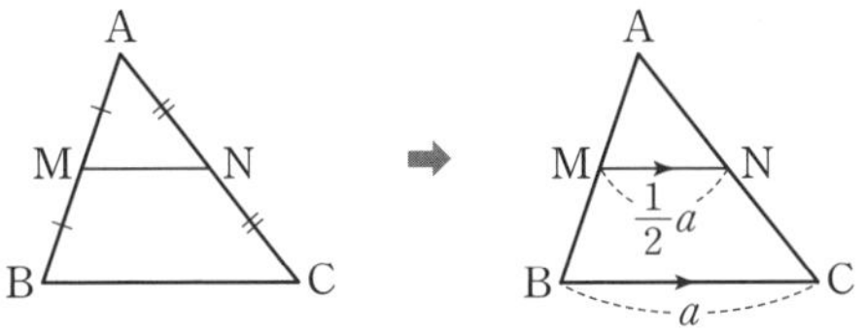

$\overline{AM}=\overline{MB}$, $\overline{AN}=\overline{NC}$

⇨ $\overline{MN}//\overline{BC}$, $\overline{MN}=\frac{1}{2}\overline{BC}$

넌 내 키의 딱 반이군!

(예) 오른쪽 그림의 △ABC에서 $\overline{AM}=\overline{MB}$, $\overline{AN}=\overline{NC}$일 때, x의 값을 구해 보자.

$x=\frac{1}{2}\times16=8$

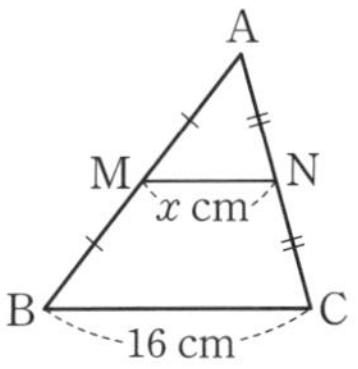

② 삼각형의 한 변의 중점을 지나고 다른 한 변에 평행한 직선은 나머지 변의 중점을 지난다.

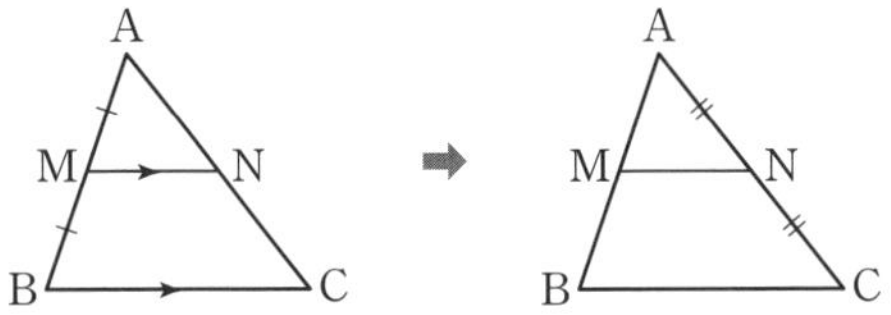

$\overline{AM}=\overline{MB}$, $\overline{MN}//\overline{BC}$ ⇨ $\overline{AN}=\overline{NC}$

바빠꿀팁

• 도형 문제에서 길이나 각도를 구할 때 구할 방법이 떠오르지 않는다면 아래와 같이 적당한 보조선을 그어봐. 보조선을 잘 그리는 것은 도형 문제를 푸는 열쇠와 같아.

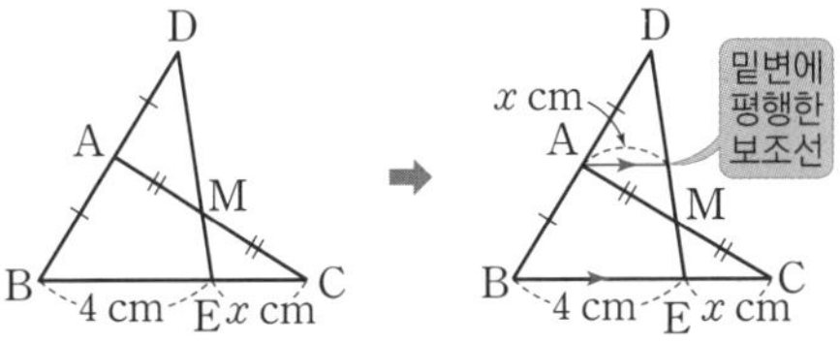

밑변에 평행한 보조선

• 오른쪽 그림과 같이 밑변이 같은 삼각형의 나머지 두 변의 중점을 연결한 선분은 삼각형의 모양이 어떻게 생겼든지 그 길이가 같음을 잊지 말자.

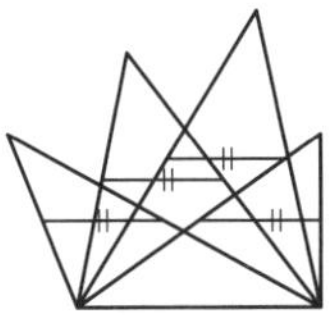

❖ 다음에서 x의 값을 구하여라. (1~4)

1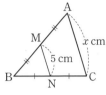

2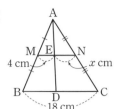

3 $\overline{MN}//\overline{BC}$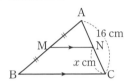

4 $\overline{AB}//\overline{MN}$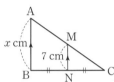

❖ 다음에서 x의 값을 구하여라. (5~6)

5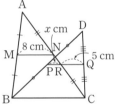

6 $\overline{DE}//\overline{BC}$, $\overline{DB}//\overline{EF}$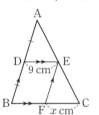

7 오른쪽 그림에서 □ABCD가 등변사다리꼴일 때, x의 값을 구하여라.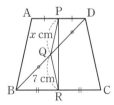

8 오른쪽 그림에서 x의 값을 구하여라.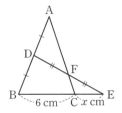

개념 8 사각형의 네 변의 중점을 연결한 사각형

□ABCD에서 $\overline{AB}$, $\overline{BC}$, $\overline{CD}$,
$\overline{DA}$의 중점을 각각 E, F, G, H
라고 하면

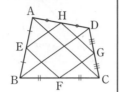

① $\overline{AC} /\!/ \overline{EF} /\!/ \overline{HG}$

$\overline{EF} = \overline{HG} = \frac{1}{2}\overline{AC}$

② $\overline{BD} /\!/ \overline{EH} /\!/ \overline{FG}$, $\overline{EH} = \overline{FG} = \frac{1}{2}\overline{BD}$

③ (□EFGH의 둘레의 길이)$= \overline{AC} + \overline{BD}$

(예) 오른쪽 그림에서
□EFGH의 둘레의
길이를 구해 보자.
(□EFGH의 둘레의 길이)
$= \overline{AC} + \overline{BD}$
$= 13 + 17 = 30 \,(\text{cm})$

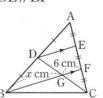

1 오른쪽 그림에서 △DEF
의 둘레의 길이를 구하여라.

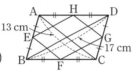

2 오른쪽 그림에서 □EFGH의
둘레의 길이를 구하여라.

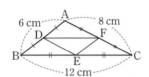

3 오른쪽 그림에서 □ABCD
가 마름모일 때, □EFGH
의 넓이를 구하여라.

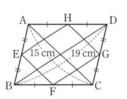

개념 9 삼각형의 두 변의 중점을 연결한 선분의 응용

(예) 오른쪽 그림에서 x의 값을 구해 보자.
△ADF에서 $\overline{DF} = 2\overline{GE} = 2 \times 3 = 6$
△CEB에서 $\overline{BE} = 2\overline{DF} = 2 \times 6 = 12$
∴ $x = 12 - 3 = 9$

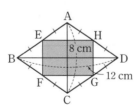

❖ 다음에서 x의 값을 구하여라. (4~5)

4 $\overline{DE} /\!/ \overline{BF}$

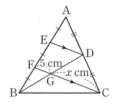

5 $\overline{ED} /\!/ \overline{FC}$

개념 10 사다리꼴에서 두 변의 중점을 연결한 선분의 성질

$\overline{AD} /\!/ \overline{BC}$인 사다리꼴 ABCD에
서 $\overline{AB}$, $\overline{CD}$의 중점을 각각 M,
N이라고 하면

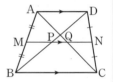

① $\overline{AD} /\!/ \overline{MN} /\!/ \overline{BC}$

② $\overline{MP} = \overline{NQ} = \frac{1}{2}\overline{AD}$

$\overline{MQ} = \overline{NP} = \frac{1}{2}\overline{BC}$

∴ $\overline{MN} = \frac{1}{2}(\overline{AD} + \overline{BC})$

(예) 오른쪽 그림에서 $\overline{PQ}$의 길이를
구해 보자.
$\overline{MQ} = \frac{1}{2}\overline{BC} = \frac{1}{2} \times 16 = 8$
$\overline{MP} = \frac{1}{2}\overline{AD} = \frac{1}{2} \times 12 = 6$
∴ $\overline{PQ} = 8 - 6 = 2$

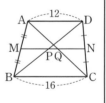

❖ 다음에서 x의 값을 구하여라. (6~7)

6

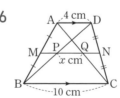

7

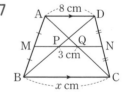

＊정답과 해설 27쪽

개념 1- 삼각형의 내각의 이등분선

1 오른쪽 그림에서
∠BAD＝∠CAD이고
$\overline{AD}$ // $\overline{EC}$일 때, 다음 중 옳지 않은 것을 모두 고르면? (정답 2개)

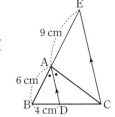

① ∠DAC＝∠ACE

② ∠BAD＝∠AEC

③ $\overline{AC}$＝6 cm

④ $\overline{AB}$: $\overline{AC}$＝2 : 3

⑤ $\overline{CD}$＝9 cm

Hint $\overline{AD}$ // $\overline{EC}$이므로 평행선에서 엇각과 동위각의 크기가 같다.
따라서 △ACE는 이등변삼각형이다.

개념 3 - 삼각형의 외각의 이등분선

2 오른쪽 그림과 같은
△ABC에서 ∠A의 외각의 이등분선과 $\overline{BC}$의 연장선의 교점을 D라고 하자. △ACD의 넓이가 30 cm²일 때, △ABC의 넓이는?

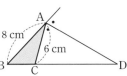

① 4 cm²　② 6 cm²　③ 8 cm²

④ 10 cm²　⑤ 12 cm²

Hint $\overline{AB}$: $\overline{AC}$＝$\overline{BD}$: $\overline{CD}$, △ABC : △ACD＝$\overline{BC}$: $\overline{CD}$

개념 5 - 사다리꼴과 평행선

3 오른쪽 그림과 같은 사다리꼴 ABCD에서
$\overline{AD}$ // $\overline{EF}$ // $\overline{BC}$일 때, x, y의 값을 각각 구하여라.

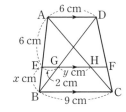

Hint △BDA에서 x : $(x+6)$＝2 : 6

개념 6 - 평행선과 선분의 길이의 비

4 오른쪽 그림에서
$\overline{AB}$ // $\overline{EF}$ // $\overline{DC}$일 때, x의 값은?

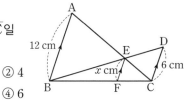

① 3　　② 4

③ 5　　④ 6

⑤ 7

Hint △ABE와 △CDE의 닮음비는 2 : 1이므로
$\overline{BE}$: $\overline{DE}$＝$\overline{AB}$: $\overline{CD}$＝12 : 6＝2 : 1

개념 7 - 삼각형의 두 변의 중점을 연결한 선분

5 오른쪽 그림에서
점 M은 $\overline{AB}$의 중점이고,
$\overline{AD}$ // $\overline{ME}$ // $\overline{BC}$이다.
$\overline{AD}$＝12 cm, $\overline{BC}$＝16 cm일 때, x의 값은?

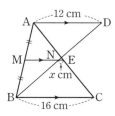

① 1　　② 2

③ 3　　④ 4

⑤ 5

Hint $\overline{ME}$＝$\frac{1}{2}\overline{BC}$, $\overline{MN}$＝$\frac{1}{2}\overline{AD}$

개념 7- 삼각형의 두 변의 중점을 연결한 선분

6 오른쪽 그림과 같은 △ABC에서 $\overline{AB}$의 연장선 위에 $\overline{AB}$＝$\overline{AD}$가 되도록 점 D를 잡고, $\overline{AC}$의 중점을 E, $\overline{DE}$의 연장선과 $\overline{BC}$의 교점을 F라고 하자. $\overline{BC}$＝15 cm일 때, $\overline{FC}$의 길이를 구하여라.

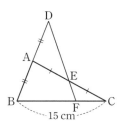

Hint 점 A에서 $\overline{BC}$와 평행한 선분을 그어 $\overline{DF}$와 만나는 점을 G라고 하면 $\overline{AG}$＝$\overline{FC}$, $\overline{BF}$＝2$\overline{AG}$

개념 1 **삼각형의 무게중심** 핵심

✔ **삼각형의 중선**

① 삼각형에서 한 꼭짓점과 그 대변의 중점을 연결한 선분을 중선이라고 한다.

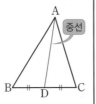

② **삼각형의 중선과 넓이**

• 삼각형의 중선은 그 삼각형의 넓이를 이등분한다.

⇨ $\overline{AD}$가 △ABC의 중선일 때, △ABD=△ADC

• 중선 AD 위의 임의의 점 P에 대하여 △PBD=△PCD

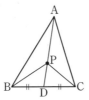

✔ **삼각형의 무게중심**

① 삼각형의 세 중선은 한 점 G에서 만나고, 이 교점을 무게중심이라고 한다.

② 삼각형의 무게중심은 세 중선의 길이를 꼭짓점으로부터 각각 2 : 1로 나눈다.

⇨ △ABC의 무게중심이 G일 때, $\overline{AG}:\overline{GD}=\overline{BG}:\overline{GE}=\overline{CG}:\overline{GF}=2:1$

(예) 오른쪽 그림에서 점 G가 △ABC의 무게중심일 때, x, y의 값을 각각 구해 보자.

$\overline{BE}$는 △ABC의 중선이므로 $x=\frac{1}{2}\times16=8$

점 G는 무게중심이므로 $\overline{BG}:\overline{GE}=2:1, 8:y=2:1$ ∴ $y=4$

❖ 다음 그림에서 점 G가 △ABC의 무게중심일 때, x, y의 값을 각각 구하여라. (1~2)

1
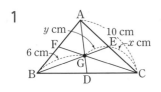

2
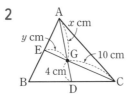

❖ 다음 그림에서 점 G가 △ABC의 무게중심이고 점 G′이 △GBC의 무게중심일 때, x의 값을 구하여라. (3~4)

3
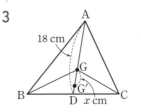

4
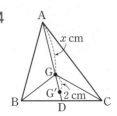

❖ 다음 그림에서 점 G가 △ABC의 무게중심일 때, x의 값을 구하여라. (5~6)

5 $\overline{AD}/\!/\overline{EF}$
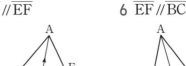

6 $\overline{EF}/\!/\overline{BC}$
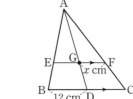

개념 2 **삼각형의 무게중심의 응용**

(예) 오른쪽 그림에서 점 G가 △ABC의 무게중심일 때, x의 값을 구해 보자.

$\overline{AG}:\overline{GD}=2:1$이므로

$\overline{GD}=\frac{1}{2+1}\times6=2$

$\overline{AE}=\overline{EB}, \overline{EF}/\!/\overline{BD}$이므로 $\overline{AF}=\overline{FD}=\frac{1}{2}\times6=3$

∴ $x=\overline{FD}-\overline{GD}=3-2=1$

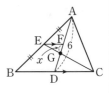

7 오른쪽 그림에서 점 G가 △ABC의 무게중심이고 $\overline{EF}/\!/\overline{BC}$일 때, x의 값을 구하여라.

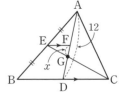

정답   *정답과 해설 27쪽

1 $x=5, y=3$ 2 $x=8, y=5$ 3 4   4 6   5 9   6 8   7 2

2. 삼각형의 무게중심과 넓이

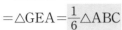 **삼각형의 무게중심과 넓이** 핵심

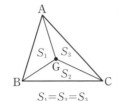

① 삼각형의 세 중선에 의해 나누어지는 여섯 개의 삼각형의 넓이는 모두 같다.

$$\triangle GAF$$
$$=\triangle GFB=\triangle GBD$$
$$=\triangle GDC=\triangle GCE$$
$$=\triangle GEA=\frac{1}{6}\triangle ABC$$

$S_1=S_2=S_3=S_4=S_5=S_6$

② 삼각형의 무게중심과 세 꼭짓점을 이어서 생기는 세 개의 삼각형의 넓이는 모두 같다.

$$\triangle GAB$$
$$=\triangle GBC=\triangle GCA$$
$$=\frac{1}{3}\triangle ABC$$

$S_1=S_2=S_3$

❖ 다음 그림에서 점 G가 △ABC의 무게중심일 때, □ 안에 알맞은 넓이를 써넣어라. (1~2)

1

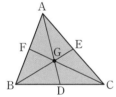

□AFGE=5 cm²일 때,
△ABC=☐

2

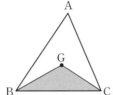

△ABC=21 cm²일 때,
△GBC=☐

❖ 다음 그림에서 점 G가 △ABC의 무게중심이고 점 G′이 △GBC의 무게중심일 때, □ 안에 알맞은 넓이를 써넣어라. (3~6)

3

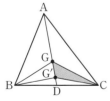

△ABC=27 cm²일 때,
△GG′C=☐

4

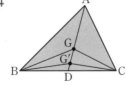

△G′BC=4 cm²일 때,
△ABC=☐

5

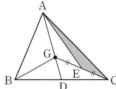

△ABC=30 cm²일 때,
△AEC=☐

6

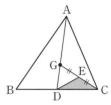

△ABC=24 cm²일 때,
△EDC=☐

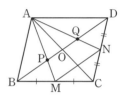 **평행사변형에서 삼각형의 무게중심의 응용**

평행사변형 ABCD에서 $\overline{BC}$, $\overline{CD}$의 중점을 각각 M, N이라고 하면

① 점 P는 △ABC의 무게중심이다.

② 점 Q는 △ACD의 무게중심이다.

③ $\overline{BP}=\overline{PQ}=\overline{QD}$

예) 오른쪽 그림과 같이 평행사변형 ABCD에서 대각선의 교점을 O라고 할 때, x의 값을 구해 보자.

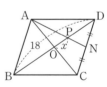

$$\overline{DO}=\frac{1}{2}\times 18=9$$

$\overline{DP}:\overline{PO}=2:1$이므로 $x=9\times\frac{1}{2+1}=3$

🔧 바빠꿀팁

• 오른쪽 그림과 같이 평행사변형에 무게중심의 성질을 이용하면 대각선이 1:1:1로 나뉜다는 것을 알 수 있지.

❖ 다음 평행사변형 ABCD에서 대각선의 교점이 O일 때, x의 값을 구하여라. (7~8)

7

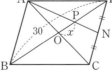

8

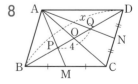

* 정답과 해설 27쪽

1 15 cm² 2 7 cm² 3 3 cm² 4 36 cm² 5 5 cm² 6 2 cm² 7 5 8 12

3. 닮은 도형의 넓이와 부피  중요도 ★★★★★

개념 5 닮은 도형의 넓이와 부피 `핵심`

✔ **닮은 두 평면도형에서의 둘레의 길이의 비와 넓이의 비**

닮음비가 $m:n$인 두 평면
도형에서
① 둘레의 길이의 비는
$$m:n$$

② 넓이의 비는 $m^2:n^2$

예 닮음비가 $2:3$인 닮은 두 평면도형에서 둘레의 길이의
비는 $2:3$이고 넓이의 비는 $2^2:3^2=4:9$

✔ **닮은 두 입체도형에서의 겉넓이의 비와 부피의 비**

닮음비가 $m:n$인 두
입체도형에서
① 겉넓이의 비는
$$m^2:n^2$$

② 부피의 비는 $m^3:n^3$

예 닮음비가 $2:3$인 닮은 두 입체도형의 겉넓이의 비는
$2^2:3^2=4:9$, 부피의 비는 $2^3:3^3=8:27$

바빠꿀팁
• 오른쪽 그림과 같이 닮음비가
$1:2$인 직각삼각형의 넓이를
S, S'이라고 하면 넓이의 비는
$$S=\frac{1}{2}ab$$
$$S'=\frac{1}{2}\times 2a\times 2b=2ab$$

$$\Rightarrow S:S'=\frac{1}{2}ab:2ab=1:4$$

• 닮음비와 같은 것은 둘레의 길이의 비, 높이의 비, 밑변의 길이
의 비, 반지름의 길이의 비 등이 있어.

• 넓이의 비와 같은 것은 겉넓이의 비뿐만 아니라 옆넓이의 비,
밑넓이의 비도 있어.

❖ 오른쪽 그림과 같은 원
기둥에서 다음을 구하여
라. (1~3, 단 가장 간단
한 자연수의 비로 나타
낸다.)

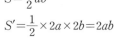

1 닮음비

2 겉넓이의 비

3 부피의 비

---

4 서로 닮음인 두 오각기둥의 겉넓이의 비가 $4:25$이다.
큰 오각기둥의 부피가 $250\ \mathrm{cm}^3$일 때, 작은 오각기둥의
부피를 구하여라.

개념 6 닮은 두 평면도형에서의 넓이의 비

예 $\overline{DE}\ /\!/\ \overline{BC}$이고 $\triangle ABC$의 넓이가
45일 때, $\square DBCE$의 넓이를 구해
보자.
$\overline{AD}:\overline{AB}=8:12=2:3$이므로
$\triangle ADE:\triangle ABC=4:9$
$\triangle ABC:\square DBCE=\triangle ABC:(\triangle ABC-\triangle ADE)$
$\qquad\qquad=9:(9-4)=9:5$
$45:\square DBCE=9:5$ ∴ $\square DBCE=25$

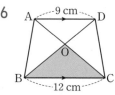

❖ 다음과 같이 삼각형의 넓이가 주어졌을 때, 색칠한 삼각형
의 넓이를 □ 안에 써넣어라. (5~6)

5

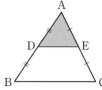

$\overline{AD}=\overline{DB}, \overline{AE}=\overline{EC}$
$\triangle ABC=16\ \mathrm{cm}^2$일 때,
$\triangle ADE=$ □

6

$\overline{AD}\ /\!/\ \overline{BC}$이고
$\triangle AOD=45\ \mathrm{cm}^2$일 때,
$\triangle COB=$ □

❖ 다음과 같이 $\triangle ABC$의 넓이가 주어졌을 때, 색칠한 사각
형의 넓이를 □ 안에 써넣어라. (7~8)

7

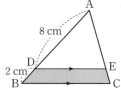

$\overline{DE}\ /\!/\ \overline{BC}$이고
$\triangle ABC=50\ \mathrm{cm}^2$일 때,
$\square DBCE=$ □

8

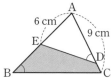

$\angle ADE=\angle ABC$이고
$\triangle ABC=27\ \mathrm{cm}^2$일 때,
$\square EBCD=$ □

`정답`

1 $3:4$　2 $9:16$　3 $27:64$　4 $16\ \mathrm{cm}^3$　5 $4\ \mathrm{cm}^2$　6 $80\ \mathrm{cm}^2$　7 $18\ \mathrm{cm}^2$　8 $15\ \mathrm{cm}^2$

중요도 ★★★★☆

개념 7 축도와 축척

직접 측정하기 어려운 실제 높이나 거리, 넓이 등은 도형의 닮음을 이용하여 축도를 그려서 간접적으로 측정할 수 있다.

① **축도** : 실제 높이나 거리를 일정한 비율로 줄여서 나타낸 그림

② **축척** : 축도에서 실제 높이나 거리를 줄인 비율

③ **축도, 축척, 실제 길이 사이의 관계**

• $(축척) = \dfrac{(축도에서의 길이)}{(실제 길이)}$

• $(축도에서의 길이) = (실제 길이) \times (축척)$

• $(실제 길이) = \dfrac{(축도에서의 길이)}{(축척)}$

예) 어떤 지도에서 길이가 4 cm인 두 지점 사이의 실제 거리가 8 km일 때, 축척을 구해 보자.

$$(축척) = \frac{4\ cm}{8\ km} = \frac{4\ cm}{800000\ cm}$$
$$= \frac{1}{200000}$$

예) 실제 길이가 0.2 km인 거리를 축척이 $\dfrac{1}{10000}$인 지도에 나타낼 때, 몇 cm로 나타내야 하는지 구해 보자.

0.2 km = 20000 cm이므로

$(지도에서의 길이) = 20000 \times \dfrac{1}{10000} = 2(cm)$

예) 지도에서 거리가 3 cm이고, 축척이 $\dfrac{1}{100000}$일 때, 실제 길이를 구해 보자.

$(실제 길이) = \dfrac{(축도에서의 길이)}{(축척)}$이므로

$$(실제 길이) = 3 \div \frac{1}{100000} = 300000(cm)$$
$$= 3(km)$$

바빠꿀팁

• 지도에서 축척을 $\dfrac{1}{5000}$ 또는 1 : 5000과 같이 나타내고 이것은 지도에서의 길이와 실제 거리의 닮음비가 1 : 5000임을 뜻해.

• 축도와 축척 문제에서 주어지는 값들의 단위가 다른 경우에는 단위를 통일시켜서 줄이든지 늘여야 해.

1 m = 100 cm
1 cm = 10 mm
1 km = 1000 m = 100000 cm

지도에서 1 cm이면 축척이 $\frac{1}{5000}$이니 실제 거리는 5000 cm가 되겠군!

---

1 오른쪽 그림은 강의 폭을 구하기 위해 축도를 그린 것이다. 강의 폭 $\overline{AB}$의 실제 거리를 구하여라.

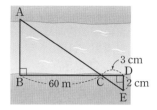

2 오른쪽 그림에서 거울의 입사각과 반사각의 크기가 같음을 이용하여 건물의 높이를 구하려고 한다. 사람의 눈높이는 1.8 m이고 사람과 거울 사이의 거리는 1.5 m, 거울과 건물 사이의 거리는 45 m일 때, 건물의 높이를 구하여라.

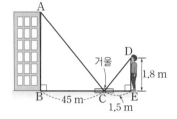

3 오른쪽 그림은 어떤 탑의 높이를 재기 위하여 탑의 그림자의 끝 A 지점에서 3 m 떨어진 B 지점에 길이가 1.5 m인 막대를 세운 것이다. 막대와 탑의 거리가 7 m일 때, 탑의 높이를 구하여라.

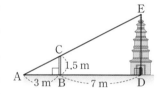

❖ 다음을 구하여라. (4~6)

4 축척이 $\dfrac{1}{50000}$인 지도에서 2 cm인 거리의 실제 거리는 몇 km

5 실제 거리가 0.8 km인 거리를 축척이 $\dfrac{1}{10000}$인 지도에 나타낼 때 몇 cm

6 지도에서 거리가 2 cm일 때, 실제 거리가 8 km이다. 지도에서 거리가 5 cm일 때, 실제 거리는 몇 km

---

＊정답과 해설 28쪽

개념 1 - 삼각형의 무게중심

1 오른쪽 그림에서 점 G가 직각
삼각형 ABC의 무게중심일
때, x의 값은?

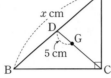

① 22　　　② 24

③ 26　　　④ 28

⑤ 30

> Hint $\overline{CD}$는 중선이므로 $\overline{AD}=\overline{BD}$
> 따라서 점 D는 직각삼각형 ABC의 외심이다.

개념 1 - 삼각형의 무게중심

2 오른쪽 그림에서 점 G는
△ABD의 무게중심이고,
점 G′은 △ADC의 무게중심
이다. $\overline{BC}=24$ cm일 때, x의
값을 구하여라.

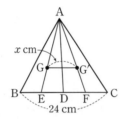

> Hint $\overline{EF}=\dfrac{1}{2}\overline{BC}$

개념 3 - 삼각형의 무게중심과 넓이

3 오른쪽 그림에서 점 G가
△ABC의 무게중심이고
△ABC의 넓이가 42 cm²
일 때, 색칠한 부분의 넓이
는?

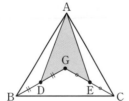

① 7 cm²

② 9 cm²

③ 14 cm²

④ 18 cm²

⑤ 24 cm²

> Hint 두 점 A와 G를 이으면 $\triangle ADG=\dfrac{1}{2}\triangle ABG=\dfrac{1}{2}\times\dfrac{1}{3}\triangle ABC$

개념 5 - 닮은 도형의 넓이

4 오른쪽 그림에서
□ABCD는 평행사변형이고
$\overline{CE}:\overline{CD}=2:5$이다.
△CEF=16 cm²일 때,
△ABF의 넓이는?

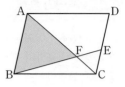

① 50 cm²　　② 75 cm²　　③ 80 cm²

④ 100 cm²　　⑤ 125 cm²

> Hint $\triangle ABF:\triangle CEF=5^2:2^2=25:4$

개념 5 - 닮은 도형의 부피

5 오른쪽 그림과 같이 높이가
16 cm인 원뿔 모양의 그릇에
물을 부었더니 수면의 높이가
4 cm가 되었다. 물의 부피가
5 cm³일 때, 그릇의 부피를 구
하여라.

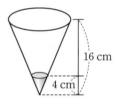

> Hint 수면의 높이와 그릇의 닮음비는 4 : 16=1 : 4

개념 7 - 축도와 축척

6 지도에서 길이가 1 cm이면 실제 거리가 4 km이다. 실
제 거리 16 km는 지도에서 몇 cm인가?

① 3 cm　　　② 4 cm　　　③ 5 cm

④ 6 cm　　　⑤ 7 cm

> Hint 이 지도의 축척은 $\dfrac{1}{400000}$이다.

18 피타고라스 정리

1. 피타고라스 정리

중요도 ★★★★★

개념 1 피타고라스 정리 핵심

직각삼각형에서 직각을 낀 두 변의 길이를 a, b라 하고, 빗변의 길이를 c라고 하면
$$a^2+b^2=c^2$$

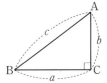

(예) 오른쪽 직각삼각형에서 x의 값을 구해 보자.
$$x^2=3^2+4^2=5^2$$
$$\therefore x=5$$

외워 외워!

★ 오른쪽 그림과 같이 문제에 주로 이용되는 직각삼각형의 세 변의 길이를 외워 두면 계산하지 않고 편하게 사용할 수 있어.

앗! 실수

★ 피타고라스 정리를 배우고 나면 직각삼각형인지 확인하지 않고 모든 삼각형에 피타고라스 정리를 이용하여 길이를 구하는 경우가 있어. 피타고라스 정리는 직각삼각형에서만 성립한다는 것을 잊지 말자.

❖ 다음 그림의 직각삼각형에서 x의 값을 구하여라. (1~4)

1
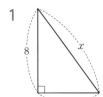

2
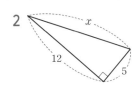

3
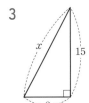

4
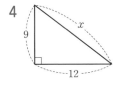

개념 2 직각삼각형에서 변의 길이 구하기 핵심

피타고라스 정리를 이용하면 직각삼각형에서 두 변의 길이를 알 때, 나머지 한 변의 길이를 구할 수 있다.
오른쪽 그림과 같이 ∠C=90°인 직각삼각형 ABC에서

① b, c의 길이를 알 때,
$$a^2=c^2-b^2$$

② a, c의 길이를 알 때,
$$b^2=c^2-a^2$$

③ a, b의 길이를 알 때,
$$c^2=a^2+b^2$$

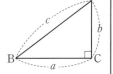

(예) 오른쪽 직각삼각형에서 x의 값을 구해 보자.
$$x^2=10^2-6^2=8^2$$
$$\therefore x=8$$

외워 외워!

★ 피타고라스 정리는 제곱수가 많이 나오기 때문에 아래 제곱수를 외우고 있으면 계산이 빠르고 쉬워져.
$12^2=144$, $13^2=169$, $15^2=225$, $16^2=256$, $17^2=289$

❖ 다음 그림의 직각삼각형에서 x의 값을 구하여라. (5~8)

5
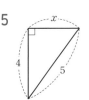

6
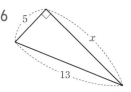

7
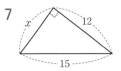

8
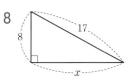

정답

1 10 2 13 3 17 4 15 5 3 6 12 7 9 8 15

개념 3 삼각형에서 피타고라스 정리의 이용 [핵심]

① 삼각형의 변의 길이 구하기

예) 오른쪽 그림에서 x, y의 값을 각각 구해 보자.
$x^2 = 10^2 - 8^2 = 36$
$\therefore x = 6$
$y^2 = 8^2 + (6+9)^2 = 289$
$\therefore y = 17$

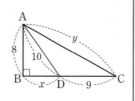

② 이등변삼각형의 높이 구하기

이등변삼각형의 꼭지각에서 밑변에 수선을 그으면 밑변의 길이를 이등분하므로
$$b^2 = h^2 + \left(\frac{a}{2}\right)^2$$

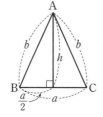

예) 오른쪽 그림과 같은 이등변삼각형 ABC에서 높이를 구해 보자.
이등변삼각형의 꼭지각에서 밑변에 수선을 그으면 밑변의 길이를 이등분하므로 $\overline{BD} = 3$
$\overline{AD}^2 = \overline{AB}^2 - \overline{BD}^2 = 5^2 - 3^2 = 4^2$
$\therefore \overline{AD} = 4$

개념 4 사각형에서 피타고라스 정리의 이용

① 오른쪽 그림과 같이 사각형 ABCD에서 마주 보는 두 내각이 직각인 경우 보조선을 그어 두 개의 직각삼각형을 만든 후 피타고라스 정리를 이용한다.

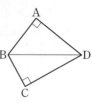

② 오른쪽 그림과 같이 사각형 ABCD의 변의 길이는 수선을 그어 직각삼각형을 찾고 피타고라스 정리를 이용하여 구한다.

예) 오른쪽 그림에서 x의 값을 구해 보자.
점 D에서 $\overline{BC}$에 내린 수선의 발을 E라고 하면
$\overline{DE} = \overline{AB} = 12$
$\overline{EC}^2 = 13^2 - 12^2$
　　$= 25$
$\therefore \overline{EC} = 5$
△ABC에서 $\overline{BC} = 4 + 5 = 9$이므로
$x^2 = 12^2 + 9^2 = 225$
$\therefore x = 15$

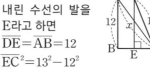

❖ 다음 그림의 △ABC에서 x, y의 값을 각각 구하여라. (1~2)

1
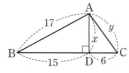

2
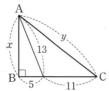

❖ 다음 그림의 이등변삼각형 ABC에서 x의 값을 구하여라. (3~4)

3
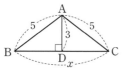

4
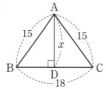

❖ 다음 그림의 □ABCD에서 x, y의 값을 각각 구하여라. (5~6)

5
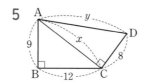

6
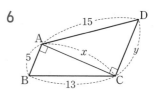

❖ 다음 그림의 □ABCD에서 x의 값을 구하여라. (7~8)

7

8
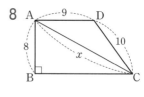

정답

* 정답과 해설 29쪽

1 $x = 8$, $y = 10$　　2 $x = 12$, $y = 20$　　3 8　　4 12　　5 $x = 15$, $y = 17$　　6 $x = 12$, $y = 9$　　7 12　　8 17

3. 피타고라스 정리의 확인

개념 5 피타고라스 정리의 확인

✔ 유클리드의 방법

직각삼각형 ABC의 각 변을 한 변으로 하는 정사각형 ADEB, BFGC, ACHI를 그리고 꼭짓점 A에서 $\overline{BC}$에 내린 수선의 발을 L, 그 연장선과 $\overline{FG}$가 만나는 점을 M이라고 하면

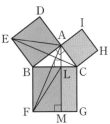

① $\frac{1}{2}\square DEBA = \triangle AEB = \triangle CEB$
$= \triangle ABF = \triangle LBF$
$= \frac{1}{2}\square BFML$이므로

$\square ADEB = \square BFML$,
같은 방법으로 $\square ACHI = \square LMGC$

② $\square ADEB + \square ACHI = \square BFGC$
$\therefore \overline{AB}^2 + \overline{AC}^2 = \overline{BC}^2$

$S_1 + S_2 = S_3$

✔ 직각삼각형이 되기 위한 조건

$\triangle ABC$의 세 변의 길이를 각각 a, b, c라고 할 때, $a^2 + b^2 = c^2$이면 이 삼각형은 빗변의 길이가 c인 직각삼각형이다.

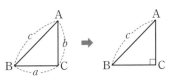

❖ 다음 그림은 $\angle A = 90°$인 직각삼각형 ABC의 세 변을 각각 한 변으로 하는 정사각형을 그린 것이다. 색칠한 부분의 넓이를 구하여라. (1~4)

1
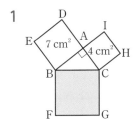
7 cm² 4 cm²

2
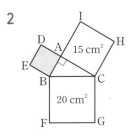
15 cm² 20 cm²

3
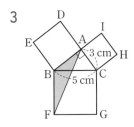
3 cm 5 cm

4
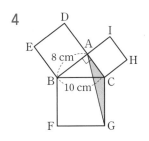
8 cm 10 cm

개념 6 삼각형의 변의 길이에 따른 삼각형의 종류

$\triangle ABC$에서 $\overline{AB}=c$, $\overline{BC}=a$, $\overline{CA}=b$이고, c가 가장 긴 변의 길이일 때,

① $c^2 < a^2 + b^2$이면 $\angle C < 90°$
⇨ $\triangle ABC$는 예각삼각형

② $c^2 = a^2 + b^2$이면 $\angle C = 90°$
⇨ $\triangle ABC$는 직각삼각형

③ $c^2 > a^2 + b^2$이면 $\angle C > 90°$
⇨ $\triangle ABC$는 둔각삼각형

(예)

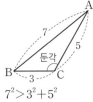

$6^2 < 5^2 + 4^2$ $5^2 = 3^2 + 4^2$ $7^2 > 3^2 + 5^2$
⇨ 예각삼각형   ⇨ 직각삼각형   ⇨ 둔각삼각형

❖ 삼각형의 세 변의 길이가 다음과 같을 때, 예각삼각형은 예각, 직각삼각형은 직각, 둔각삼각형은 둔각이라고 써라. (5~7)

5 6 cm, 7 cm, 9 cm   _____

6 12 cm, 16 cm, 20 cm   _____

7 7 cm, 9 cm, 14 cm   _____

❖ $\triangle ABC$에서 $\overline{AB}=c$, $\overline{BC}=a$, $\overline{CA}=b$일 때, 다음 중 옳은 것은 ○표, 옳지 <u>않은</u> 것은 ×표를 하여라. (8~11)

8 $\angle A < 90°$이면 $a^2 < b^2 + c^2$이다.   _____

9 $b^2 = a^2 + c^2$이면 $\angle A = 90°$이다.   _____

10 $a^2 > b^2 + c^2$이면 $\triangle ABC$는 둔각삼각형이다.   _____

11 $a^2 < b^2 + c^2$이면 $\triangle ABC$는 예각삼각형이다.   _____

* 정답과 해설 30쪽

정답

1 11 cm²   2 5 cm²   3 8 cm²   4 18 cm²   5 예각   6 직각   7 둔각   8 ○   9 ×   10 ○   11 ×

4. 파타고라스 정리의 활용
 중요도 ★★★★☆

개념 7 **피타고라스 정리의 활용 1**

① **피타고라스 정리를 이용한 직각삼각형의 성질**

△ABC에서 $\angle A = 90°$
이고 두 점 D, E가 각각
$\overline{AB}$, $\overline{AC}$ 위에 있을 때,
$\overline{DE}^2 + \overline{BC}^2 = \overline{BE}^2 + \overline{CD}^2$

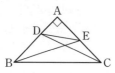

② **두 대각선이 직교하는 사각형의 성질**

□ABCD에서 두 대각선이
직교할 때,
⇨ $\overline{AB}^2 + \overline{CD}^2 = \overline{BC}^2 + \overline{DA}^2$

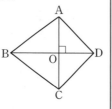

③ **피타고라스 정리를 이용한 직사각형의 성질**

직사각형 ABCD의 내부에 있
는 임의의 점 P에 대하여
⇨ $\overline{AP}^2 + \overline{CP}^2 = \overline{BP}^2 + \overline{DP}^2$

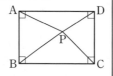

❖ 다음 그림의 직각삼각형 ABC에서 x^2의 값을 구하여라. (1~2)

1
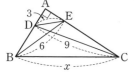

2
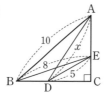

❖ 다음 그림의 □ABCD에서 x^2의 값을 구하여라. (3~4)

3
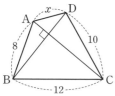

4
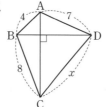

❖ 다음 그림과 같이 직사각형 ABCD의 내부에 한 점 P가 있다. x^2의 값을 구하여라. (5~6)

5
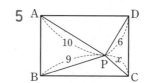

6
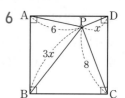

개념 8 **피타고라스 정리의 활용 2**

① **직각삼각형의 세 반원 사이의 관계**

직각삼각형 ABC에서 직각을
낀 두 변을 각각 지름으로 하는
반원의 넓이를 S_1, S_2, 빗변을
지름으로 하는 반원의 넓이를
S_3라고 하면
⇨ $S_1 + S_2 = S_3$

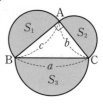

② **히포크라테스의 원의 넓이**

직각삼각형 ABC의 세 변을
각각 지름으로 하는 반원을 그
릴 때,
⇨ (색칠한 부분의 넓이)
$= \triangle ABC = \frac{1}{2}bc$

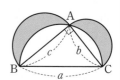

🖋 **바빠·꿀팁**

 = +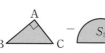

(색칠한 부분의 넓이)$= S_1 + S_2 + \triangle ABC - S_3$
$= S_3 + \triangle ABC - S_3 = \triangle ABC$
따라서 초생달 모양의 넓이는 △ABC의 넓이와 같아.

❖ 다음 그림에서 색칠한 부분의 넓이를 구하여라. (7~8)

7
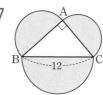

8
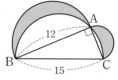

withHint

개념 완성 문제

* 정답과 해설 30쪽

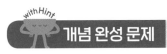

개념 2 - 직각삼각형에서 변의 길이 구하기

1 오른쪽 그림과 같은 직각삼각형 ABC에서 $\overline{AB}=12$ cm이고 $\triangle ABC=30\text{ cm}^2$일 때, $\overline{BC}$의 길이는?

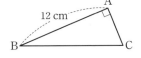

① 13 cm ② 14 cm ③ 15 cm
④ 16 cm ⑤ 17 cm

Hint $\triangle ABC=30\text{ cm}^2$이므로 $\frac{1}{2}\times\overline{AC}\times12=30$

개념 4 - 사각형에서 피타고라스 정리의 이용

2 오른쪽 그림과 같은 직사각형 ABCD에서 $\overline{BD}=20$이고, $\overline{BC}:\overline{DC}=4:3$일 때, $\overline{DC}$의 길이는?

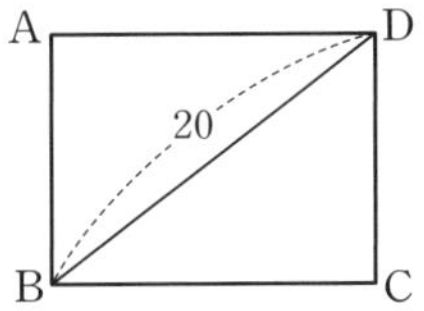

① 9 ② 10 ③ 12
④ 13 ⑤ 16

Hint $\overline{BC}=4x$, $\overline{DC}=3x$로 놓는다.

개념 5 - 피타고라스 정리의 확인

3 오른쪽 그림은 직각삼각형 ABC의 각 변을 한 변으로 하는 세 정사각형을 그린 것이다. □ACHI의 넓이는?

① 28 cm^2
② 32 cm^2
③ 38 cm^2
④ 40 cm^2
⑤ 45 cm^2

Hint $\overline{AC}^2=9^2-7^2$

개념 6 - 삼각형의 변의 길이에 따른 삼각형의 종류

4 $\triangle ABC$에서 $\overline{AB}=c$, $\overline{BC}=a$, $\overline{CA}=b$일 때, 다음 중 옳지 않은 것은?

① $\angle A<90°$이면 $a^2<b^2+c^2$이다.
② $b^2=a^2+c^2$이면 $\triangle ABC$는 $\angle B=90°$인 직각삼각형이다.
③ $a^2<b^2+c^2$이면 $\triangle ABC$는 $\angle A<90°$인 예각삼각형이다.
④ $\angle C>90°$이면 $c^2>a^2+b^2$이다.
⑤ $c^2>a^2+b^2$이면 $\triangle ABC$는 $\angle C>90°$인 둔각삼각형이다.

Hint 예각삼각형일 때는 가장 긴 변이 어느 변인지 조건에 주어져 있어야 한다.

개념 7 - 피타고라스 정리의 활용

5 오른쪽 그림의 □ABCD에서 $\overline{AC}\perp\overline{BD}$이고 점 O는 $\overline{AC}$와 $\overline{BD}$의 교점일 때, x^2의 값은?

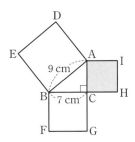

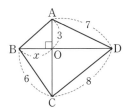

① 9 ② 10
③ 11 ④ 12
⑤ 13

Hint $\overline{AB}^2+8^2=6^2+7^2$

개념 8 - 직각삼각형에서 반원 사이의 관계

6 오른쪽 그림과 같이 $\angle C=90°$인 직각삼각형 ABC의 세 변을 각각 지름으로 하는 반원을 그렸다. $\overline{AB}$를 지름으로 하는 반원의 넓이가 18π이고 $\overline{AC}=8$일 때, 색칠한 반원의 넓이를 구하여라.

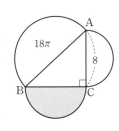

Hint ($\overline{AC}$를 지름으로 하는 반원의 넓이)$=\frac{1}{2}\times4^2\times\pi$

1 오른쪽 그림에서
$\overline{AB}=\overline{AC}=\overline{DC}$이고
$\angle B=35°$일 때, $\angle y-\angle x$
의 크기는?

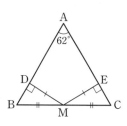

① 5° 　　② 8°

③ 10° 　　④ 12°

⑤ 15°

2 오른쪽 그림과 같이
$\angle A=62°$인 △ABC에서
$\overline{BC}$의 중점을 M이라 하고,
점 M에서 $\overline{AB}$, $\overline{AC}$에 내린
수선의 발을 각각 D, E라고
하자. $\overline{DM}=\overline{EM}$일 때,
$\angle EMC$의 크기를 구하여라.

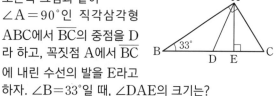

3 오른쪽 그림과 같이
$\angle A=90°$인 직각삼각형
ABC에서 $\overline{BC}$의 중점을 D
라 하고, 꼭짓점 A에서 $\overline{BC}$
에 내린 수선의 발을 E라고
하자. $\angle B=33°$일 때, $\angle DAE$의 크기는?

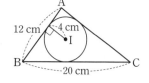

① 21° 　　② 24° 　　③ 25°

④ 27° 　　⑤ 29°

4 오른쪽 그림과 같은
△ABC의 내접원 I의 반
지름의 길이는 4 cm이다.
$\overline{AB}=12$ cm,
$\overline{BC}=20$ cm이고
△ABC=96 cm²일 때, $\overline{AC}$의 길이를 구하여라.

5 오른쪽 그림과 같은 평행사
변형 ABCD에서 $\overline{EB}$는
$\angle B$의 이등분선이고
$\angle AEB=62°$일 때, $\angle C$의
크기를 구하여라.

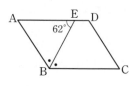

6 오른쪽 그림과 같은 직사각형
ABCD에서 두 대각선의 교점을
O라고 하자. $\overline{BC}=8$ cm,
$\overline{AC}=10$ cm일 때, △OBC의
둘레의 길이는?

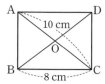

① 16 cm 　　② 18 cm 　　③ 20 cm

④ 22 cm 　　⑤ 24 cm

7 오른쪽 그림과 같은 평행사변
형 ABCD가 정사각형이 되
는 조건은? (단, 점 O는 두 대
각선의 교점이다.)

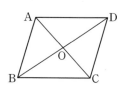

① $\overline{AB}=\overline{BC}=\overline{CD}=\overline{DA}$

② $\overline{AO}=\overline{BO}$, $\angle BCD=90°$

③ $\angle ABC=90°$, $\angle AOB=90°$

④ $\overline{AC}=\overline{BD}$, $\angle BAD=90°$

⑤ $\overline{AB}=\overline{AD}$, $\angle BAC=\angle CAD$

8 오른쪽 그림과 같이
$\overline{AD}/\!/\overline{BC}$인 사다리꼴 ABCD에
서 두 대각선의 교점을 O라고
하면 $\overline{AO}:\overline{OC}=1:2$이다.
△AOD의 넓이가 6 cm²일 때,
□ABCD의 넓이를 구하여라.

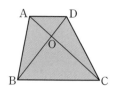

☆ 중요
9 오른쪽 그림과 같은
△ABC에서 $\overline{AB}$=12 cm,
$\overline{AD}$=5 cm, $\overline{AE}$=6 cm,
∠AED=∠ABC일 때, $\overline{EC}$의
길이는?

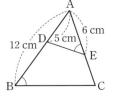

① 4 cm   ② 5 cm   ③ 6 cm

④ 7 cm   ⑤ 8 cm

10 다음 그림과 같이 직사각형 ABCD의 꼭짓점 B가
$\overline{AD}$ 위의 점 F에 오도록 접을 때, $\overline{DF}$의 길이를 구하
여라.

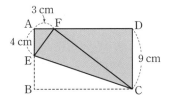

☆ 중요
11 오른쪽 그림에서
$\overline{DE} /\!/ \overline{BC}$, $\overline{FH} /\!/ \overline{AC}$일
때, $\overline{GH}$의 길이를 구하여
라.

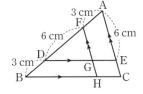

12 오른쪽 그림과 같은
△ABC에서 $\overline{AE}$는 ∠A의
이등분선이고, $\overline{DE} /\!/ \overline{AC}$이
다. $\overline{AB}$=12 cm,
$\overline{AC}$=8 cm일 때, $\overline{DE}$의
길이는?

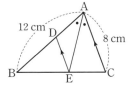

① $\dfrac{5}{2}$ cm   ② $\dfrac{16}{5}$ cm

③ $\dfrac{7}{2}$ cm   ④ $\dfrac{21}{5}$ cm

⑤ $\dfrac{24}{5}$ cm

13 오른쪽 그림과 같은 사다
리꼴 ABCD에서
$\overline{AD} /\!/ \overline{EF} /\!/ \overline{BC}$이다.
$\overline{AD}$=7 cm, $\overline{BC}$=13 cm,
$\overline{AE}$=3 cm, $\overline{EB}$=6 cm
일 때, $\overline{EF}$의 길이를 구하여라.

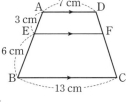

☆ 중요
14 오른쪽 그림에서 점 G가
△ABC의 무게중심이고
$\overline{GD}$=6 cm일 때, $\overline{FG}$의 길
이는?

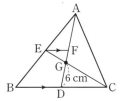

① 1 cm   ② 2 cm

③ 3 cm   ④ 4 cm

⑤ 5 cm

☆ 중요
15 오른쪽 그림과 같이
∠A=90°인 직각삼각형
ABC에서 $\overline{AD} \perp \overline{BC}$일
때, $\overline{DC}$의 길이는?

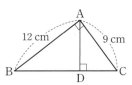

① 4 cm   ② $\dfrac{27}{5}$ cm

③ $\dfrac{15}{2}$ cm   ④ $\dfrac{17}{2}$ cm   ⑤ 15 cm

16 다음 그림과 같이 두 종이컵은 서로 닮은 도형이고 종
이컵 입구의 반지름의 길이가 2 cm, 4 cm일 때, 큰
종이컵에 음료수를 가득 담으려면 작은 종이컵으로 몇
번 부어야 하는지 구하여라.

3학년 도형

저자 선생님의
단원 소개 영상

'**3학년 도형**'은 삼각비와 원으로만 구성되어 있어요. 내용이 적기 때문에 오히려 더 소홀히 하는 학생이 많지만, 고등수학에서 정말 많이 쓰이는 중요한 내용들이 포함되어 있어요.

'**19 삼각비**'는 고등학교에서 배우는 삼각함수로 연결되고, 여러 가지 도형 문제에서 삼각비의 값을 이용하여 선분의 길이와 넓이를 구하는 문제가 매우 많이 나와요. '**22 원의 성질**'에서 가장 중요한 것은 접선인데, '원 밖의 한 점에서 그은 두 접선의 길이는 같다.'는 것과 '원의 접선과 반지름이 수직으로 만난다.'는 사실은 도형 문제에 정말 많이 쓰인답니다. 또 원주각과 중심각의 크기의 관계를 이용하여 각의 크기를 구하는 문제도 중요하니 놓치지 마세요.

어떤 학생들은 중학교 3학년 1학기 공부를 마치고 바로 고등학교 공부를 시작하는 데, 그렇게 하면 중요한 삼각비와 원을 공부할 수 없으니 절대로 그러면 안 돼요. 이 책으로 공부하면 내용이 많지 않으니 3일만 시간을 내어 '**3학년 도형**' 공부를 정복해 봐요!

단원명	수능과 모의고사 기출	중요도
19 삼각비	2021년 6월 모의	★★★★★
20 삼각비의 값	2022년 3월 모의 2021년 9월 모의 2020년 7월 모의	★★★★★
21 삼각비의 활용	2020학년도 수능 2016학년도 수능 2011학년도 수능 2020년 7월 모의 2020년 4월 모의	★★★★★
22 원의 성질	2015학년도 수능 2017년 3월 모의 2016년 10월 모의	★★★★★
23 원주각	2011학년도 수능 2020년 9월 모의 2020년 7월 모의	★★★★☆

개념 1 삼각비의 뜻 [핵심]

① **삼각비** : 직각삼각형에서 두 변의 길이의 비

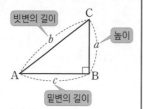

② $\angle B = 90°$인 직각삼각형 ABC에서 $\angle A$, $\angle B$, $\angle C$의 대변의 길이를 각각 a, b, c라고 하면 $\angle A$에 대하여

• ($\angle A$의 사인)

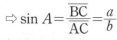
$$= \frac{(높이)}{(빗변의길이)}$$

$$\Rightarrow \sin A = \frac{\overline{BC}}{\overline{AC}} = \frac{a}{b}$$

• ($\angle A$의 코사인)

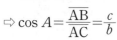
$$= \frac{(밑변의길이)}{(빗변의길이)}$$
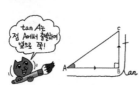
$$\Rightarrow \cos A = \frac{\overline{AB}}{\overline{AC}} = \frac{c}{b}$$

• ($\angle A$의 탄젠트)

$$= \frac{(높이)}{(밑변의길이)}$$
$$\Rightarrow \tan A = \frac{\overline{BC}}{\overline{AB}} = \frac{a}{c}$$

이때 $\sin A$, $\cos A$, $\tan A$를 통틀어 $\angle A$의 삼각비 라고 한다.

예 오른쪽 그림의 직각삼각형 ABC에서 $\angle A$에 대한 삼각비는
$\sin A = \frac{3}{5}$, $\cos A = \frac{4}{5}$,
$\tan A = \frac{3}{4}$
$\angle C$에 대한 삼각비는
$\sin C = \frac{4}{5}$, $\cos C = \frac{3}{5}$, $\tan C = \frac{4}{3}$

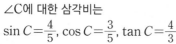

🌱 **바빠꿀팁**

• 한 직각삼각형에서 삼각비는 구하고자 하는 기준각에 따라 높이와 밑변이 바뀌게 되는데 기준각의 대변을 높이라고 생각하면 돼.

❖ 오른쪽 그림과 같은 직각삼각형 ABC에서 다음 삼각비의 값을 구하여라. (1~6)

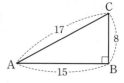

1 $\sin A$

2 $\cos A$

3 $\tan A$

4 $\sin C$

5 $\cos C$

6 $\tan C$

❖ 오른쪽 그림과 같은 직각삼각형 ABC에서 다음 삼각비의 값을 구하여라.
(7~12)

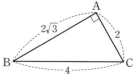

7 $\sin B$

8 $\cos B$

9 $\tan B$

10 $\sin C$

11 $\cos C$

12 $\tan C$

정답
* 정답과 해설 32쪽

$1\ \frac{8}{17}$ $2\ \frac{15}{17}$ $3\ \frac{8}{15}$ $4\ \frac{15}{17}$ $5\ \frac{8}{17}$ $6\ \frac{15}{8}$ $7\ \frac{1}{2}$ $8\ \frac{\sqrt{3}}{2}$ $9\ \frac{\sqrt{3}}{3}$ $10\ \frac{\sqrt{3}}{2}$ $11\ \frac{1}{2}$ $12\ \sqrt{3}$

2. 삼각형의 변의 길이 구하기

개념 2 **직각삼각형에서 변의 길이를 구한 후 삼각비의 값 구하기**

피타고라스 정리를 이용하면 직각삼각형에서 두 변의 길이를 알 때, 나머지 한 변의 길이를 구할 수 있다.

$\angle C = 90°$인 직각삼각형 ABC에서

① 밑변의 길이 a와 높이 b를 알 때,

$\overline{AB}^2 = a^2 + b^2$
$\Rightarrow \overline{AB} = \sqrt{a^2 + b^2}$

② 밑변의 길이 a와 빗변의 길이 c를 알 때,

$\overline{AC}^2 = c^2 - a^2$
$\Rightarrow \overline{AC} = \sqrt{c^2 - a^2}$

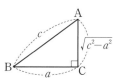

③ 높이 b와 빗변의 길이 c를 알 때,

$\overline{BC}^2 = c^2 - b^2$
$\Rightarrow \overline{BC} = \sqrt{c^2 - b^2}$

❖ 오른쪽 그림과 같은 직각삼각형 ABC에 대하여 다음 삼각비의 값을 구하여라. (1~4)

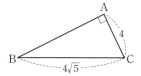

1 $\tan B$ 　　　　**2** $\cos B$

3 $\sin C$ 　　　　**4** $\tan C$

개념 3 **삼각비의 값이 주어질 때, 삼각형의 변의 길이 구하기** 핵심

[예] 오른쪽 그림과 같이 직각삼각형 ABC에서 $\sin A = \dfrac{12}{13}$이다. $\overline{AB} = 13$일 때, $\overline{AC}$, $\overline{BC}$의 길이를 각각 구해 보자.

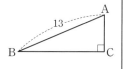

$\sin A = \dfrac{\overline{BC}}{\overline{AB}}$이므로 $\dfrac{12}{13} = \dfrac{\overline{BC}}{13}$ 　　$\therefore \overline{BC} = 12$

$\therefore \overline{AC} = \sqrt{\overline{AB}^2 - \overline{BC}^2} = \sqrt{13^2 - 12^2} = \sqrt{25} = 5$

❖ 오른쪽 그림과 같은 △ABC에서 $\sin B = \dfrac{\sqrt{3}}{2}$이다. $\overline{AC} = 6$일 때, 다음을 구하여라. (5~6)

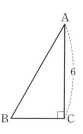

5 $\overline{AB}$

6 $\overline{BC}$

개념 4 **한 삼각비의 값을 알 때 다른 삼각비의 값 구하기** 핵심

[예] 직각삼각형 ABC에서 $2\sin B - 1 = 0$일 때, $\cos B$, $\tan B$의 값을 각각 구해 보자.

$\sin B = \dfrac{1}{2}$이므로 오른쪽 그림과 같은 직각삼각형 ABC를 그리고 $\overline{AB} = 2$, $\overline{AC} = 1$로 놓는다.

$\overline{BC} = \sqrt{2^2 - 1^2} = \sqrt{3}$

$\therefore \cos B = \dfrac{\sqrt{3}}{2}$, $\tan B = \dfrac{1}{\sqrt{3}} = \dfrac{\sqrt{3}}{3}$

❖ 오른쪽 그림과 같은 직각삼각형 ABC에서 $\cos C = \dfrac{\sqrt{6}}{3}$이다. $\overline{AC} = 10$일 때, 다음을 구하여라. (7~10)

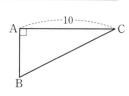

7 $\sin C$

8 $\cos B$

9 $\tan C$

10 $\sin B$

정답

* 정답과 해설 32쪽

$1\ \dfrac{1}{2}$　$2\ \dfrac{2\sqrt{5}}{5}$　$3\ \dfrac{2\sqrt{5}}{5}$　$4\ 2$　$5\ 4\sqrt{3}$　$6\ 2\sqrt{3}$　$7\ \dfrac{\sqrt{3}}{3}$　$8\ \dfrac{\sqrt{3}}{3}$　$9\ \dfrac{\sqrt{2}}{2}$　$10\ \dfrac{\sqrt{6}}{3}$

3. 삼각비의 값의 활용

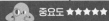 중요도 ★★★★★

개념 5 직각삼각형의 닮음을 이용하여 삼각비의 값 구하기 1 핵심

직각삼각형 ABC에서
$\overline{AD} \perp \overline{BC}$일 때, 닮음을 이용하여 삼각비의 값을 다음과 같이 구한다.

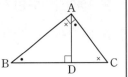

① 닮음인 삼각형을 찾는다.
  $\triangle ABC \backsim \triangle DBA \backsim \triangle DAC$ (AA 닮음)

② 크기가 같은 대응각을 찾는다.
  $\angle ABC = \angle DAC$, $\angle BCA = \angle BAD$

③ 삼각비의 값을 구한다.

우리는 크기가 달라도 닮음이라서 삼각비의 값이 같아!

예 오른쪽 그림에서 $\sin x$, $\cos y$의 값을 각각 구해 보자.
$\overline{BC} = \sqrt{4^2 + 3^2} = 5$이고
$\angle ACB = x$,
$\angle ABC = y$이므로
$\sin x = \dfrac{4}{5}$, $\sin y = \dfrac{3}{5}$

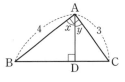

❖ 오른쪽 그림에서 다음을 구하여라. (1~2)

1 $\triangle ABC$에서 $\angle x$와 크기가 같은 각

2 $\triangle ABC$에서 $\angle y$와 크기가 같은 각

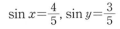

❖ 오른쪽 그림에서 다음을 구하여라. (3~5)

3 $\cos y$

4 $\tan x$

5 $\sin y$

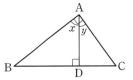

개념 6 직각삼각형의 닮음을 이용하여 삼각비의 값 구하기 2

직각삼각형 ABC에서
① $\overline{DE} \perp \overline{BC}$일 때,
  $\triangle ABC \backsim \triangle EBD$
  (AA 닮음)
  ⇨ $\angle ACB = \angle EDB$

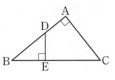

② $\angle ACB = \angle ADE$일 때,
  $\triangle ABC \backsim \triangle AED$
  (AA 닮음)
  ⇨ $\angle ABC = \angle AED$

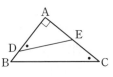

❖ 오른쪽 그림에서 다음을 구하여라. (6~7)

6 $\cos x \div \sin x$

7 $\tan x \times \cos x$

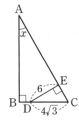

개념 7 직선의 방정식이 주어질 때, 삼각비의 값 구하기

직선 l이 x축과 이루는 예각의 크기를 a라고 할 때,
① x축, y축의 교점 A, B의 좌표를 구한다.

② 직각삼각형 AOB에서 삼각비의 값을 구한다.
  ⇨ $\sin a = \dfrac{\overline{BO}}{\overline{AB}}$, $\cos a = \dfrac{\overline{AO}}{\overline{AB}}$, $\tan a = \dfrac{\overline{BO}}{\overline{AO}}$
  (단, 좌표가 음수이어도 삼각비의 값은 길이로 구하는 것이므로 절댓값으로 생각한다.)

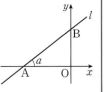

8 오른쪽 그림과 같이 주어진 일차방정식 $x - 2y + 4 = 0$의 그래프에서 $\sin a$의 값을 구하여라.

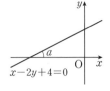

* 정답과 해설 32쪽

1 $\angle ACB$ 2 $\angle ABC$ 3 $\dfrac{\sqrt{3}}{3}$ 4 $\dfrac{\sqrt{2}}{2}$ 5 $\dfrac{\sqrt{6}}{3}$ 6 $\sqrt{3}$ 7 $\dfrac{1}{2}$ 8 $\dfrac{\sqrt{5}}{5}$

* 정답과 해설 33쪽

* 정답과 해설 33쪽

개념 2 - 삼각비의 값

1 오른쪽 그림과 같은 직각삼각형 ABC에서 $\cos A \times \sin A$의 값은?

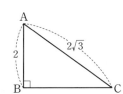

① $\dfrac{1}{2}$　　② $\dfrac{\sqrt{2}}{3}$

③ $\dfrac{\sqrt{3}}{2}$　　④ 1

⑤ $2\sqrt{3}$

Hint $\overline{BC}=\sqrt{(2\sqrt{3})^2-2^2}=\sqrt{8}=2\sqrt{2}$

개념 2 - 삼각비의 값

2 오른쪽 그림과 같은 △ABC에서 $\overline{AC}=6$, $\overline{BD}=8$, $\overline{DC}=2$일 때, $\sin B$의 값을 구하여라.

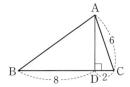

Hint $\overline{AD}=\sqrt{6^2-2^2}$, $\overline{AB}=\sqrt{8^2+\overline{AD}^2}$

개념 3 - 삼각형의 변의 길이 구하기

3 오른쪽 그림과 같은 직각삼각형 ABC에서 $\overline{AB}=8$ cm, $\sin A=\dfrac{3}{4}$일 때, △ABC의 넓이를 구하여라.

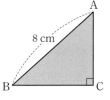

Hint $\sin A=\dfrac{\overline{BC}}{\overline{AB}}$

개념 4- 한 삼각비의 값을 알 때, 다른 삼각비의 값 구하기

4 ∠B=90°인 직각삼각형 ABC에서 $\tan C=\dfrac{5}{12}$일 때, $13(\sin A+\cos A)$의 값은?

① 5　　② 12　　③ 13

④ 17　　⑤ 18

Hint ∠B=90°인 직각삼각형을 그리고 $\tan C=\dfrac{5}{12}$가 되도록 두 변의 길이를 놓은 후 나머지 한 변의 길이를 구한다.

개념 5 - 삼각비의 값의 활용

5 오른쪽 그림과 같은 직사각형 ABCD에서 $\sin x \div \tan x$의 값은?

① $\dfrac{1}{5}$　　② $\dfrac{\sqrt{5}}{5}$

③ $\dfrac{1}{2}$　　④ $\dfrac{\sqrt{5}}{2}$　　⑤ $\dfrac{2\sqrt{5}}{5}$

Hint ∠ADB=∠x

개념 6 - 삼각비의 값의 활용

6 오른쪽 그림과 같은 직각삼각형 ABC에서 $\overline{BC}\perp\overline{DE}$, $\overline{BD}=9$, $\overline{BE}=3\sqrt{5}$일 때, $\cos x$의 값은?

① $\dfrac{\sqrt{2}}{3}$　　② $\dfrac{2}{3}$

③ $\dfrac{\sqrt{5}}{3}$　　④ $\dfrac{4\sqrt{2}}{3}$　　⑤ $3\sqrt{3}$

Hint ∠BDE=∠x

20 삼각비의 값

1. 30°, 45°, 60°의 삼각비의 값

중요도 ★★★★★

개념 1 **특수각의 삼각비** 핵심

✅ 45°의 삼각비의 값

$\angle A = \angle C = 45°$이고 $\angle B = 90°$인 직각이등변삼각형 ABC의 세 변의 길이의 비는

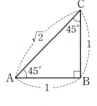

$$\overline{CA} : \overline{AB} : \overline{BC} = \sqrt{2} : 1 : 1$$

이므로 45°의 삼각비의 값은 다음과 같다.

$$\sin 45° = \frac{1}{\sqrt{2}} = \frac{\sqrt{2}}{2}, \cos 45° = \frac{1}{\sqrt{2}} = \frac{\sqrt{2}}{2}$$

$$\tan 45° = \frac{1}{1} = 1$$

✅ 30°, 60°의 삼각비의 값

$\angle A = 60°$, $\angle C = 30°$이고 $\angle B = 90°$인 직각삼각형 ABC의 세 변의 길이의 비는

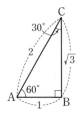

$$\overline{CA} : \overline{AB} : \overline{BC} = 2 : 1 : \sqrt{3}$$

이므로 30°, 60°의 삼각비의 값은 각각 다음과 같다.

$$\sin 60° = \frac{\sqrt{3}}{2}, \cos 60° = \frac{1}{2}, \tan 60° = \frac{\sqrt{3}}{1} = \sqrt{3}$$

$$\sin 30° = \frac{1}{2}, \cos 30° = \frac{\sqrt{3}}{2}, \tan 30° = \frac{1}{\sqrt{3}} = \frac{\sqrt{3}}{3}$$

따라서 30°, 45°, 60°의 삼각비의 값을 정리하면 다음 표와 같다.

삼각비 〈A	30°	45°	60°
$\sin A$	$\frac{1}{2}$	$\frac{\sqrt{2}}{2}$	$\frac{\sqrt{3}}{2}$
$\cos A$	$\frac{\sqrt{3}}{2}$	$\frac{\sqrt{2}}{2}$	$\frac{1}{2}$
$\tan A$	$\frac{\sqrt{3}}{3}$	1	$\sqrt{3}$

✋ 바빠꿀팁

· $\sin 30° = \cos 60°$
  $\sin 45° = \cos 45°$
  $\tan 30° = \dfrac{1}{\tan 60°}$

❖ 다음을 구하여라. (1~9)

1 $\tan 45°$

2 $\sin 30°$

3 $\cos 60°$

4 $\sin 45°$

5 $\tan 60°$

6 $\cos 30°$

7 $\cos 45°$

8 $\tan 30°$

9 $\sin 60°$

❖ 다음을 구하여라. (10~14)

10 $\sin 45° - \cos 45°$

11 $\cos 30° \times \tan 60°$

12 $\tan 30° \div \sin 60°$

13 $\tan 45° \times \sin 30°$

14 $\sin 30° + \cos 60°$

---

2. 특수한 각의 삼각비의 값의 응용

 중요도 ★★★★★

개념 2 특수한 각의 삼각비를 이용하여 각의 크기 구하기

예각에 대한 삼각비의 값이 30°, 45°, 60°의 삼각비의 값으로 주어지면 그 예각의 크기를 구할 수 있다.

예 x가 예각이고, $\sin x = \dfrac{\sqrt{3}}{2}$일 때, x의 크기를 구해 보자.

$\sin x = \sin 60°$이므로 $x = 60°$

예 x가 예각이고, $\sin(x-15°) = \dfrac{1}{2}$일 때, x의 크기를 구해 보자.

$\sin 30° = \dfrac{1}{2}$이므로 $x - 15° = 30°$ $\quad \therefore x = 45°$

❖ 다음을 만족하는 x의 크기를 구하여라. (1~3)
(단, $0° < x < 90°$)

1 $\tan x = \dfrac{\sqrt{3}}{3}$

2 $\cos x = \dfrac{1}{2}$

3 $\sin x = \dfrac{\sqrt{2}}{2}$

❖ 다음을 구하여라. (4~7) (단, $15° < x < 90°$)

4 $\sin(x+15°) = \dfrac{\sqrt{2}}{2}$일 때, $\sin x \times \tan x$의 값

5 $\tan(2x-30°) = \sqrt{3}$일 때, $\sin x \div \cos x$의 값

6 $\cos(x-15°) = \dfrac{\sqrt{2}}{2}$일 때, $\cos x \times \tan x$의 값

7 $\sin(x-30°) = \dfrac{1}{2}$일 때, $\sin x \div \tan x$의 값

개념 3 특수한 각의 삼각비를 이용하여 변의 길이 구하기 핵심

한 예각의 크기가 30°, 45°, 60°인 직각삼각형을 찾아 삼각비의 값을 이용하여 변의 길이를 구한다.

예 오른쪽 그림과 같은 직각삼각형 ABC에서 $\overline{BC}$의 길이를 구해 보자.

$\sin 60° = \dfrac{\overline{BC}}{8}$, $\dfrac{\sqrt{3}}{2} = \dfrac{\overline{BC}}{8}$

$\therefore \overline{BC} = 4\sqrt{3}$

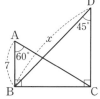

❖ 다음 그림에서 x의 값을 구하여라. (8~9)

8

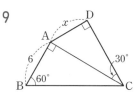

9

개념 4 직선의 기울기와 $\tan$값

직선 $y = mx + n$이 x축의 양의 방향과 이루는 예각의 크기를 a라고 하면

(직선의 기울기) $= m$

$= \dfrac{(y\text{의 값의 증가량})}{(x\text{의 값의 증가량})}$

$= \dfrac{\overline{AO}}{\overline{BO}} = \tan a$

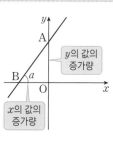

예 오른쪽 그림과 같이 직선 $y = 2x + 4$가 x축과 이루는 예각의 크기가 a일 때, $\tan a$의 값을 구해 보자.

$\tan a =$ (직선의 기울기)이므로
$\tan a = 2$

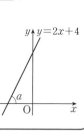

10 오른쪽 그림과 같이 일차방정식 $6x - 3y + 8 = 0$의 그래프가 x축과 이루는 예각의 크기가 a일 때, $\tan a$의 값을 구하여라.

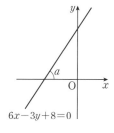

정답

* 정답과 해설 33쪽

1 30° 2 60° 3 45° 4 $\dfrac{\sqrt{3}}{6}$ 5 1 6 $\dfrac{\sqrt{3}}{2}$ 7 $\dfrac{1}{2}$ 8 $7\sqrt{6}$ 9 $3\sqrt{3}$ 10 2

3. 여러 가지 삼각비의 값 　　　중요도 ★★★★★

예각의 삼각비의 값

✅ **사분원에서 삼각비의 값**

반지름의 길이가 1인 사분원에서 예각 x에 대하여

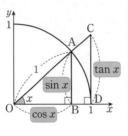

① $\sin x = \dfrac{\overline{AB}}{\overline{OA}} = \dfrac{\overline{AB}}{1} = \overline{AB}$

② $\cos x = \dfrac{\overline{OB}}{\overline{OA}} = \dfrac{\overline{OB}}{1} = \overline{OB}$

③ $\tan x = \dfrac{\overline{CD}}{\overline{OD}} = \dfrac{\overline{CD}}{1} = \overline{CD}$

✅ **$0°, 90°$의 삼각비의 값**

① $0°$의 삼각비의 값
　$\sin 0° = 0,\ \cos 0° = 1,\ \tan 0° = 0$

② $90°$의 삼각비의 값
　$\sin 90° = 1,\ \cos 90° = 0,\ \tan 90°$의 값은 정할 수 없다.

❖ 오른쪽 그림에서 삼각비의 값과 같은 선분을 □ 안에 써넣어라. (1~5)

1 $\sin x = $ □

2 $\cos x = $ □

3 $\tan x = $ □

4 $\cos y = $ □

5 $\sin y = $ □

❖ 다음을 구하여라. (6~10)

6 $\cos 0°$　　　　　　7 $\sin 0°$

8 $\tan 0°$　　　　　　9 $\cos 90°$

10 $\sin 90°$

$0° \leq x \leq 90°$인 범위에서 삼각비의 값의 증가, 감소

① $\sin x$의 값은 0에서 1까지 증가

② $\cos x$의 값은 1에서 0까지 감소

③ $\tan x$의 값은 0에서 무한히 증가

④ 삼각비의 값의 대소 비교
　• $0° \leq x < 45°$이면 $\sin x < \cos x$
　• $x = 45°$이면 $\sin x = \cos x < \tan x$
　• $45° < x < 90°$이면 $\cos x < \sin x < \tan x$

　[예] $x = 32°$이면 $\sin 32° < \cos 32°$
　　　$x = 65°$이면 $\cos 65° < \sin 65° < \tan 65°$

11 다음 값을 작은 순서로 나열하여라.
　$\tan 72°,\quad \sin 72°,\quad \cos 72°$

삼각비의 표를 이용한 삼각비의 값

① **삼각비의 표**
　$0°$에서 $90°$까지 $1°$ 단위로 삼각비의 값을 반올림하여 소수점 아래 넷째 자리까지 나타낸 표

② **삼각비의 표 보는 방법**
　삼각비의 표에서 가로줄과 세로줄이 만나는 곳의 수가 삼각비의 값이다.
　$\sin 34° = 0.5592,\ \cos 35° = 0.8192$

각도	사인(sin)	코사인(cos)	탄젠트(tan)
⋮	⋮	⋮	⋮
34°	0.5592	0.8290	0.6745
35°	0.5736	0.8192	0.7002
⋮	⋮	⋮	⋮

❖ 아래 삼각비의 표를 보고, 다음을 구하여라. (12~13)

각도	사인(sin)	코사인(cos)	탄젠트(tan)
56°	0.8290	0.5592	1.4826
57°	0.8387	0.5446	1.5399
58°	0.8480	0.5299	1.6003

12 $\tan 58°$　　　　**13** $\cos 56°$

 정답

* 정답과 해설 34쪽

1 $\overline{AB}$　2 $\overline{OB}$　3 $\overline{CD}$　4 $\overline{AB}$　5 $\overline{OB}$　6 1　7 0　8 0　9 0　10 1　11 $\cos 72°,\ \sin 72°,\ \tan 72°$　12 1.6003　13 0.5592

개념 완성 문제

＊정답과 해설 34쪽

개념 1 - 특수각의 삼각비

1 다음을 계산하여라.

$$\sqrt{3}\cos 60° - \frac{\sin 90° \times \tan 60°}{\cos 0° + \tan 45°}$$

Hint $\cos 0° = \tan 45° = \sin 90°$

개념 2 - 각의 크기 구하기

2 $\sin(2x-30°)=\dfrac{1}{2}$일 때, $\sin x \times \tan x$의 값은?

(단, $15° < x < 60°$)

① $\dfrac{\sqrt{2}}{6}$　　② $\dfrac{\sqrt{3}}{6}$　　③ $\dfrac{\sqrt{3}}{3}$

④ $\sqrt{2}$　　⑤ $2\sqrt{3}$

Hint $\sin A = \dfrac{1}{2}$인 A의 크기를 구한다.

개념 3 - 삼각형의 변의 길이 구하기

3 오른쪽 그림에서
$\angle ABC = 30°$,
$\angle ADC = 45°$, $\overline{AB} = 2\sqrt{6}$
일 때, x의 값은?

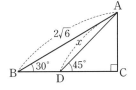

① $\sqrt{3}$　　② $2\sqrt{2}$

③ $2\sqrt{3}$　　④ $4\sqrt{3}$

⑤ $3\sqrt{6}$

Hint $\sin 30° = \dfrac{\overline{AC}}{\overline{AB}}$이므로 $\overline{AC} = \overline{AB}\sin 30°$

개념 4 - 직선의 기울기

4 오른쪽 그림과 같이 직선
$y = \dfrac{5}{3}x + 5$의 그래프가 주어질 때,
$\tan a$의 값을 구하여라.

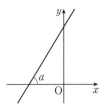

Hint $\tan a$는 직선의 기울기이다.

개념 6 - 삼각비의 값의 비교

5 다음 중 대소 관계가 옳은 것을 모두 고르면? (정답 2개)

① $\tan 50° < \sin 50°$　　② $\sin 20° < \cos 40°$

③ $\sin 48° < \cos 56°$　　④ $\cos 80° < \tan 80°$

⑤ $\sin 90° < \tan 45°$

Hint $0° < x < 45°$일 때, $\sin x < \cos x$
$45° < x < 90°$일 때, $\cos x < \sin x < \tan x$

개념 7 - 삼각비의 표를 이용한 변의 길이 구하기

6 오른쪽 그림과 같이 반지름의 길이가 1인 사분원에서
$\overline{OB} = 0.8480$이다. 아래 삼각비 표를 이용하여 $\overline{AB}$의 길이를 구하면?

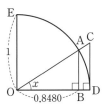

각도	사인($\sin$)	코사인($\cos$)	탄젠트($\tan$)
31°	0.5150	0.8572	0.6009
32°	0.5299	0.8480	0.6249
33°	0.5446	0.8387	0.6494

① 0.5150　　② 0.5299　　③ 0.6009

④ 0.6494　　⑤ 0.8572

Hint $\cos x = \dfrac{\overline{OB}}{\overline{OA}} = \overline{OB} = 0.8480$이므로 x의 크기를 표에서 구한다.

1. 삼각비를 이용한 변의 길이 구하기 1

중요도 ★★★★★

개념 1 직각삼각형의 변의 길이 핵심

직각삼각형 ABC에서

① ∠A의 크기와 빗변의 길이 b를 알 때,

$\sin A=\frac{a}{b}$ ⇨ $a=b\sin A$

$\cos A=\frac{c}{b}$ ⇨ $c=b\cos A$

② ∠A의 크기와 밑변의 길이 c를 알 때,

$\tan A=\frac{a}{c}$ ⇨ $a=c\tan A$

$\cos A=\frac{c}{b}$ ⇨ $b=\frac{c}{\cos A}$

③ ∠A의 크기와 높이 a를 알 때,

$\sin A=\frac{a}{b}$ ⇨ $b=\frac{a}{\sin A}$

$\tan A=\frac{a}{c}$ ⇨ $c=\frac{a}{\tan A}$

❖ 오른쪽 그림에서 다음을 구하여라. (단, $\sin 38°=0.62$, $\cos 38°=0.79$로 계산한다.) (1~2)

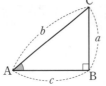

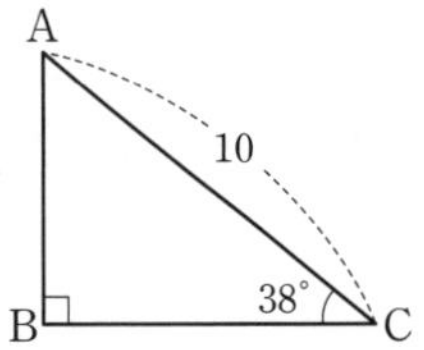

1 $\overline{AB}$의 길이

2 $\overline{BC}$의 길이

❖ 오른쪽 그림에서 다음을 구하여라. (3~4)

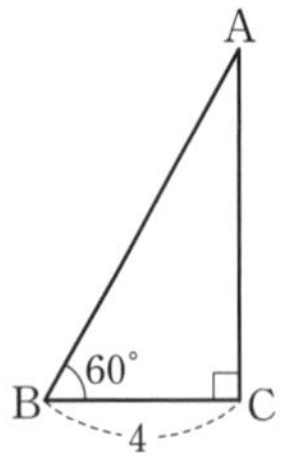

3 $\overline{AB}$의 길이

4 $\overline{AC}$의 길이

❖ 아래 그림에서 다음을 구하여라. (5~6)

5 $\overline{CE}$의 길이

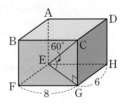

6 $\overline{FH}$의 길이

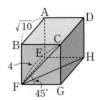

개념 2 실생활에서 직각삼각형의 변의 길이 구하기

① 실생활 문제의 그림에서 직각삼각형을 찾는다.

② 삼각비를 이용하여 각 변의 길이를 구한다.

❖ 아래 그림에서 다음을 구하여라. (7~9)

7 나무의 높이 $\overline{AC}$의 길이
($\tan 46°=1.04$, $\tan 54°=1.38$)

8 건물 Q의 높이 $\overline{CD}$의 길이

9 탑의 높이 $\overline{PQ}$의 길이

정답

* 정답과 해설 34쪽

1 6.2 2 7.9 3 8 4 $4\sqrt{3}$ 5 20 6 $3\sqrt{2}$ 7 5.2 m 8 $(60+20\sqrt{3})$ m 9 10 m

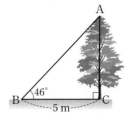

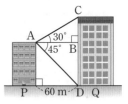

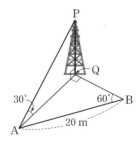

2. 삼각비를 이용한 변의 길이 구하기 2   중요도 ★★★★★

개념 3 일반 삼각형의 변의 길이 [핵심]

① 두 변의 길이와 그 끼인각의 크기를 알 때,

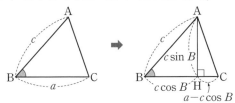

$$\overline{AC}=\sqrt{\overline{AH}^2+\overline{CH}^2}$$
$$=\sqrt{(c\sin B)^2+(a-c\cos B)^2}$$

② 한 변의 길이와 그 양 끝 각의 크기를 알 때,

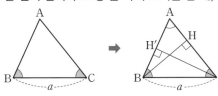

$\overline{CH'}=a\sin B=\overline{AC}\sin A$ $\therefore \overline{AC}=\dfrac{a\sin B}{\sin A}$

$\overline{BH}=a\sin C=\overline{AB}\sin A$ $\therefore \overline{AB}=\dfrac{a\sin C}{\sin A}$

❖ 아래 그림과 같이 꼭짓점 A에서 $\overline{BC}$에 내린 수선의 발을 H라고 할 때, 다음을 구하여라. (1~2)

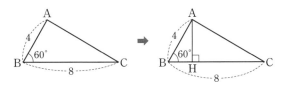

1 $\overline{AH}$, $\overline{BH}$의 길이

2 $\overline{AC}$의 길이

❖ 다음 그림에서 $\overline{AC}$의 길이를 구하여라. (3~4)

3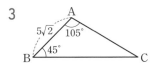

4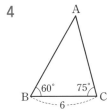

개념 4 예각, 둔각삼각형의 높이

한 변의 길이와 그 양 끝 각의 크기를 알 때,

① 양 끝 각이 모두 예각일 때 높이 구하기

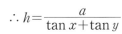

$a=h\tan x+h\tan y$
$a=h(\tan x+\tan y)$
$\therefore h=\dfrac{a}{\tan x+\tan y}$

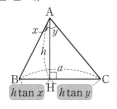

② 양 끝 각 중 한 각이 둔각일 때 높이 구하기

$a=h\tan x-h\tan y$
$a=h(\tan x-\tan y)$
$\therefore h=\dfrac{a}{\tan x-\tan y}$

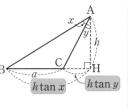

★ 위의 그림과 같은 문제는 대부분 ∠B, ∠C의 크기가 주어지는 경우가 많아. 하지만 공식은 ∠x, ∠y로 되어 있으므로 직각삼각형임을 이용해서 ∠x, ∠y를 먼저 구한 다음 공식에 대입해야 해.

❖ 다음 그림에서 h의 값을 구하여라. (5~8)

5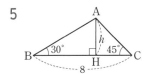

6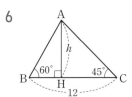

7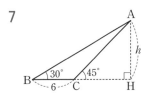

8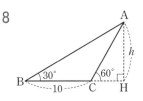

정답

1 $\overline{AH}=2\sqrt{3}$, $\overline{BH}=2$ **2** $4\sqrt{3}$ **3** 10 **4** $3\sqrt{6}$ **5** $4\sqrt{3}-4$ **6** $18-6\sqrt{3}$ **7** $3\sqrt{3}+3$ **8** $5\sqrt{3}$

3. 삼각비를 이용한 도형의 넓이 구하기

개념 5 삼각형의 넓이 핵심

삼각형의 두 변의 길이와 그 끼인각의 크기를 알 때, 삼각형의 넓이를 S라고 하면

① $\angle B$가 예각인 경우   ② $\angle B$가 둔각인 경우

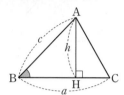 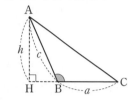

$h=c\sin B$이므로

$$S=\frac{1}{2}ac\sin B$$

$h=c\sin(180°-B)$이므로

$$S=\frac{1}{2}ac\sin(180°-B)$$

예 다음 그림에서 △ABC의 넓이 S를 구해 보자.

①
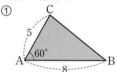

삼각형의 넓이는 밑변의 길이와 높이가 있어야만 구할 수 있어!

아니야 두 변의 길이와 끼인 각도로도 구할 수 있어!

$$S=\frac{1}{2}\times 8\times 5\times \sin 60°$$
$$=10\sqrt{3}$$

②

$$S=\frac{1}{2}\times 6\times 10\times \sin(180°-120°)=15\sqrt{3}$$

❖ 다음 그림에서 △ABC의 넓이를 구하여라. (1~2)

1
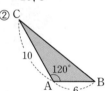

2
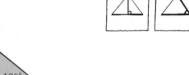

❖ 다음 그림에서 □ABCD의 넓이를 구하여라. (3~4)

3
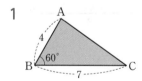

4
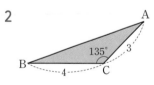

개념 6 평행사변형의 넓이

이웃하는 두 변의 길이와 그 끼인각의 크기를 알 때,
① $\angle x$가 예각인 경우   ② $\angle x$가 둔각인 경우

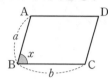 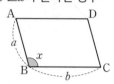

$□ABCD=ab\sin x$ $□ABCD=ab\sin(180°-x)$

5 오른쪽 그림에서 평행사변형 ABCD의 넓이를 구하여라.

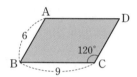

6 오른쪽 그림에서 마름모 ABCD의 넓이를 구하여라.

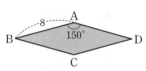

개념 7 사각형의 넓이

두 대각선의 길이와 두 대각선이 이루는 각의 크기를 알 때,
① $\angle x$가 예각인 경우   ② $\angle x$가 둔각인 경우

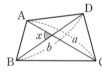 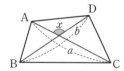

$□ABCD=\frac{1}{2}ab\sin x$ $□ABCD=\frac{1}{2}ab\sin(180°-x)$

7 오른쪽 그림에서 □ABCD의 넓이를 구하여라.

8 오른쪽 그림에서 □ABCD의 넓이가 66일 때, $\overline{AC}$의 길이를 구하여라.

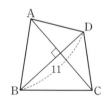

정답

* 정답과 해설 35쪽

1 $7\sqrt{3}$ 2 $3\sqrt{2}$ 3 $9\sqrt{3}+26\sqrt{2}$ 4 30   5 $27\sqrt{3}$ 6 32   7 10   8 12

개념 완성 문제

＊정답과 해설 35쪽

개념 2 - 실생활에서 변의 길이 구하기

1 가은이가 오른쪽 그림과 같은 비탈길을 따라 A 지점에서 B 지점까지 200 m를 내려갔을 때, 처음 위치의 높이에서 몇 m 낮아졌는지 구하여라.

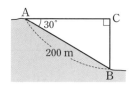

> Hint $\overline{CB}$의 길이를 sin 30°를 이용하여 구한다.

개념 3 - 변의 길이 구하기

2 오른쪽 그림의 △ABC에서 ∠A=75°, ∠C=45°, $\overline{AC}$=18일 때, $\overline{AB}$의 길이는?

① 6　　　② 12
③ $6\sqrt{2}$　　④ $6\sqrt{6}$
⑤ $8\sqrt{2}$

> Hint 점 A에서 $\overline{BC}$에 내린 수선의 발을 H라 하고 $\overline{AH}$의 길이를 먼저 구한다.

개념 4 - 높이 구하기

3 오른쪽 그림과 같이 지면 위의 두 지점 B, C에서 나무의 꼭대기 A 지점을 올려다 본 각의 크기가 각각 30°, 45°이다.
두 지점 B, C 사이의 거리가 10 m일 때, 나무의 높이를 구하여라.

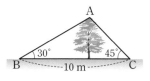

> Hint 점 A에서 $\overline{BC}$에 내린 수선의 발을 H라 하고 ∠BAH=60°, ∠CAH=45°를 이용하여 공식에 대입한다.

개념 4 - 높이 구하기

4 오른쪽 그림의 △ABC에서 ∠ABC=45°, ∠ACH=60°, $\overline{BC}$=4일 때, $\overline{AH}$의 길이는?

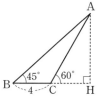

① $6+2\sqrt{2}$　　② $5\sqrt{3}$
③ $4+3\sqrt{3}$　　④ 10
⑤ $6+2\sqrt{3}$

> Hint ∠BAH=45°, ∠CAH=30°를 이용한다.

개념 5 - 삼각형의 넓이 구하기

5 오른쪽 그림에서 점 G가 △ABC의 무게중심이고, ∠B=45°, $\overline{AB}$=9 cm, $\overline{AC}$=12 cm일 때, △AGC의 넓이는?

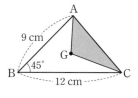

① $9\sqrt{2}$　　② $10\sqrt{2}$　　③ $9\sqrt{3}$
④ $12\sqrt{3}$　　⑤ $20\sqrt{2}$

> Hint △AGC=$\frac{1}{3}$△ABC

개념 7 - 사각형의 넓이 구하기

6 오른쪽 그림과 같은 등변사다리꼴 ABCD에서 두 대각선이 이루는 각의 크기가 135°이고 넓이가 $25\sqrt{2}$일 때, $\overline{AC}$의 길이는?

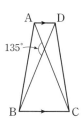

① $6\sqrt{2}$　　② 10
③ $9\sqrt{2}$　　④ $10\sqrt{2}$
⑤ 15

> Hint 등변사다리꼴의 대각선의 길이가 같다.

22 원의 성질

1. 원의 중심과 현

중요도 ★★★★★

개념 1 원의 중심과 현의 수직이등분선 핵심

① 원에서 현의 수직이등분선은 그 원의 중심을 지난다.

② 원의 중심에서 현에 내린 수선은 그 현을 수직이등분한다.

⇨ $\overline{AB}\perp\overline{OM}$이면 $\overline{AM}=\overline{BM}$

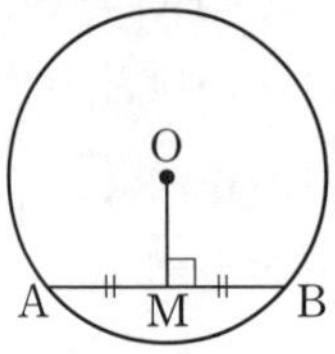

예 오른쪽 그림에서 x의 값을 구해 보자.

$x=\sqrt{3^2+4^2}=5$

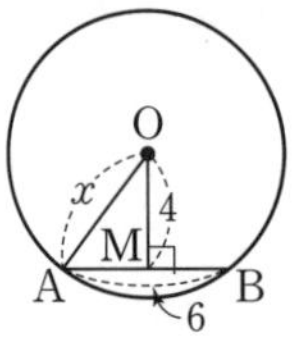

❖ 다음 그림에서 x의 값을 구하여라. (1~4)

1

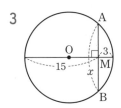

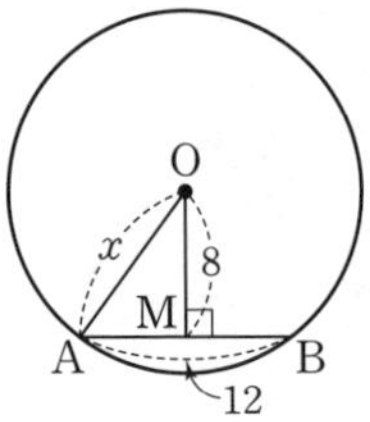

2

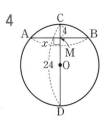

3

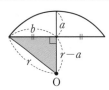

4

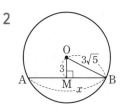

개념 2 원의 일부분이 주어질 때 반지름의 길이 구하기

원의 일부분이 주어진 경우에 반지름의 길이를 구할 때는 원의 중심을 찾아 반지름의 길이를 r로 놓고 피타고라스 정리를 이용한다.

$r^2=(r-a)^2+b^2$

예 오른쪽 그림에서 반지름의 길이를 구해 보자.

반지름의 길이를 r라 하고 오른쪽 그림과 같이 원의 중심을 찾아 연결하면

$r^2=(r-2)^2+4^2$

$4r=20$ $\quad\therefore r=5$

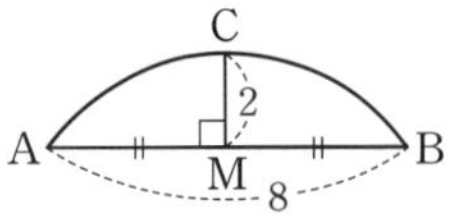

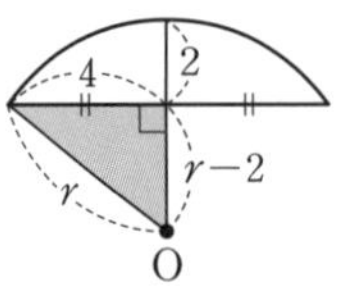

❖ 다음 그림에서 원의 반지름의 길이를 구하여라. (5~6)

5

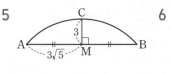

6

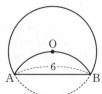

개념 3 원의 중심과 현의 길이

한 원에서

① 원의 중심으로부터 같은 거리에 있는 두 현의 길이는 같다.

⇨ $\overline{OM}=\overline{ON}$이면 $\overline{AB}=\overline{CD}$

② 길이가 같은 두 현은 원의 중심으로부터 같은 거리에 있다.

⇨ $\overline{AB}=\overline{CD}$이면 $\overline{OM}=\overline{ON}$

예 오른쪽 그림에서 x의 값을 구해 보자.

$\overline{AB}=\overline{CD}$이면

$\overline{OM}=\overline{ON}$이므로 $x=4$

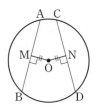

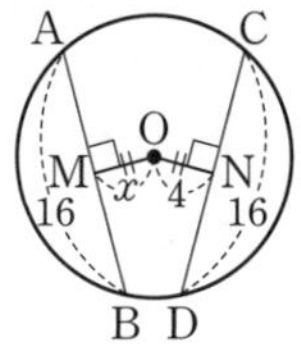

바빠 꿀팁

• 원에 내접하는 △ABC에서 $\overline{OM}=\overline{ON}$이면 $\overline{AB}=\overline{AC}$이므로 △ABC는 이등변삼각형이 돼.

❖ 다음 그림에서 ∠x의 크기를 구하여라. (7~8)

7

8

정답

* 정답과 해설 36쪽

1 10　2 12　3 $6\sqrt{5}$　4 $8\sqrt{5}$　5 9　6 $2\sqrt{3}$　7 71°　8 9

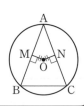

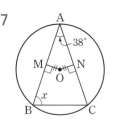

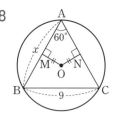

2. 원의 접선

중요도 ★★★★★

개념 4 원의 접선과 반지름 핵심

✔ 원의 접선과 반지름

원 O 밖의 한 점 P에서 원에 그은
접선의 접점을 A라고 하면

$$\overline{OP}^2=\overline{PA}^2+\overline{OA}^2$$

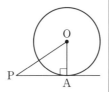

(예) 오른쪽 그림에서 $\overline{AP}$가 원 O의
접선일 때, x의 값을 구해 보자.

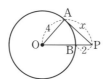

$\overline{OP}=4+2=6$이므로

$x=\sqrt{6^2-4^2}=2\sqrt{5}$

✔ 원의 접선의 길이

① **원의 접선의 길이** : 원 O
밖의 한 점 P에서 이 원에
그을 수 있는 접선은 **2개**
뿐이다.

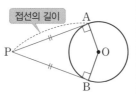

접선의 길이

이때 두 접점을 각각 A,
B라고 하면 $\overline{PA}$, $\overline{PB}$의 길이를 점 P에서 원 O에 그은
접선의 길이라고 한다.

② **원의 접선의 길이의 성질** : 원 밖의 한 점에서 그 원에
그은 두 접선의 길이는 같다.
➡ $\overline{PA}=\overline{PB}$, $\angle PAO=\angle PBO=90°$

✔ 원의 접선과 각의 크기

원 O 밖의 한 점 P에 대하여
$\overline{PA}$, $\overline{PB}$는 원 O의 접선이
고 두 점 A, B는 각각 접점
일 때,

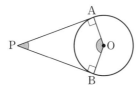

① □APBO의 내각의 크기의 합은 360°이므로

$$\angle APB+\angle AOB=180°$$

(예) 오른쪽 그림에서 $\overrightarrow{PA}$, $\overrightarrow{PB}$가 원
O의 접선일 때, x의 값을 구해
보자.

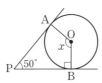

$\angle APB+\angle x=180°$이므로
$\angle x=180°-50°=130°$

② △PBA는 $\overline{PA}=\overline{PB}$인
이등변삼각형이므로

$$\angle PAB=\angle PBA$$

삼각형 OAB에서

$$\angle BAO=90°-\angle PAB$$

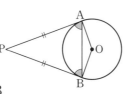

❖ 다음 그림에서 $\overrightarrow{AP}$가 원 O의 접선일 때, x의 값을 구하여
라. (1~2)

1

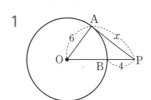

2

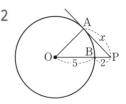

❖ 다음 그림에서 $\overrightarrow{PA}$, $\overrightarrow{PB}$가 원 O의 접선일 때, $\angle x$의 크기
를 구하여라. (3~4)

3

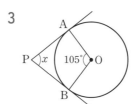

4

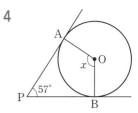

❖ 다음 그림에서 $\overrightarrow{PA}$, $\overrightarrow{PB}$가 원 O의 접선일 때, 색칠한 부
분의 넓이를 구하여라. (5~6)

5

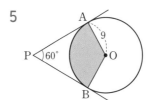

6

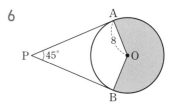

❖ 다음 그림에서 $\overrightarrow{PA}$, $\overrightarrow{PB}$가 원 O의 접선일 때, $\angle x$의 크기
를 구하여라. (7~8)

7

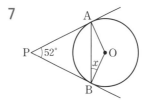

8

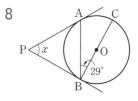

※ 정답과 해설 36쪽

개념 5 삼각형의 둘레의 길이 [핵심]

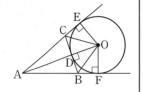

$\overline{CB}$, $\overline{AE}$, $\overline{AF}$가 원 O의 접선이고 그 접점을 각각 D, E, F라고 하면

① $\overline{AE}=\overline{AF}$, $\overline{BD}=\overline{BF}$, $\overline{CE}=\overline{CD}$

② (△ABC의 둘레의 길이)
$=\overline{AB}+\overline{BC}+\overline{CA}=\overline{AB}+(\overline{BD}+\overline{CD})+\overline{CA}$
$=(\overline{AB}+\overline{BF})+(\overline{CE}+\overline{CA})$
$=\overline{AF}+\overline{AE}=2\overline{AE}$

[예] 오른쪽 그림에서 $\overline{CB}$, $\overline{AE}$, $\overline{AF}$가 원 O의 접선일 때, $\overline{AE}$의 길이를 구해 보자.

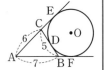

$\overline{AE}=\overline{AF}$, $\overline{BD}=\overline{BF}$, $\overline{CE}=\overline{CD}$
(△ABC의 둘레의 길이)$=2\overline{AE}=18$
∴ $\overline{AE}=9$

❖ 다음 그림에서 $\overline{CB}$, $\overline{AE}$, $\overline{AF}$가 원 O의 접선일 때, $\overline{AE}$의 길이를 구하여라. (1~2)

1
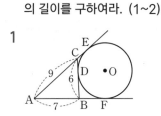

2
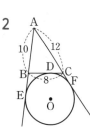

개념 6 반원에서의 접선의 길이

$\overline{AD}$, $\overline{BC}$, $\overline{CD}$가 반원 O의 접선일 때, 점 D에서 $\overline{BC}$에 내린 수선의 발을 H라고 하면

 →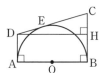

$\overline{DE}=\overline{AD}$, $\overline{EC}=\overline{BC}$
∴ $\overline{CD}=\overline{AD}+\overline{BC}$

직각삼각형 DHC에서
$\overline{DH}^2+\overline{CH}^2=\overline{CD}^2$

❖ 다음 그림에서 $\overline{DA}$, $\overline{DC}$, $\overline{BC}$가 반원 O의 접선일 때, $\overline{AB}$의 길이를 구하여라. (3~4)

3
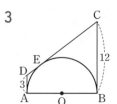

4
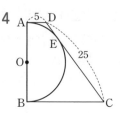

❖ 다음 그림에서 $\overline{DA}$, $\overline{DC}$, $\overline{BC}$가 반원 O의 접선일 때, 색칠한 부분의 넓이를 구하여라. (5~6)

5
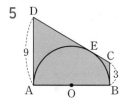

6
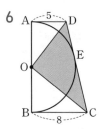

개념 7 중심이 같은 원에서의 접선의 활용

중심이 O로 일치하고 반지름의 길이가 다른 두 원에서 큰 원의 현 AB가 작은 원의 접선일 때,

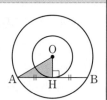

① $\overline{OH}\perp\overline{AB}$, $\overline{AH}=\overline{BH}$

② $\overline{OA}^2=\overline{OH}^2+\overline{AH}^2$

[예] 오른쪽 그림과 같이 두 원의 반지름의 길이가 각각 6, 8일 때, $\overline{AB}$의 길이를 구해 보자.

$\overline{AH}=\sqrt{8^2-6^2}=2\sqrt{7}$
∴ $\overline{AB}=2\overline{AH}=4\sqrt{7}$

❖ 다음과 같이 중심이 O인 두 원에서 $\overline{AB}$가 작은 원의 접선일 때, $\overline{AB}$의 길이를 구하여라. (7~8)

7
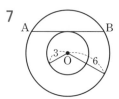

8
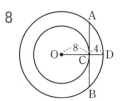

[정답]

1 11   2 15   3 12   4 20   5 $36\sqrt{3}$ 6 $13\sqrt{10}$ 7 $6\sqrt{3}$ 8 $8\sqrt{5}$

* 정답과 해설 36쪽

4. 삼각형의 내접원, 원에 외접하는 사각형

개념 8 삼각형의 내접원 핵심

삼각형 ABC의 내접원 O가 세 변 AB, BC, CA와 접하는 점을 각각 D, E, F라 하고 원 O의 반지름의 길이를 r라고 하면

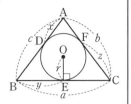

① $\overline{AD}=\overline{AF}$, $\overline{BD}=\overline{BE}$, $\overline{CE}=\overline{CF}$

② (△ABC의 둘레의 길이)$=a+b+c$
$=2(x+y+z)$

③ $\triangle ABC=\dfrac{1}{2}r(a+b+c)=r(x+y+z)$

❖ 다음 그림에서 원 O가 △ABC에 접할 때, $x+y+z$의 값을 구하여라. (1~2)

1

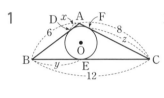

2

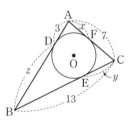

❖ 다음 그림에서 원 O가 △ABC에 접할 때, x의 값을 구하여라. (3~4)

3

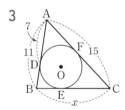

4

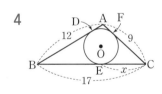

개념 9 직각삼각형의 내접원

원 O가 직각삼각형 ABC의 내접원이고 세 점 D, E, F가 접점일 때, □ODBE는 한 변의 길이가 r인 정사각형이다.

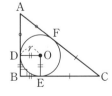

5 오른쪽 그림에서 원 O가 △ABC에 접할 때, 원 O의 반지름의 길이를 구하여라.

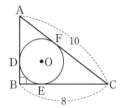

개념 10 원에 외접하는 사각형의 성질

✔ **원에 외접하는 사각형의 성질**

① 원에 외접하는 사각형에서 두 쌍의 대변의 길이의 합은 같다.
$\overline{AB}+\overline{CD}=\overline{AD}+\overline{BC}$

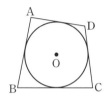

② 두 쌍의 대변의 길이의 합이 같은 사각형은 원에 외접한다.

✔ **원에 외접하는 사각형의 성질의 응용**

원 O가 직사각형 ABCD의 세 변과 $\overline{DE}$와 접하고 네 점 P, Q, R, S가 접점일 때,

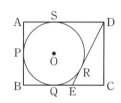

① □ABED가 원 O에 외접하므로
$\overline{AB}+\overline{DE}=\overline{AD}+\overline{BE}$

② $\overline{DS}=\overline{DR}$, $\overline{EQ}=\overline{ER}$이므로 $\overline{DE}=\overline{DS}+\overline{EQ}$

③ △DEC에서 $\overline{DE}^2=\overline{CE}^2+\overline{CD}^2$

6 오른쪽 그림에서 □ABCD가 원 O에 외접할 때, x의 값을 구하여라.

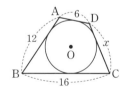

7 오른쪽 직사각형 ABCD에서 사다리꼴 EBCD가 원 O에 외접할 때, x의 값을 구하여라.

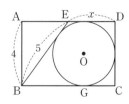

정답

1 13 2 16 3 12 4 7 5 2 6 10 7 3

＊정답과 해설 37쪽

개념 1 - 원의 중심과 현의 수직이등분선

1 오른쪽 그림과 같이 원 O에서 $\overline{AB} \perp \overline{OC}$이고 $\overline{MC}=6$, $\overline{BC}=6\sqrt{3}$일 때, x의 값을 구하여라.

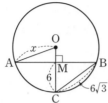

Hint $\overline{OM}=x-6$

개념 3 - 원의 중심과 현

2 오른쪽 그림과 같이 원 O에서 $\overline{AB} \perp \overline{OD}$, $\overline{BC} \perp \overline{OE}$, $\overline{CA} \perp \overline{OF}$이고 $\overline{OD}=\overline{OE}=\overline{OF}$이다. $\overline{AB}=12$ cm일 때, 원 O의 둘레의 길이는?

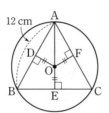

① 4π cm ② 6π cm
③ $4\sqrt{3}\pi$ cm ④ $6\sqrt{3}\pi$ cm
⑤ $8\sqrt{3}\pi$ cm

Hint $\overline{AB}=\overline{BC}=\overline{CA}$이므로 △ABC는 정삼각형이고 ∠DAO=30°

개념 4 - 원의 접선과 반지름

3 오른쪽 그림에서 $\overrightarrow{PA}$, $\overrightarrow{PB}$는 반지름의 길이가 5 cm인 원 O의 접선이고 두 점 A, B는 접점이다. $\overline{PA}=10$ cm일 때, $\overline{AB}$의 길이는?

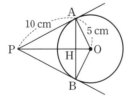

① 8 cm ② $5\sqrt{5}$ cm
③ $4\sqrt{5}$ cm ④ 10 cm
⑤ $10\sqrt{3}$ cm

Hint $\overline{PO}$의 길이를 구하고 △APO의 넓이를 이용한다.
$\overline{AP} \times \overline{AO} = \overline{PO} \times \overline{AH}$

개념 5 - 삼각형의 둘레의 길이

4 오른쪽 그림에서 $\overrightarrow{CB}$, $\overrightarrow{AE}$, $\overrightarrow{AF}$는 원 O의 접선이고 세 점 D, E, F는 각각 그 접점일 때, 다음 중 옳지 <u>않은</u> 것을 모두 고르면?

(정답 2개)

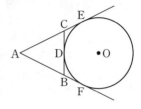

① $\overline{CD}=\overline{BD}$ ② $\overline{BD}=\overline{BF}$
③ $\overline{CD}=\overline{CE}$ ④ $\overline{AE}=\overline{AF}$
⑤ $\overline{AB}=\overline{AC}$

Hint 원 밖의 한 점에서 원에 그은 두 접선의 길이는 같다.

개념 8 - 삼각형의 내접원

5 오른쪽 그림에서 원 O는 ∠C=90°인 직각삼각형 ABC의 내접원이고 세 점 D, E, F는 접점이다. $\overline{AD}=6$ cm, $\overline{BD}=9$ cm일 때, 원 O의 넓이를 구하여라.

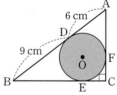

Hint 내접원의 반지름의 길이를 r라고 하면 $(9+r)^2+(6+r)^2=15^2$

개념 10 - 원에 외접하는 사각형

6 오른쪽 그림과 같이 원 O에 외접하는 □ABCD에서 ∠B=90°이고 $\overline{AD}=6$ cm, $\overline{AB}=8$ cm, $\overline{AC}=4\sqrt{13}$ cm일 때, $\overline{DC}$의 길이는?

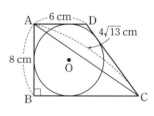

① 7 cm ② 8 cm ③ 9 cm
④ 10 cm ⑤ 12 cm

Hint $\overline{BC}=\sqrt{(4\sqrt{13})^2-8^2}$

23 원주각

1. 원주각의 크기

중요도 ★★★★☆

개념 1 원주각 핵심

✔ 원주각

원에서 $\overarc{AB}$ 위에 있지 않은 점 P에 대하여 ∠APB를 $\overarc{AB}$에 대한 원주각이라 하고 $\overarc{AB}$를 원주각 ∠APB에 대한 호라고 한다.

✔ 원주각과 중심각의 크기

원에서 한 호에 대한 원주각의 크기는 그 호에 대한 중심각의 크기의 $\frac{1}{2}$이다.

⇨ $\angle APB = \frac{1}{2}\angle AOB$

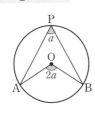

例 • 중심각의 크기가 180°보다 작은 경우
오른쪽 그림에서 ∠x의 크기를 구해 보자.
원주각의 크기는 그 호에 대한 중심각의 크기의 $\frac{1}{2}$이므로
$\angle x = \frac{1}{2} \times 130° = 65°$

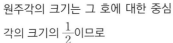

• 중심각의 크기가 180°보다 큰 경우
오른쪽 그림에서 ∠x의 크기를 구해 보자.
호 AB에 대한 원주각의 크기가 100°이므로 중심각의 크기는
$2 \times 100° = 200°$
∴ $\angle x = 360° - 200° = 160°$

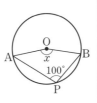

❖ 다음 그림에서 ∠x의 크기를 구하여라. (1~4)

1
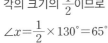

2
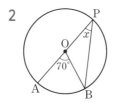

3
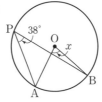

4
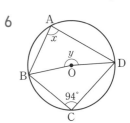

❖ 다음 그림에서 ∠x, ∠y의 크기를 각각 구하여라. (5~6)

5
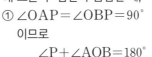

6
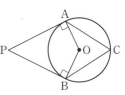

개념 2 원주각과 중심각의 크기의 응용

두 점 A, B가 점 P에서 원 O에 그은 두 접선의 접점일 때,
① ∠OAP=∠OBP=90° 이므로
∠P+∠AOB=180°

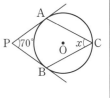

② $\angle ACB = \frac{1}{2}\angle AOB = \frac{1}{2} \times (180° - \angle P)$

例 오른쪽 그림에서 $\overrightarrow{PA}$, $\overrightarrow{PB}$가 원 O의 접선일 때, ∠x의 크기를 구해 보자.
$\overline{AO}$, $\overline{BO}$를 그으면 호 AB에 대한 중심각의 크기가
$180° - 70° = 110°$이므로
$\angle x = \frac{1}{2} \times 110° = 55°$

❖ 다음 그림에서 $\overrightarrow{PA}$, $\overrightarrow{PB}$가 원 O의 접선일 때, ∠x의 크기를 구하여라. (7~8)

7
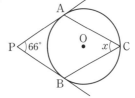

8
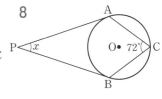

2. 원주각의 성질

개념 3 **원주각의 성질 1** 핵심

✅ **원주각의 성질**

① 원에서 한 호에 대한 원주각의 크기는 모두 같다.
⇨ $\angle APB = \angle AQB = \angle ARB$

② 원에서 호가 반원일 때, 그 호에 대한 원주각의 크기는 90°이다.
⇨ $\overline{AB}$가 원 O의 지름이면
$\angle APB = \angle AQB = \angle ARB = 90°$

✅ **원주각과 삼각비의 값**

△ABC가 원 O에 내접할 때, 원의 지름 BD를 그어 내접하는 직각삼각형 BCD를 그리면

$\angle BAC = \angle BDC$

$\sin A = \sin D = \dfrac{\overline{BC}}{\overline{BD}}$

$\cos A = \cos D = \dfrac{\overline{DC}}{\overline{BD}}, \tan A = \tan D = \dfrac{\overline{BC}}{\overline{DC}}$

예 오른쪽 그림에서 $\sin A$의 값을 구해 보자.
$\overline{BO}$의 연장선이 원 O와 만나는 점을 D라 하고 두 점 D와 C를 이으면 △DBC는 $\angle DCB = 90°$인 직각삼각형이 된다.

$\therefore \sin A = \sin D = \dfrac{\overline{BC}}{\overline{BD}} = \dfrac{4}{6} = \dfrac{2}{3}$

❖ 다음 그림에서 $\angle x$의 크기를 구하여라. (1~4)

1
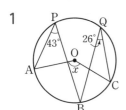

2
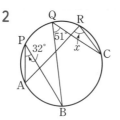

3
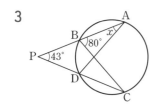

4
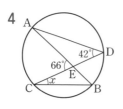

5 오른쪽 그림에서 $\angle x$의 크기를 구하여라.

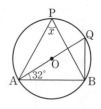

❖ 오른쪽 그림에서 다음을 구하여라. (6~7)

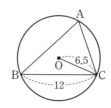

6 $\sin A$

7 $\cos A$

개념 4 **원주각의 성질 2** 핵심

✅ **원주각의 크기와 호의 길이 1**
한 원에서
① $\overset{\frown}{AB} = \overset{\frown}{CD}$이면
　$\angle APB = \angle CQD$

② $\angle APB = \angle CQD$이면
　$\overset{\frown}{AB} = \overset{\frown}{CD}$

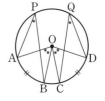

✅ **원주각의 크기와 호의 길이 2**
한 원에서 호의 길이는 그 호에 대한 원주각의 크기에 정비례한다.
⇨ $\overset{\frown}{AB} : \overset{\frown}{BC} = \angle x : \angle y$

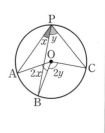

네가 길이를 2배가 되면 나도 자동으로 2배로 늘려서 훨씬 귀찮겠지? 나도 길이를 2배로 늘려서 훨씬 귀찮을 거야!

중심각

호

❖ 다음 그림에서 x의 값을 구하여라. (8~9)

8
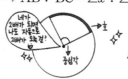

9
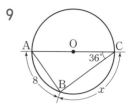

정답
* 정답과 해설 38쪽

1 138°　2 83°　3 37°　4 24°　5 58°　6 $\dfrac{12}{13}$　7 $\dfrac{5}{13}$　8 84　9 12

3. 원에 내접하는 다각형

 중요도 ★★★★☆

개념 5 원에 내접하는 다각형

✓ 원에 내접하는 사각형의 성질

원에 내접하는 사각형에서
① 한 쌍의 대각의 크기의 합은 180°이다.
⇨ $\angle A + \angle C = 180°$,
$\angle B + \angle D = 180°$

② 원에 내접하는 사각형에서
⇨ $\angle DCE = \angle A$

✓ 원에 내접하는 다각형

원에 내접하는 다각형이 있을 때,
보조선을 그어 사각형을 만든다.
원 O에 내접하는 오각형
ABCDE에서 $\overline{BD}$를 그으면
① $\angle ABD + \angle AED = 180°$

② $\angle COD = 2\angle CBD$

개념 6 사각형이 원에 내접하기 위한 조건

✓ 네 점이 한 원 위에 있을 조건

두 점 C, D가 직선 AB에 대하여 같은
쪽에 있을 때,
$\angle ACB = \angle ADB$
이면 네 점 A, B, C, D는 한 원 위에
있다.

✓ 사각형이 원에 내접하기 위한 조건

① 사각형에서 한 쌍의 대각의 크기의
합이 180°이면 이 사각형은 원에 내
접한다.
$\angle A + \angle C = 180°$ 또는
$\angle B + \angle D = 180°$
이면 □ABCD는 원에 내접한다.

합이 각각
180°

② 한 외각의 크기가 그 외각과 이웃
한 내각에 대한 대각의 크기와 같
으면 이 사각형은 원에 내접한다.

❖ 다음 그림에서 ∠x의 크기를 구하여라. (1~2)

1
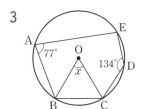

2
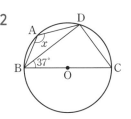

❖ 다음 그림에서 네 점 A, B, C, D가 한 원 위에 있을 때, ∠x의 크기를 구하여라. (5~6)

5
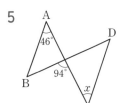

6
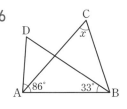

❖ 다음 그림에서 ∠x의 크기를 각각 구하여라. (3~4)

3
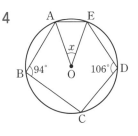

4

❖ 다음 그림에서 □ABCD가 원에 내접할 때, ∠x의 크기를 구하여라. (7~8)

7
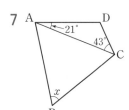

8
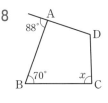

정답

1 108°   2 127°   3 62°   4 40°   5 48°   6 61°   7 64°   8 88°

4. 접선과 현이 이루는 각

중요도 ★★★★☆

개념 7 접선과 현이 이루는 각 **핵심**

원의 접선과 그 접점을 지나는 현이 이루는 각의 크기는 그 각의 내부에 있는 호에 대한 원주각의 크기와 같다.

$$\angle BAT = \angle BCA$$

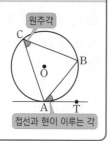

원주각 / 접선과 현이 이루는 각

❖ 다음 그림에서 직선 AT가 원 O의 접선일 때, $\angle x$, $\angle y$의 크기를 각각 구하여라. (1~4)

1
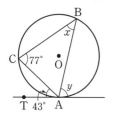

2
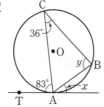

3
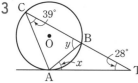

4
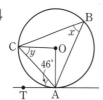

개념 8 접선과 현이 이루는 각의 응용

✅ **접선과 원의 중심을 지나는 현**

$\overrightarrow{PT}$가 원 O의 접선일 때, 두 점 A와 T를 이으면
① $\angle ATB = 90°$
② $\angle ATP = \angle ABT$

✅ **접선과 현이 이루는 각의 응용**

$\overrightarrow{PA}$, $\overrightarrow{PB}$가 원 O의 접선일 때,
① 삼각형 APB는 $\overline{PA} = \overline{PB}$인 이등변삼각형
② $\angle PAB = \angle PBA = \angle ACB$

❖ 다음 그림에서 $\angle x$의 크기를 구하여라. (5~6)

5 $\overrightarrow{PT}$는 원 O의 접선
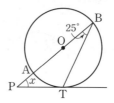

6 $\overrightarrow{PA}$, $\overrightarrow{PB}$는 원 O의 접선
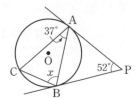

개념 9 두 원의 공통인 접선과 현이 이루는 각

다음 그림에서 $\overrightarrow{PQ}$가 두 원의 공통인 접선이고 점 T가 그 접점이다. 점 T를 지나는 두 직선이 원과 만나는 점을 A, B, C, D라고 할 때, $\overline{AB} /\!/ \overline{DC}$가 성립한다.

① $\angle BAT$
$= \angle BTQ = \angle DTP$
맞꼭지각의 크기는 같다.
$= \angle DCT$
엇각의 크기가 같으므로
$\overline{AB} /\!/ \overline{DC}$

② $\angle BAT = \angle BTQ = \angle CDT$
동위각의 크기가 같으므로
$\overline{AB} /\!/ \overline{DC}$

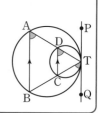

❖ 오른쪽 그림에서 직선 PQ가 두 원의 공통 접선일 때, $\angle x$의 크기를 구하여라. (7~8)

7
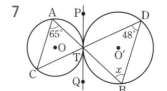

8

정답

* 정답과 해설 39쪽

1 $\angle x = 43°$, $\angle y = 77°$ 2 $\angle x = 36°$, $\angle y = 83°$ 3 $\angle x = 39°$, $\angle y = 67°$ 4 $\angle x = 46°$, $\angle y = 44°$ 5 $40°$ 6 $79°$ 7 $65°$ 8 $70°$

132

개념 완성 문제

＊정답과 해설 39쪽

개념 1 - 원주각과 중심각의 크기

1 오른쪽 그림에서 $\overline{AD}$는 원 O의 지름이고 ∠C=24°, ∠D=40° 일 때, ∠x의 크기는?

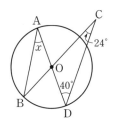

① 26°　　② 32°

③ 38°　　④ 40°

⑤ 44°

Hint △ODC에서 ∠BOD=∠OCD+∠ODC

개념 4 - 원주각의 성질

2 오른쪽 그림에서 $\overparen{BC}$의 길이는 6 cm이다. ∠ABP=48°, ∠BPC=80°일 때, $\overparen{AD}$의 길이는?

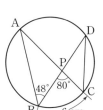

① 9 cm　　② 10 cm

③ 11 cm　　④ 12 cm

⑤ 13 cm

Hint 호 BC에 대한 원주각 ∠BAC의 크기를 구한다.
　　∠BAC=∠BPC−∠ABP

개념 5 - 원에 내접하는 사각형

3 오른쪽 그림과 같이 □ABCD가 원에 내접하고 ∠B=58°, ∠Q=24° 일 때, ∠x의 크기는?

① 35°　　② 37°

③ 40°　　④ 41°

⑤ 48°

Hint △PBC에서 외각의 성질을 이용하면 ∠PCQ=∠x+58°
　　원에 내접하는 사각형의 성질을 이용하면 ∠CDQ=58°

개념 6 - 사각형이 원에 내접하기 위한 조건

4 오른쪽 그림에서 ∠ADB=28°, ∠APD=114° 일 때, 네 점 A, B, C, D가 한 원 위에 있도록 하는 ∠x의 크기를 구하여라.

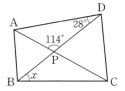

Hint ∠x=∠CAD이면 네 점 A, B, C, D가 한 원 위에 있다.

개념 7 - 접선과 현이 이루는 각

5 오른쪽 그림에서 직선 l이 원 O의 접선일 때, ∠x의 크기는?

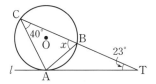

① 56°　　② 58°

③ 60°　　④ 62°

⑤ 63°

Hint ∠BAT=∠ACB=40°

개념 8 - 접선과 현이 이루는 각의 응용

6 오른쪽 그림에서 직선 TT′은 원 O의 접선이고 점 B는 그 접점이다. $\overline{AD}$는 원 O의 중심을 지나고 ∠BCD=130°일 때, ∠x의 크기를 구하여라.

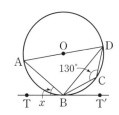

Hint ∠DAB=180°−∠DCB, ∠ABD=90°
　　∠x=∠ADB

☆ 중요

1 오른쪽 그림과 같은 직각
삼각형 ABC에서
$\overline{AB}=4\sqrt{2}$ cm,
$\tan C=\dfrac{\sqrt{2}}{3}$일 때, $\overline{BC}$
의 길이는?

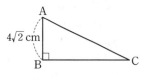

① $5\sqrt{2}$ cm   ② $4\sqrt{5}$ cm   ③ 12 cm

④ $9\sqrt{2}$ cm   ⑤ 15 cm

2 오른쪽 그림과 같은 직각삼
각형 ABC에서 $\overline{AB}=17$,
$\overline{AD}=10$, $\overline{DC}=6$일 때,
$\cos B$의 값은?

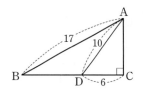

① $\dfrac{1}{3}$ ② $\dfrac{8}{15}$

③ $\dfrac{7}{9}$ ④ $\dfrac{15}{17}$ ⑤ $\dfrac{11}{12}$

3 $\angle B=90°$인 직각삼각형 ABC에서 $\sin C=\dfrac{2}{3}$일 때,
$6(\cos C+\tan A)$의 값은?

① $3\sqrt{5}$ ② $4\sqrt{3}$ ③ $5\sqrt{3}$

④ $5\sqrt{5}$ ⑤ $6\sqrt{5}$

☆ 중요

4 오른쪽 그림과 같은 직각
삼각형 ABC에서
$\angle ADE=\angle ACB$일 때,
$\cos B+\tan C$의 값을
구하여라.

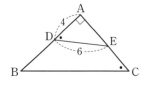

5 다음 중 옳지 <u>않은</u> 것은?

① $\tan 60°\times\cos 30°=\dfrac{3}{2}$

② $\sin 60°-\cos 30°=0$

③ $\cos 45°\times\sin 45°=\dfrac{1}{2}$

④ $\tan 30°\div\sin 30°=\dfrac{\sqrt{3}}{2}$

⑤ $\sin 90°\times\tan 45°=1$

6 오른쪽 그림에서
$\overline{AC}=1$일 때, $\tan 15°$
의 값은?

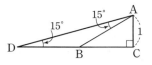

① $2-2\sqrt{3}$

② $2-\sqrt{3}$

③ $2+\sqrt{3}$

④ $3+\sqrt{3}$

⑤ $2+2\sqrt{3}$

☆ 중요

7 오른쪽 그림의 △ABC에서
$\overline{BC}=6$ cm, $\angle B=105°$,
$\angle C=30°$일 때, $\overline{AB}$의 길이
를 구하여라.

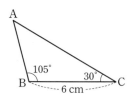

8 오른쪽 그림에서 □BDEC는 한
변의 길이가 4인 정사각형일 때,
△ABD의 넓이는?

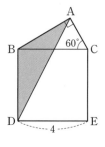

① 4   ② 5

③ 6   ④ 7

⑤ 8

9 오른쪽 그림의 원 O에서 $\overline{AB}$는 $\overline{OC}$의 수직이등분선이다. 원 O의 반지름의 길이가 8일 때, $\overline{AB}$의 길이는?

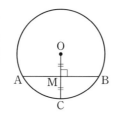

① $7\sqrt{2}$ ② 10
③ $6\sqrt{3}$ ④ 12
⑤ $8\sqrt{3}$

☆중요
10 오른쪽 그림에서 $\overrightarrow{CB}$, $\overrightarrow{AE}$, $\overrightarrow{AF}$는 원 O의 접선이고 세 점 D, E, F는 접점이다. $\overline{AB}=11$, $\overline{AF}=14$, $\overline{AC}=9$일 때, $\overline{CB}$의 길이를 구하여라.

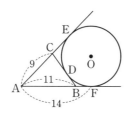

11 오른쪽 그림에서 원 O는 ∠C=90°인 직각삼각형 ABC의 내접원이고 세 점 D, E, F는 접점이다. $\overline{BE}=3$ cm, $\overline{EC}=2$ cm일 때, $\overline{AD}$의 길이는?

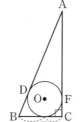

① 10 cm ② 11 cm
③ 12 cm ④ 13 cm
⑤ 14 cm

12 오른쪽 그림에서 $\overline{AD} /\!/ \overline{BE}$, $\widehat{AB}=\widehat{BC}$, ∠ADC=52°일 때, ∠DCE의 크기는?

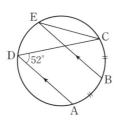

① 20° ② 22°
③ 24° ④ 26°
⑤ 30°

☆중요
13 오른쪽 그림에서 $\overline{BD}$는 원 O의 지름이고 ∠BAC=32°일 때, ∠x+∠y의 크기를 구하여라.

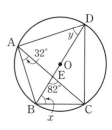

☆중요
14 오른쪽 그림과 같이 두 현 AD, BC의 연장선의 교점을 P라고 하자. $\widehat{AB}:\widehat{DC}=3:1$, ∠DBC=21°일 때, ∠$x$의 크기는?

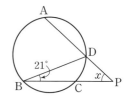

① 35° ② 38°
③ 42° ④ 44°
⑤ 46°

15 오른쪽 그림과 같이 □ABCD가 원 O에 내접하고 ∠CAD=27°, ∠OBC=31°일 때, ∠x의 크기를 구하여라.

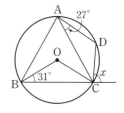

16 오른쪽 그림에서 $\overrightarrow{PT}$는 원 O의 접선이고 점 A는 접점이다. $\overline{CP}=\overline{CA}$, ∠CPA=36°일 때, ∠$x$의 크기는?

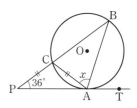

① 67° ② 72°
③ 74° ④ 80°
⑤ 83°

삼각비의 표

각도	사인(sin)	코사인(cos)	탄젠트(tan)	각도	사인(sin)	코사인(cos)	탄젠트(tan)
0°	0.0000	1.0000	0.0000	45°	0.7071	0.7071	1.0000
1°	0.0175	0.9998	0.0175	46°	0.7193	0.6947	1.0355
2°	0.0349	0.9994	0.0349	47°	0.7314	0.6820	1.0724
3°	0.0523	0.9986	0.0524	48°	0.7431	0.6691	1.1106
4°	0.0698	0.9976	0.0699	49°	0.7547	0.6561	1.1504
5°	0.0872	0.9962	0.0875	50°	0.7660	0.6428	1.1918
6°	0.1045	0.9945	0.1051	51°	0.7771	0.6293	1.2349
7°	0.1219	0.9925	0.1228	52°	0.7880	0.6157	1.2799
8°	0.1392	0.9903	0.1405	53°	0.7986	0.6018	1.3270
9°	0.1564	0.9877	0.1584	54°	0.8090	0.5878	1.3764
10°	0.1736	0.9848	0.1763	55°	0.8192	0.5736	1.4281
11°	0.1908	0.9816	0.1944	56°	0.8290	0.5592	1.4826
12°	0.2079	0.9781	0.2126	57°	0.8387	0.5446	1.5399
13°	0.2250	0.9744	0.2309	58°	0.8480	0.5299	1.6003
14°	0.2419	0.9703	0.2493	59°	0.8572	0.5150	1.6643
15°	0.2588	0.9659	0.2679	60°	0.8660	0.5000	1.7321
16°	0.2756	0.9613	0.2867	61°	0.8746	0.4848	1.8040
17°	0.2924	0.9563	0.3057	62°	0.8829	0.4695	1.8807
18°	0.3090	0.9511	0.3249	63°	0.8910	0.4540	1.9626
19°	0.3256	0.9455	0.3443	64°	0.8988	0.4384	2.0503
20°	0.3420	0.9397	0.3640	65°	0.9063	0.4226	2.1445
21°	0.3584	0.9336	0.3839	66°	0.9135	0.4067	2.2460
22°	0.3746	0.9272	0.4040	67°	0.9205	0.3907	2.3559
23°	0.3907	0.9205	0.4245	68°	0.9272	0.3746	2.4751
24°	0.4067	0.9135	0.4452	69°	0.9336	0.3584	2.6051
25°	0.4226	0.9063	0.4663	70°	0.9397	0.3420	2.7475
26°	0.4384	0.8988	0.4877	71°	0.9455	0.3256	2.9042
27°	0.4540	0.8910	0.5095	72°	0.9511	0.3090	3.0777
28°	0.4695	0.8829	0.5317	73°	0.9563	0.2924	3.2709
29°	0.4848	0.8746	0.5543	74°	0.9613	0.2756	3.4874
30°	0.5000	0.8660	0.5774	75°	0.9659	0.2588	3.7321
31°	0.5150	0.8572	0.6009	76°	0.9703	0.2419	4.0108
32°	0.5299	0.8480	0.6249	77°	0.9744	0.2250	4.3315
33°	0.5446	0.8387	0.6494	78°	0.9781	0.2079	4.7046
34°	0.5592	0.8290	0.6745	79°	0.9816	0.1908	5.1446
35°	0.5736	0.8192	0.7002	80°	0.9848	0.1736	5.6713
36°	0.5878	0.8090	0.7265	81°	0.9877	0.1564	6.3138
37°	0.6018	0.7986	0.7536	82°	0.9903	0.1392	7.1154
38°	0.6157	0.7880	0.7813	83°	0.9925	0.1219	8.1443
39°	0.6293	0.7771	0.8098	84°	0.9945	0.1045	9.5144
40°	0.6428	0.7660	0.8391	85°	0.9962	0.0872	11.4301
41°	0.6561	0.7547	0.8693	86°	0.9976	0.0698	14.3007
42°	0.6691	0.7431	0.9004	87°	0.9986	0.0523	19.0811
43°	0.6820	0.7314	0.9325	88°	0.9994	0.0349	28.6363
44°	0.6947	0.7193	0.9657	89°	0.9998	0.0175	57.2900
45°	0.7071	0.7071	1.0000	90°	1.0000	0.0000	—

중학수학 기초 완성 프로젝트!

허세 없는 기본 문제집,《바빠 중학수학》

중학 연산 분야 1위

· 전국의 명강사들이 무릎 치며 추천한 책!
· 쉬운 문제부터 풀면 수포자가 되지 않습니다.

2학년 1학기 과정 | 바빠 중학연산

1권 〈수와 식의 계산, 부등식 영역〉
2권 〈연립방정식, 함수 영역〉

2학년 2학기 과정 | 바빠 중학도형

〈도형의 성질, 도형의 닮음,
피타고라스 정리, 확률〉

바쁘니까
'바빠 중학
수학'이다!

대치동
명강사의
꿀팁도 있어!

3학년 1학기 과정 | 바빠 중학연산

1권 〈제곱근과 실수, 다항식의 곱셈, 인수분해 영역〉
2권 〈이차방정식, 이차함수 영역〉

3학년 2학기 과정 | 바빠 중학도형

〈삼각비, 원의 성질, 통계〉
특별 부록 중학 3개년 연산, 도형 공식

※ '바쁜 중1을 위한 빠른 중학연산', '바쁜 중1을 위한 빠른 중학도형'도 있습니다.

2학기, 제일 먼저 풀어야 할 문제집!

'바쁜 중3을 위한 빠른 중학도형'

2학기 수학 기초 완성!

기초부터 시험 대비까지! 바빠로 끝낸다!

2학기 기본 문제를 한 권으로!

3학년 2학기 과정 | 삼각비, 원의 성질, 통계

중학교 2학기 첫 수학은 '바빠 중학도형' 이다!

★ 2학기, 제일 먼저 풀어야 할 문제집!

도형뿐만 아니라 확률과 통계까지 기본 문제를 한 권에 모아, 기초가 탄탄해져요.

★ 대치동 명강사의 노하우가 쏙쏙 '바빠 꿀팁'

책에는 없던, 말로만 듣던 꿀팁을 그대로 담아 더욱 쉽게 이해돼요.

★ '앗! 실수' 코너로 실수 문제 잡기!

중학생 70%가 틀린 문제를 짚어 주어, 실수를 확~ 줄여 줘요.

★ 내신 대비 '거저먹는 시험 문제' 수록

이 문제들만 풀어도 2학기 학교 시험은 문제없어요.

★ 선생님들도 박수 치며 좋아하는 책!

자습용이나 학원 선생님들이 숙제로 내주기 딱 좋은 책이에요.

저자의 개념 강의도 있어요!

바빠

임미연 지음

고등수학으로 ∞ 연결되는
중학도형 총정리

정답과 해설

수능까지 활용되는 중학도형을
**대치동 명강사가
한 번에 싹 정리!**

한 권에 완성!
중학 3개년
필수 개념
콕!

1학년 도형

01 기본 도형

1. 점, 선, 면 | 12쪽

1 ㄱ, ㄷ, ㅂ   2 ㄴ, ㄹ, ㅁ   3 4   4 4
5 6   6 점 E   7 점 G   8 $\overline{BF}$

4 교점의 개수는 꼭짓점의 개수와 같으므로 4이다.

5 교선의 개수는 모서리의 개수와 같으므로 6이다.

8 면 AEFB와 면 BFGC가 만나는 모서리이므로 $\overline{BF}$이다.

2. 직선, 반직선, 선분 | 13쪽

1 =   2 ≠   3 =   4 ≠
5 =   6 3   7 6   8 3
9 1   10 4   11 3

1 직선은 한없이 뻗을 수 있으므로 $\overleftrightarrow{AB}=\overleftrightarrow{BC}$이다.

2 선분은 양 끝 점이 모두 같아야 같은 선분이므로 $\overline{AB}\neq\overline{BC}$이다.

3 반직선은 시작점과 뻗는 방향이 모두 같아야 하므로 $\overrightarrow{AB}=\overrightarrow{AD}$이다.

4 $\overrightarrow{BA}$와 $\overrightarrow{BC}$는 시작점은 같지만 뻗어 나가는 방향이 다르므로 $\overrightarrow{BA}\neq\overrightarrow{BC}$이다.

5 직선은 한없이 뻗을 수 있으므로 $\overleftrightarrow{BC}=\overleftrightarrow{CD}$이다.

6 직선은 $\overleftrightarrow{AB}(=\overleftrightarrow{BA})$, $\overleftrightarrow{BC}(=\overleftrightarrow{CB})$, $\overleftrightarrow{CA}(=\overleftrightarrow{AC})$이므로 3개이다.

7 반직선은 $\overrightarrow{AB}$, $\overrightarrow{AC}$, $\overrightarrow{BA}$, $\overrightarrow{BC}$, $\overrightarrow{CA}$, $\overrightarrow{CB}$이므로 6개이다.

8 선분은 $\overline{AB}(=\overline{BA})$, $\overline{AC}(=\overline{CA})$, $\overline{BC}(=\overline{CB})$이므로 3개이다.

9 세 점이 모두 한 직선 위에 있으므로 직선은 1개이다.

10 반직선은 $\overrightarrow{AB}(=\overrightarrow{AC})$, $\overrightarrow{CA}(=\overrightarrow{CB})$, $\overrightarrow{BA}$, $\overrightarrow{BC}$이므로 4개이다.

11 선분은 $\overline{AB}(=\overline{BA})$, $\overline{AC}(=\overline{CA})$, $\overline{BC}(=\overline{CB})$이므로 3개이다.

3. 두 점 사이의 거리 | 14쪽

1 7 cm   2 1 cm   3 12 cm   4 18 cm
5 6 cm   6 10 cm   7 6 cm

1 두 점 A, B 사이의 거리는 두 점 A, B를 잇는 선 중에서 가장 짧은 선인 선분 AB의 길이이므로 7 cm이다.

2 $\overline{NB}=\dfrac{1}{2}\overline{MB}=\dfrac{1}{2}\times\dfrac{1}{2}\overline{AB}=\dfrac{1}{4}\times4=1(cm)$

3 $\overline{AB}=2\overline{MB}=2\times2\overline{NB}=4\times3=12(cm)$

4 $\overline{AM}=\overline{MB}$, $\overline{BN}=\overline{NC}$이므로 $\overline{AC}=2\overline{MN}=2\times9=18(cm)$

5 $\overline{AM}=\overline{MB}$, $\overline{BN}=\overline{NC}$이므로 $\overline{MN}=\dfrac{1}{2}\overline{AC}=6(cm)$

6 $\overline{AB}=\overline{BC}=\overline{CD}=\dfrac{1}{2}\overline{BD}=\dfrac{1}{2}\times10=5(cm)$
$\therefore \overline{AC}=\overline{AB}+\overline{BC}=5+5=10(cm)$

7 $\overline{AB}=\overline{BC}=\overline{CD}=\dfrac{1}{2}\overline{AC}=\dfrac{1}{2}\times8=4(cm)$
$\overline{BM}=\overline{MC}=\dfrac{1}{2}\overline{BC}=\dfrac{1}{2}\times4=2(cm)$
$\therefore \overline{MD}=\overline{MC}+\overline{CD}=2+4=6(cm)$

개념 완성 문제 | 15쪽

1 ③   2 ④   3 ①, ③   4 0
5 20 cm   6 ⑤

1 $a=5$, $b=8$, $c=5$ $\therefore a+b-c=5+8-5=8$

2 ① 한 점을 지나는 직선은 무수히 많다.
② 반직선의 길이와 직선의 길이는 구할 수 없다.
③ 서로 다른 두 점을 지나는 직선은 오직 1개뿐이다.
⑤ 서로 다른 세 점이 한 직선 위에 있으면 만들 수 있는 직선은 1개뿐이다.

3 ① $\overrightarrow{BA}$와 $\overrightarrow{BC}$는 시작점이 같지만 뻗어 나가는 방향이 다르므로 같지 않다.
③ 선분은 시작점과 끝 점이 모두 같아야 같은 선분이므로 $\overline{AB}\neq\overline{AC}$이다.

4 직선은 $\overleftrightarrow{AB}$, $\overleftrightarrow{BC}$, $\overleftrightarrow{CD}$, $\overleftrightarrow{DA}$, $\overleftrightarrow{AC}$, $\overleftrightarrow{BD}$로 6개이므로 $a=6$
반직선은 $\overrightarrow{AB}$, $\overrightarrow{AC}$, $\overrightarrow{AD}$, $\overrightarrow{BA}$, $\overrightarrow{BC}$, $\overrightarrow{BD}$, $\overrightarrow{CA}$, $\overrightarrow{CB}$, $\overrightarrow{CD}$, $\overrightarrow{DA}$, $\overrightarrow{DB}$, $\overrightarrow{DC}$로 12개이므로 $b=12$
$\therefore 2a-b=12-12=0$

5 $\overline{AM}=\overline{MB}=6$ cm이므로
$\overline{AB}=2\overline{AM}=2\times6=12$ cm
$\overline{BN}=16-12=4(cm)$, $\overline{NC}=\overline{BN}=4$ cm
$\therefore \overline{AC}=\overline{AN}+\overline{NC}=16+4=20(cm)$

6 $\overline{AB}=\overline{BC}=\overline{CD}=\dfrac{1}{3}\overline{AD}=\dfrac{1}{3}\times24=8(cm)$
$\overline{MB}=\overline{CN}=\dfrac{1}{2}\overline{AB}=\dfrac{1}{2}\times8=4(cm)$
$\therefore \overline{MN}=\overline{MB}+\overline{BC}+\overline{CN}=4+8+4=16(cm)$

02 각

1. 각의 크기 | 16쪽

1 예각   2 둔각   3 직각   4 둔각
5 예각   6 평각   7 18   8 15
9 28   10 16   11 60°   12 135°

1 42°는 0°<42°<90°이므로 예각이다.

2 143°는 90°<143°<180°이므로 둔각이다.

1

4 117°는 90°<117°<180°이므로 둔각이다.

5 27°는 0°<27°<90°이므로 예각이다.

7 $3x+36=90$, $3x=54$ ∴ $x=18$

8 $4x+2x=90$, $6x=90$ ∴ $x=15$

9 $4x-50+90+x=180$, $5x=140$
   ∴ $x=28$

10 $3x+72+5x-20=180$, $8x=128$
    ∴ $x=16$

11 $3○+3×=180°$, $○+×=180°÷3=60°$
    ∴ ∠BOD$=○+×=60°$

12 $4○+4×=180°$, $○+×=180°÷4=45°$
    ∴ ∠BOD$=3○+3×=3×45°=135°$

2. 맞꼭지각   17쪽

1 ∠DOE   2 ∠AOF   3 60   4 20

5 32   6 11   7 80   8 33

9 12쌍

---

3 맞꼭지각의 크기는 같으므로
   $x-20=40$ ∴ $x=60$

4 맞꼭지각의 크기는 같으므로
   $4x-12=68$, $4x=80$ ∴ $x=20$

5 $3x-52+x+50+2x-10=180$
   $6x=192$ ∴ $x=32$

6 $4x-32+5x+23+90=180$
   $9x=99$ ∴ $x=11$

7 $x-40+90=130$ ∴ $x=80$

8 $5x-45=90+30$, $5x=165$ ∴ $x=33$

9 오른쪽 그림과 같이 직선에 번호를 쓰고 두 직
   선끼리 짝을 지으면
   직선 ①과 ②, 직선 ①과 ③
   직선 ①과 ④, 직선 ②와 ③
   직선 ②와 ④, 직선 ③과 ④
   가 된다. 짝을 지은 직선에서 각각 2쌍의 맞꼭지각이 생기므로 총 12
   쌍이 된다.

3. 수직과 수선   18쪽

1 ⊥   2 점 O   3 $\overline{AO}$ 4 점 C

5 $\overline{PC}$ 6 $\overline{PC}$ 7 $\overline{DC}$ 8 점 D

9 10 cm   10 8 cm   11 12 cm   12 9 cm

---

11 점 A와 $\overline{BC}$ 사이의 거리는 점 D에서 $\overline{BC}$의 연장선까지의 거리와 같
    으므로 12 cm이다.

12 점 A와 $\overline{CD}$ 사이의 거리는 점 C에서 $\overline{AB}$까지의 거리와 같으므로
    9 cm이다.

개념 완성 문제   19쪽

1 ①   2 ③   3 ②   4 $x=58$, $y=82$

5 ③   6 ③, ⑤

---

1 예각은 크기가 0°보다 크고 90°보다 작은 각이므로 보기에서 예각은
   32°, 89°, 77°, 63°로 4개이다.

2 ∠$x=90°-25°=65°$
   ∠$y=90°-$∠$x=90°-65°=25°$
   ∴ ∠$x-$∠$y=65°-25°=40°$

3 ∠$y=\dfrac{4}{3+4+5}×180°=60°$

4 $2x+18=44+90$, $2x=116$ ∴ $x=58$
   $y-36+44=90$ ∴ $y=82$

5 ㄹ. 점 B와 $\overline{CD}$ 사이의 거리는 $\overline{BO}$이다.
   ㅁ. 점 C에서 $\overline{AB}$에 내린 수선의 발은 점 O이다.

6 ③ 점 C와 $\overline{AB}$ 사이의 거리는 4 cm이다.
   ⑤ 점 A와 $\overline{BD}$ 사이의 거리는 3 cm이다.

---

03 점, 직선, 평면의 위치 관계

1. 평면에서 위치 관계   20쪽

1 점 A, 점 B   2 점 A, 점 D, 점 E   3 점 B

4 $\overline{AB}$, $\overline{DC}$ 5 $\overline{AD}$, $\overline{BC}$ 6 //, ⊥

7 ○   8 ×   9 ○   10 ×

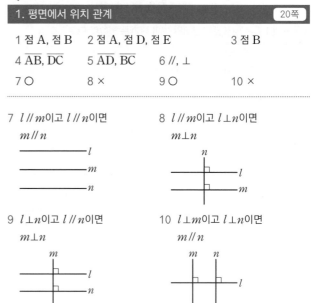

7 l // m이고 l // n이면
   m // n

8 l // m이고 $l⊥n$이면
   $m⊥n$

9 $l⊥n$이고 l // m이면
   $m⊥n$

10 $l⊥m$이고 $l⊥n$이면
    m // n

2. 공간에서 두 직선의 위치 관계   21쪽

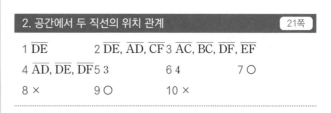

1 $\overline{DE}$ 2 $\overline{DE}$, $\overline{AD}$, $\overline{CF}$ 3 $\overline{AC}$, $\overline{BC}$, $\overline{DF}$, $\overline{EF}$

4 $\overline{AD}$, $\overline{DE}$, $\overline{DF}$ 5 3   6 4   7 ○

8 ×   9 ○   10 ×

---

4 모서리 BC와 만나지도 않고 평행하지도 않은 모서리는 $\overline{AD}$, $\overline{DE}$,
   $\overline{DF}$이다.

5 모서리 AE와 평행한 모서리는 $\overline{BF}$, $\overline{CG}$, $\overline{DH}$이므로 3개이다.

6 모서리 CD와 만나지도 않고 평행하지도 않은 모서리는 $\overline{AE}$, $\overline{BF}$, $\overline{EH}$, $\overline{FG}$이므로 4개이다.

8 한 직선 위에 있는 세 점은 무수히 많은 평면을 결정한다.

10 꼬인 위치에 있는 두 직선은 평면을 결정하지 않는다.

---

3. 공간에서 직선과 평면의 위치 관계 22쪽

1 면 ABCD, 면 AHGD　　2 $\overline{AB}$, $\overline{BC}$, $\overline{CD}$, $\overline{DA}$

3 4　　　　4 4　　　　5 면 ABCDE, 면 FGHIJ

6 면 AFJE, 면 FGHIJ　　7 $\overline{FG}$, $\overline{GH}$, $\overline{HI}$, $\overline{IJ}$, $\overline{JF}$

8 5　　　　9 3　　　　10 3 cm　　　11 8 cm

12 4 cm

---

3 $\overline{BE}$, $\overline{CF}$, $\overline{DG}$, $\overline{AH}$이므로 4개이다.

4 $\overline{BC}$, $\overline{BE}$, $\overline{EF}$, $\overline{CF}$이므로 4개이다.

8 $\overline{AF}$, $\overline{BG}$, $\overline{CH}$, $\overline{DI}$, $\overline{EJ}$이므로 5개이다.

9 면 ABGF, 면 BGHC, 면 CHID이므로 3개이다.

---

4. 두 평면의 위치 관계 23쪽

1 면 AEHD　　2 4　　　3 3쌍　　　4 면 AGLF

5 6　　　6 4쌍　　　7 ×　　　8 ○

9 ○　　　10 ×　　　11 면 ABCD, 면 EFGH

---

2 면 ABCD, 면 BFGC, 면 EFGH, 면 AEHD이므로 4개이다.

3 면 ABCD와 면 EFGH, 면 ABFE와 면 DCGH, 면 BFGC와 면 AEHD이므로 3쌍이다.

5 면 AGLF, 면 ABHG, 면 BHIC, 면 CIJD, 면 DJKE, 면 EKLF이므로 6개이다.

6 면 ABCDEF와 면 GHIJKL, 면 ABHG와 면 DJKE, 면 BHIC와 면 FLKE, 면 CIJD와 면 AGLF이므로 4쌍이다.

7 오른쪽 그림과 같이 평면 P에 수직인 두 평면 Q, R가 평행하거나 한 직선에서 만날 수 있다.
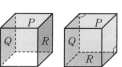

8 오른쪽 그림과 같이 직선 l에 수직인 두 평면 P, Q는 서로 평행하다.

9 오른쪽 그림과 같이 평면 P에 수직인 두 직선 l, m은 서로 평행하다.

---

1 ④　　　2 ④　　　3 ②　　　4 4

5 ⑤　　　6 ①, ⑤

---

1 오른쪽 그림과 같이 $l /\!/ m$, $m \perp n$이면 두 직선 l과 n은 수직이다.

2 ④ $\overline{EH}$는 $\overline{DH}$와 점 H에서 만난다.

3 ② 공간에서 꼬인 위치에 있는 두 직선은 평행하지도 않고 만나지도 않으므로 한 평면을 결정할 수 없다.

4 모서리 AB와 수직인 모서리는 $\overline{AC}$, $\overline{AD}$, $\overline{BE}$이므로 3개, 수직인 면은 면 ADFC이므로 1개이다.
따라서 $a = 3$, $b = 1$이므로
$a + b = 3 + 1 = 4$

5 ① 오른쪽 그림과 같이 평면 P에 수직인 두 평면 Q, R는 평행하거나 한 직선에서 만날 수 있다.

② 오른쪽 그림과 같이 직선 l과 평면 P가 만나지 않으면 평행하다.

③ 오른쪽 그림과 같이 한 직선 l에 수직인 서로 다른 두 직선 m, n은 꼬인 위치에 있을 수 있다.

④ 오른쪽 그림과 같이 한 평면 P에 평행한 서로 다른 두 직선 l, m은 수직일 수 있다.

⑤ 오른쪽 그림과 같이 한 평면 P에 수직인 서로 다른 두 직선 l, m은 평행하다.

6 ① 공간에서 두 평면은 꼬인 위치에 있지 않다.
② 면 CGHD와 수직인 면은 면 ABCD와 면 EFGH이므로 2개이다.
③ 모서리 GH와 꼬인 위치에 있는 모서리는 $\overline{AB}$, $\overline{BC}$, $\overline{AD}$, $\overline{AE}$, $\overline{BF}$이므로 5개이다.
④ 모서리 EF에 평행한 모서리는 $\overline{AB}$로 1개이다.
⑤ 모서리 AE와 꼬인 위치에 있는 모서리는 $\overline{BC}$, $\overline{CD}$, $\overline{FG}$, $\overline{GH}$이므로 4개이다.

04 평행선

1. 동위각과 엇각

25쪽

1 $\angle b$ 2 $\angle d$ 3 $\angle c$ 4 $\angle h$

5 $63°$ 6 $57°$ 7 $\angle x=52°$, $\angle y=75°$

8 $\angle x=58°$, $\angle y=44°$ 9 직선 m과 직선 n

10 직선 l과 직선 m

---

5 평행선에서 동위각의 크기는 같으므로 $\angle x=63°$

6 평행선에서 엇각의 크기는 같으므로 $\angle x=57°$

7 평행선에서 동위각과 엇각의 크기는 같으므로
$\angle x=52°$, $\angle y=75°$

8 평행선에서 동위각과 엇각의 크기는 같으므로
$\angle x=58°$, $\angle y=44°$

9 오른쪽 그림과 같이 엇각의 크기가 같으면 두 직선은 평행하므로 $m /\!/ n$

10 오른쪽 그림과 같이 동위각의 크기가 같으면 두 직선은 평행하므로 $l /\!/ m$

2. 평행선에 보조선을 그어 각의 크기 구하기

26쪽

1 $25°$ 2 $50°$ 3 $86°$ 4 $80°$

5 $23°$ 6 $66°$ 7 $84°$ 8 $96°$

9 $139°$ 10 $128°$

---

1 평행선에서 엇각의 크기가 같으므로
$\angle CBD=96°$
$\therefore \angle ABC=180°-96°=84°$
삼각형의 세 내각의 크기의 합이 $180°$이므로
삼각형 ABC에서
$\angle x=180°-(71°+84°)=25°$

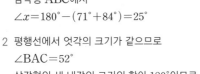

2 평행선에서 엇각의 크기가 같으므로
$\angle BAC=52°$
삼각형의 세 내각의 크기의 합이 $180°$이므로
삼각형 ABC에서
$\angle x=180°-(78°+52°)=50°$

3 오른쪽 그림과 같이 꺾인 꼭짓점을 지나면서 주어진 평행선과 평행한 직선을 긋는다.
평행선에서 엇각의 크기가 같음을 이용하면
$\angle x=32°+54°=86°$

4 오른쪽 그림과 같이 꺾인 꼭짓점을 지나면서 주어진 평행선과 평행한 직선을 긋는다.
평행선에서 엇각의 크기가 같음을 이용하면
$\angle x=43°+37°=80°$

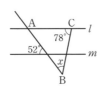

5 오른쪽 그림과 같이 꺾인 꼭짓점을 지나면서 주어진 평행선과 평행한 직선을 긋는다.
평행선에서 엇각의 크기가 같음을 이용하면
$\angle x+39°=62°$
$\therefore \angle x=23°$

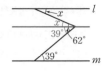

6 오른쪽 그림과 같이 꺾인 꼭짓점을 지나면서 주어진 평행선과 평행한 직선을 긋는다.
평행선에서 엇각의 크기가 같음을 이용하면
$34°+\angle x=100°$
$\therefore \angle x=66°$

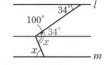

7 오른쪽 그림과 같이 꺾인 꼭짓점을 지나면서 주어진 평행선과 평행한 직선을 2개 긋는다.
평행선에서 엇각의 크기가 같음을 이용하면
$\angle x=84°$

8 오른쪽 그림과 같이 꺾인 꼭짓점을 지나면서 주어진 평행선과 평행한 직선을 2개 긋는다.
평행선에서 엇각의 크기가 같음을 이용하면
$\angle x=46°+50°=96°$

9 오른쪽 그림과 같이 꺾인 꼭짓점을 지나면서 주어진 평행선과 평행한 직선을 2개 긋는다.
평행선에서 엇각의 크기가 같음을 이용하면
$\angle x=110°+29°=139°$

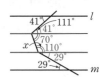

10 오른쪽 그림과 같이 꺾인 꼭짓점을 지나면서 주어진 평행선과 평행한 직선을 2개 긋는다.
평행선에서 엇각의 크기가 같음을 이용하면
$\angle x=36°+92°=128°$

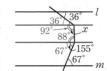

3. 평행선에서의 활용

27쪽

1 $180°$ 2 $180°$ 3 $67°$ 4 $59°$

5 $63°$ 6 $52°$ 7 $74°$

---

1 오른쪽 그림과 같이 두 직선이 만나는 점에서 주어진 평행선에 평행한 직선을 긋는다. 평행선에서 동위각의 크기가 같음을 이용하면
$\angle a+\angle b+\angle c=180°$

2 오른쪽 그림과 같이 두 직선이 만나는 점에서 주어진 평행선에 평행한 직선을 2개 긋는다. 평행선에서 동위각의 크기가 같음을 이용하면
$\angle a+\angle b+\angle c+\angle d+\angle e=180°$

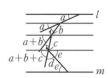

3 $28°+19°+\angle x+66°=180°$
$\therefore \angle x=180°-113°=67°$

4 접은 각의 크기와 원래 각의 크기는 같고 평행선에서 엇각의 크기가 같음을 이용한다.
삼각형의 세 내각의 크기의 합은 $180°$이므로
$2\angle x+62°=180°$, $2\angle x=118°$

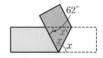

4

$$\therefore \angle x = 59°$$

5 삼각형의 세 내각의 크기의 합은 180°이므로
$2\angle x + 54° = 180°,\ 2\angle x = 126°$
$$\therefore \angle x = 63°$$

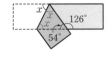

6 오른쪽 그림과 같이 꺾인 꼭짓점을 지나면
서 주어진 직사각형의 가로에 평행한 직선
을 그으면
$\angle x + 38° = 90°$ $\therefore \angle x = 52°$

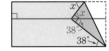

7 오른쪽 그림과 같이 접은 각의 크기와 원래
각의 크기는 같고 평행선에서 엇각의 크기
가 같음을 이용한다.
$2\angle x + 32° + 2\angle y = 180°$
$2\angle x + 2\angle y = 148°$
$$\therefore \angle x + \angle y = 74°$$

개념 완성 문제 ✄ 　　　　　　　28쪽

1 ④	2 ③	3 $l /\!/ m, p /\!/ r$	4 ①
5 15	6 ②		

1 ④ $\angle p$의 엇각은 $\angle g, \angle d$이다.

2 $l /\!/ m$에서 동위각의 크기가 같으므로
$\angle x = 81°$
$k /\!/ n$에서 동위각의 크기가 같으므로
$\angle y = 50°$
$$\therefore \angle x + \angle y = 81° + 50° = 131°$$

3 오른쪽 그림에서 동위각의 크기가 같으므로
$l /\!/ m, p /\!/ r$

4 오른쪽 그림과 같이 평행선에서 엇각의 크
기가 같음을 이용한다.
삼각형의 세 내각의 크기의 합은 180°이므로
$\angle x + 28° + 132° = 180°$
$$\therefore \angle x = 180° - 160° = 20°$$

5 오른쪽 그림과 같이 삼각형의 꼭짓점을 지
나면서 평행선과 평행한 직선을 그어서 엇
각의 크기가 같음을 이용한다.
정삼각형의 한 내각의 크기는 60°이므로
$3x + x = 60$ $\therefore x = 15$

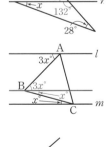

6 오른쪽 그림과 같이 꺾인 꼭짓점을 지
나면서 주어진 평행선과 평행한 직선을
2개 긋는다.
평행선에서 엇각의 크기가 같음을 이용
하면
$2x - 30 = 20 + 78,\ 2x = 128$
$$\therefore x = 64$$

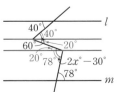

---

05 작도

1. 간단한 도형의 작도 　　　　　　29쪽

1 ○	2 ○	3 ×	4 ○
5 ×	6 ⓒ → ㉠ → ㉣ → ㉑ → ㉢		

3 주어진 선분의 길이를 잴 때는 컴퍼스를 사용한다.

5 두 선분의 길이를 비교할 때는 컴퍼스를 사용한다.

2. 삼각형의 작도 　　　　　　30쪽

1 ×	2 ○	3 ○	4 ×
5 ∠B, $\overline{AB}$, C		6 $\overline{BC}$, ∠B, ∠C, A	

1 $3 + 5 = 8$이므로 3 cm, 5 cm, 8 cm로는 삼각형을 만들 수 없다.

4 $3 + 4 < 9$이므로 3 cm, 4 cm, 9 cm로는 삼각형을 만들 수 없다.

3. 삼각형이 하나로 정해지는 경우 　　　　　　31쪽

1 ○	2 ×	3 ○	4 ×
5 ×	6 ○	7 ○	8 ×
9 ㄱ, ㄷ	10 ㄹ		

1 세 변 AB, BC, CA의 길이가 주어지고 $\overline{AB} + \overline{BC} > \overline{CA}$이므로
△ABC가 하나로 정해진다.

2 두 변 BC, CA의 길이와 그 끼인각 $\angle C$의 크기가 아닌 $\angle B$의 크기가
주어졌으므로 △ABC가 하나로 정해지지 않는다.

3 한 변 AC의 길이와 그 양 끝 각 $\angle A$, $\angle C$의 크기가 주어졌으므로
△ABC가 하나로 정해진다.

4 삼각형의 세 내각의 크기가 주어지면 모양은 같고 크기가 다른 삼각형
이 무수히 많이 그려진다.

5 세 변 AB, BC, CA의 길이가 주어졌지만 $\overline{AB} + \overline{BC} < \overline{CA}$이므로
△ABC가 정해지지 않는다.

6 $\angle B = 57°$, $\angle A = 72°$이므로 $\angle C = 180° - (57° + 72°) = 51°$
따라서 한 변 BC의 길이와 그 양 끝 각 $\angle B$, $\angle C$의 크기가 주어진 것
이므로 △ABC가 하나로 정해진다.

7 두 변 AC, BC의 길이와 그 끼인각 $\angle C$의 크기가 주어졌으므로
△ABC가 하나로 정해진다.

8 세 변 AB, BC, CA의 길이가 주어졌지만 $\overline{AB} + \overline{CA} = \overline{BC}$이므로
△ABC가 정해지지 않는다.

9 $\overline{AB}$와 $\overline{BC}$의 길이가 주어졌으므로 끼인각인 $\angle B$의 크기가 주어지거
나 다른 한 변인 $\overline{CA}$의 길이가 주어지면 △ABC가 하나로 정해진다.

10 $\overline{BC}$의 길이와 $\angle B$의 크기가 주어졌으므로 $\angle C$ 또는 $\angle A$의 크기가
주어지거나 $\angle B$가 끼인각이 되도록 다른 한 변인 AB의 길이가 주
어지면 △ABC가 하나로 정해진다.

1 ②, ④	2 ③	3 ④	4 ⑤
5 ③	6 ②, ④		

1 ① 주어진 각과 크기가 같은 각을 작도할 때는 눈금 없는 자와 컴퍼스를 사용한다.
  ③ 두 선분의 길이를 비교할 때는 컴퍼스를 사용한다.
  ⑤ 선분의 길이를 다른 직선으로 옮길 때는 컴퍼스를 사용한다.

2 ① 두 점 A, B는 원 O를 중심으로 하는 한 원 위에 있으므로 $\overline{OA}=\overline{OB}$
  ② 점 C는 점 P를 중심으로 하고 반지름의 길이가 $\overline{AB}$인 원 위에 있으므로 $\overline{AB}=\overline{CD}$
  ④ 두 점 C, D는 점 P를 중심으로 하고 반지름의 길이가 $\overline{OA}$인 원 위에 있으므로 $\overline{OA}=\overline{PC}=\overline{PD}$
  ⑤ ∠XOY와 크기가 같은 각인 ∠CPD를 작도한 것이므로 $∠XOY=∠AOB=∠CPD$

3 ⑩ 점 P를 지나는 직선을 그어 직선 l과의 교점을 A라고 한다.
  ⓑ 점 A를 중심으로 하는 적당한 원을 그려 $\overleftrightarrow{AP}$, 직선 l과의 교점을 B, C라고 한다.
  ⓔ 점 P를 중심으로 하고 반지름의 길이가 $\overline{AB}$인 원을 그려 $\overleftrightarrow{AP}$와의 교점을 Q라고 한다.
  ⓒ 컴퍼스로 $\overline{BC}$의 길이를 잰다.
  ㉠ 점 Q를 중심으로 하고 반지름의 길이가 $\overline{BC}$인 원을 그려 원과의 교점을 R라고 한다.
  ⓛ $\overleftrightarrow{PR}$를 그으면 직선 l과 평행한 직선 PR가 작도된다.

4 선분을 먼저 작도하고 양 끝 각을 작도하거나 선분을 두 각 작도 사이에 작도해야 한다. 따라서 두 각을 먼저 작도해서는 안 된다.

5 ㄱ. 두 변의 길이와 그 끼인각의 크기가 주어지는 것이므로 △ABC가 하나로 정해진다.
  ㄹ. ∠A, ∠C의 크기가 주어졌으므로 ∠B의 크기도 구할 수 있다. 따라서 한 변의 길이와 그 양 끝 각의 크기가 주어지는 것이므로 △ABC가 하나로 정해진다.

6 ② 삼각형의 세 내각의 크기가 주어지면 모양은 같지만 크기가 다른 삼각형이 무수히 많이 그려진다.
  ③ ∠B=65°, ∠A=35°이면 $∠C=180°-(65°+35°)=80°$
    따라서 한 변 BC의 길이와 그 양 끝각 ∠B, ∠C의 크기가 주어진 것이므로 △ABC가 하나로 정해진다.
  ④ 세 변 AB, BC, CA의 길이가 주어졌지만 $\overline{AB}+\overline{BC}=\overline{CA}$이므로 △ABC가 정해지지 않는다.

06 삼각형의 합동

1. 도형의 합동   33쪽

1 ○	2 ○	3 ×	4 ×
5 ○	6 ×	7 $x=42, y=6$	
8 85°	9 80°	10 12 cm	11 6 cm

1 넓이가 같은 두 원은 반지름의 길이가 같으므로 합동이다.

3 어떤 직사각형의 가로의 길이가 6 cm, 세로의 길이가 1 cm이면 넓이가 6 cm^2이다.
또 직사각형의 가로의 길이가 3 cm, 세로의 길이가 2 cm이면 넓이가 6 cm^2이다. 이와 같이 두 직사각형의 넓이가 같아도 항상 합동인 것은 아니다.

4 둘레의 길이가 같아도 삼각형의 세 변의 길이가 다를 수 있으므로 합동이 아니다.

5 넓이가 같은 두 정사각형은 한 변의 길이가 같아지므로 항상 합동이다.

6 삼각형의 밑변의 길이가 8 cm, 높이가 6 cm이면
$(넓이)=\dfrac{1}{2}×8×6=24(\text{cm}^2)$
또 삼각형의 밑변의 길이가 12 cm, 높이가 4 cm이면
$(넓이)=\dfrac{1}{2}×12×4=24(\text{cm}^2)$
이와 같이 두 삼각형의 넓이가 같아도 항상 합동인 것은 아니다.

7 합동인 삼각형의 대응각의 크기가 같으므로 $x=42$
또, 대응변의 길이도 같으므로 $y=6$

8 합동인 두 사각형의 대응각의 크기가 같으므로 $∠C=∠G=85°$

9 $∠F=∠B=80°$

10 합동인 두 사각형의 대응변의 길이가 같으므로 $\overline{FG}=\overline{BC}=12 \text{ cm}$

11 $\overline{AB}=\overline{EF}=6 \text{ cm}$

2. 삼각형의 합동   34쪽

1 ㅂ, ㄹ, ㅁ	2 $\overline{CD}, \overline{BC}, \overline{AC}$, SSS
3 $\overline{CO}, \overline{DO}$, ∠COD, SAS	4 $\overline{DC}$, ∠CDO, ∠ABO, ASA

1 ㄱ과 ㅂ은 두 변의 길이가 같고 그 끼인각의 크기가 같으므로 SAS 합동이다.
ㄹ에서 주어지지 않은 한 각의 크기는 $180°-(65°+35°)=80°$
따라서 ㄴ과 ㄹ은 한 변의 길이가 같고 양 끝 각의 크기가 같으므로 ASA 합동이다.
ㄷ과 ㅁ은 세 변의 길이가 같으므로 SSS 합동이다.

3. 정삼각형의 성질을 이용한 삼각형의 합동   35쪽

1 ㄱ, ㄷ	2 $\overline{CB}$, ∠DCB, SAS
3 △ABD, △CAE	4 SAS 5 60°
6 △EBA와 △DCA	

1 ㄱ. $\overline{AB}=\overline{DE}$일 때, ∠A=∠D, ∠B=∠E이면 $△ABC≡△DEF$(ASA 합동)
  ㄷ. $\overline{AB}=\overline{DE}$일 때, $\overline{BC}=\overline{EF}$, ∠B=∠E이면 $△ABC≡△DEF$(SAS 합동)

3 △ABD와 △CAE에서 △ABC가 정삼각형이므로

$\overline{AB}=\overline{CA}$, ∠A=∠C=60°, $\overline{AD}=\overline{CE}$

∴ $\boxed{\text{△ABD}}$≡$\boxed{\text{△CAE}}$

4 두 변의 길이가 같고 그 끼인각의 크기가 같으므로 $\boxed{\text{SAS}}$ 합동이다.

5 △ADF와 △BED와 △CFE에서

$\overline{AB}=\overline{BC}=\overline{CA}$이고 $\overline{DB}=\overline{EC}=\overline{FA}$이므로 $\overline{AD}=\overline{BE}=\overline{CF}$

∠A=∠B=∠C=60°

∴ △ADF≡△BED≡△CFE(SAS 합동)

∴ $\overline{DF}=\overline{ED}=\overline{FE}$

따라서 △DEF는 정삼각형이므로 ∠x=60°

6 △EBA와 △DCA에서

△ABC, △EDA가 정삼각형이므로 $\overline{AB}=\overline{AC}$, $\overline{EA}=\overline{DA}$,

∠EAD=∠CAB에서

∠EAB=∠EAD+∠DAB=∠CAB+∠DAB=∠DAC

∴ △EBA≡△DCA(SAS 합동)

---

4. 정사각형의 성질을 이용한 삼각형의 합동　36쪽

1 $\overline{DC}$, $\overline{EC}$, SAS　　2 $\overline{CB}$, $\overline{EB}$, 45°, SAS, 61°

3 90°, ∠CBF, 90°　　4 △BCG, △DCE　5 SAS

6 36°　　　　7 22°

---

4 △BCG와 △DCE에서

사각형 ABCD는 정사각형이므로 $\overline{BC}=\overline{DC}$

사각형 GCEF도 정사각형이므로 $\overline{GC}=\overline{EC}$

∠BCG=∠DCE=90°

∴ $\boxed{\text{△BCG}}$≡$\boxed{\text{△DCE}}$

5 두 변의 길이가 같고 그 끼인각의 크기가 같으므로 $\boxed{\text{SAS}}$ 합동이다.

6 △ABP와 △CBQ에서

$\overline{AP}=\overline{CQ}$

사각형 ABCD는 정사각형이므로 $\overline{AB}=\overline{CB}$

∠A=∠C=90°

∴ △ABP≡△CBQ(SAS 합동)

따라서 $\overline{BP}=\overline{BQ}$이므로 △BQP는 이등변삼각형이 된다.

∴ ∠BQP=∠BPQ=72°

∴ ∠x=180°−(72°+72°)=36°

7 △EBC와 △EDC에서

사각형 ABCD는 정사각형이므로 $\overline{BC}=\overline{DC}$

$\overline{EC}$는 공통, ∠BCE=∠DCE=45°

따라서 △EBC≡△EDC(SAS 합동)이므로

∠BEC=∠DEC=67°

△EBC에서 ∠EBC=180°−(67°+45°)=68°

∴ ∠x=90°−∠EBC=90°−68°=22°

개념 완성 문제　37쪽

1 ②, ③　　　　2 △PAM≡△PBM(SAS 합동)

3 ②, ⑤　　4 ①　　5 ④　　6 ③

---

1 주어진 삼각형의 나머지 한 각의 크기는

180°−(42°+78°)=60°

② 한 변의 길이가 6 cm이고 양 끝 각의 크기가 78°, 60°이므로 주어진 삼각형과 ASA 합동이다.

③ 나머지 한 각의 크기는 180°−(60°+42°)=78°

두 변의 길이가 6 cm, 9 cm이고 그 끼인각의 크기가 78°이므로 주어진 삼각형과 SAS 합동이다.

2 △PAM과 △PBM에서

$\overline{AM}=\overline{BM}$, $\overline{PM}$은 공통, ∠PMA=∠PMB=90°

∴ △PAM≡△PBM(SAS 합동)

3 △ABC와 △EFD에서

$\overline{AB}$∥$\overline{FE}$이므로 ∠ABC=∠EFD

$\overline{AC}$∥$\overline{DE}$이므로 ∠ACB=∠EDF

$\overline{DB}=\overline{CF}$이므로 $\overline{DF}=\overline{CB}$

∴ △ABC≡△EFD(ASA 합동)

② ∠ABC=∠EFD

⑤ △ABC≡△EFD(ASA 합동)

4 △ABC와 △DEF에서 $\overline{AB}=\overline{DE}$, ∠B=∠E일 때 SAS 합동이 되기 위해서는 ∠B와 ∠E가 끼인각이 되어야 한다.

따라서 $\overline{BC}=\overline{EF}$가 필요하다.

5 △ACE와 △DCB에서

$\overline{AC}=\overline{DC}$, $\overline{CE}=\overline{CB}$

∠ACD=∠BCE=60°이므로

∠DCE=60°

따라서 ∠ACE=60°+∠DCE=∠DCB=120°이므로

△ACE≡△DCB(SAS 합동)

6 △BCG와 △DCE에서

사각형 ABCD는 정사각형이므로 $\overline{BC}=\overline{DC}$

사각형 GCEF도 정사각형이므로

$\overline{GC}=\overline{EC}$

∠BCG=∠DCE=90°이므로

△BCG≡△DCE(SAS 합동)

∴ $\overline{BG}=\overline{DE}=10$ cm

---

07 다각형

1. 다각형과 정다각형　38쪽

1 ○　　2 ×　　3 ×　　4 ×

5 118°　6 102°　7 30°　8 135°

9 ○　　10 ×　　11 ×　　12 ○

---

2 세 개 이상의 선분으로 둘러싸인 평면도형이 다각형이므로 곡선인 원은 다각형이 아니다.

3 평행선은 도형이 아니므로 다각형이 아니다.

4 오각기둥은 입체도형이므로 다각형이 아니다.

5 ∠A의 내각의 크기는 180°−62°=118°

6 ∠C의 외각의 크기는 $180°-78°=102°$

7 $x+3x+60=180$, $4x=120$
  ∴ $x=30$ ∴ ∠A$=30°$

8 ∠C$=180°-(30°+105°)=45°$
  ∠C의 외각의 크기는 $180°-45°=135°$

10 네 변의 길이가 모두 같고 네 각의 크기가 모두 같은 사각형이 정사
   각형이다.

11 여섯 개의 변의 길이와 여섯 개의 내각의 크기가 모두 같은 육각형이
   정육각형이다.

12 '다섯 개의 변의 길이가 같으면 정오각형이다.'는 각의 조건이 없으
   므로 틀린 표현이지만 '정오각형은 다섯 개의 변의 길이가 같다.'는
   옳은 표현이다.

2. 다각형의 대각선의 개수 39쪽

1 1	2 2	3 5	4 7
5 오각형	6 칠각형	7 십각형	8 십삼각형
9 5	10 14	11 27	12 54
13 사각형	14 오각형	15 육각형	16 십각형

1 $4-3=1$

2 $5-3=2$

3 $8-3=5$

4 $10-3=7$

5 n각형의 한 꼭짓점에서 그을 수 있는 대각선의 개수가 2이므로
  $n-3=2$ ∴ $n=5$
  따라서 오각형이다.

6 n각형의 한 꼭짓점에서 그을 수 있는 대각선의 개수가 4이므로
  $n-3=4$ ∴ $n=7$
  따라서 칠각형이다.

9 $\dfrac{5\times(5-3)}{2}=5$

10 $\dfrac{7\times(7-3)}{2}=14$

11 $\dfrac{9\times(9-3)}{2}=27$

12 $\dfrac{12\times(12-3)}{2}=54$

13 다각형을 n각형이라고 하면 $\dfrac{n(n-3)}{2}=2$, $n(n-3)=4$
   ∴ $n=4$
   따라서 사각형이다.

14 다각형을 n각형이라고 하면 $\dfrac{n(n-3)}{2}=5$, $n(n-3)=10$
   ∴ $n=5$
   따라서 오각형이다.

15 다각형을 n각형이라고 하면 $\dfrac{n(n-3)}{2}=9$, $n(n-3)=18$
   ∴ $n=6$
   따라서 육각형이다.

16 다각형을 n각형이라고 하면 $\dfrac{n(n-3)}{2}=35$, $n(n-3)=70$
   ∴ $n=10$
   따라서 십각형이다.

3. 삼각형의 내각과 외각 40쪽

1 118	2 37	3 77	4 25
5 146°	6 36°	7 34°	8 58°
9 140°			

1 삼각형의 세 내각의 크기의 합은 180°이므로
  $x+27+35=180$ ∴ $x=118$

2 삼각형의 세 내각의 크기의 합은 180°이므로
  $x+25+2x-20+2x-10=180$
  $5x-5=180$ ∴ $x=37$

3 삼각형에서 한 외각의 크기는 그와 이웃하지 않는 두 내각의 크기의
  합과 같으므로
  $x+43=120$ ∴ $x=77$

4 삼각형에서 한 외각의 크기는 그와 이웃하지 않는 두 내각의 크기의
  합과 같으므로
  $2x+30+2x-15=3x+40$, $4x+15=3x+40$ ∴ $x=25$

5 오른쪽 그림과 같이 두 점 B와 C를 이으면
  △ABC에서
  $76°+44°+26°+∠DBC+∠DCB=180°$
  ∴ ∠DBC$+$∠DCB
  $=180°-146°=34°$
  △DBC에서 ∠$x=180°-($∠DBC$+$∠DCB$)=146°$

6 오른쪽 그림과 같이 두 점 B와 C를 이으면
  △DBC에서
  ∠DBC$+$∠DCB$=180°-121°=59°$
  △ABC에서
  $57°+28°+$∠DBC$+$∠DCB$+∠x=180°$
  ∴ ∠$x=180°-144°=36°$

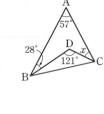

7 △ABC에서 ∠A$+2•=2\times$
  ∠A$=2\times-2•$
  $68°=2\times-2•$ … ㉠
  ㉠의 양변을 2로 나누면 $34°=\times-•$
  △DBC에서 외각의 성질을 이용하면
  ∠$x=\times-•=34°$

8 △DBC에서 ∠D$+•=\times$
  $29°=\times-•$ … ㉠
  ㉠의 양변에 2를 곱하면 $58°=2\times-2•$
  △ABC에서 외각의 성질을 이용하면
  ∠$x=2\times-2•=58°$

9 ∠$a+∠b+∠c+∠d+40°=180°$
  ∴ ∠$a+∠b+∠c+∠d=140°$

1 $1080°$	2 $1440°$	3 $80°$	4 $100°$
5 $131°$	6 $115°$	7 $143°$	8 $70°$
9 $108°$	10 $140°$	11 정팔각형	12 정십각형

1 $180° \times (8-2) = 1080°$

2 $180° \times (10-2) = 1440°$

3 사각형의 내각의 크기의 합은 $180° \times (4-2) = 360°$이므로
$82° + 122° + 76° + \angle x = 360°$
$280° + \angle x = 360°$
$\therefore \angle x = 80°$

4 오각형의 내각의 크기의 합은 $180° \times (5-2) = 540°$이므로
$115° + 123° + 93° + 109° + \angle x = 540°$
$440° + \angle x = 540°$
$\therefore \angle x = 100°$

5 오른쪽 그림과 같이 보조선을 그으면 사각형의
내각의 크기의 합은 $360°$이므로
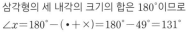
$• + × $
$= 360° - (95° + 40° + 46° + 130°)$
$= 49°$
삼각형의 세 내각의 크기의 합은 $180°$이므로
$\angle x = 180° - (• + ×) = 180° - 49° = 131°$

6 오른쪽 그림과 같이 보조선을 그으면 삼각형
의 세 내각의 크기의 합은 $180°$이므로
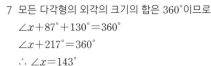
$• + × = 180° - 121° = 59°$
오각형의 내각의 크기의 합은
$180° \times (5-2) = 540°$이므로
$\angle x = 540° - (83° + 98° + 59° + 50° + 135°) = 115°$

7 모든 다각형의 외각의 크기의 합은 $360°$이므로
$\angle x + 87° + 130° = 360°$
$\angle x + 217° = 360°$
$\therefore \angle x = 143°$

8 모든 다각형의 외각의 크기의 합은 $360°$이므로
$\angle x + 53° + 97° + 72° + 68° = 360°$
$\angle x + 290° = 360°$
$\therefore \angle x = 70°$

9 정오각형의 내각의 크기의 합은 $180° \times (5-2) = 540°$이므로
정오각형의 한 내각의 크기는 $\dfrac{540°}{5} = 108°$

10 정구각형의 내각의 크기의 합은 $180° \times (9-2) = 1260°$이므로
정구각형의 한 내각의 크기는 $\dfrac{1260°}{9} = 140°$

11 정n각형의 한 외각의 크기가 $45°$이므로
$\dfrac{360°}{n} = 45°$ $\therefore n = \dfrac{360°}{45°} = 8$
따라서 정팔각형이다.

12 정n각형의 한 외각의 크기가 $36°$이므로
$\dfrac{360°}{n} = 36°$ $\therefore n = \dfrac{360°}{36°} = 10$
따라서 정십각형이다.

1 ②, ④	2 ③	3 ④	4 ②
5 $540°$	6 ①, ⑤		

1 ① 모든 변의 길이가 같고 모든 각의 크기가 같은 다각형이 정다각형
이다.
③ 선분만으로 둘러싸인 평면도형은 정다각형이 아니고 다각형이다.
⑤ 정사각형을 제외한 정다각형의 한 내각의 크기와 한 외각의 크기는
같지 않다.

2 n각형의 한 꼭짓점에서 그을 수 있는 대각선의 개수가 8이므로
$n - 3 = 8$ $\therefore n = 11$
따라서 십일각형의 대각선의 개수는 $\dfrac{11 \times (11-3)}{2} = 44$

3 삼각형에서 한 외각의 크기는 그와 이웃하지 않는 두 내각의 크기의
합과 같으므로
$76° + 52° = \angle x + 58°$ $\therefore \angle x = 70°$

4 오른쪽 그림의 $\triangle ABC$에서
$\angle ABE = 43° + \angle x$
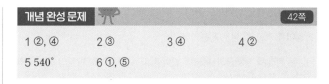
$\triangle DEB$에서
$32° + \angle x + 43° = 112°$
$75° + \angle x = 112°$
$\therefore \angle x = 37°$

5 오른쪽 그림과 같이 보조선을 그으면
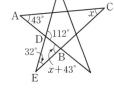

$• + × = \angle e + \angle d$
오각형의 내각의 크기의 합은
$180° \times (5-2) = 540°$이므로
$\angle a + \angle b + \angle c + \angle d + \angle e + \angle f + \angle g$
$= 540°$

6 ① 모든 다각형의 외각의 크기의 합이 $360°$이므로 정육각형이라고 할
수 없다.
② 정팔각형의 한 내각의 크기는 $\dfrac{180° \times (8-2)}{8} = 135°$
③ 정n각형의 한 외각의 크기가 $40°$이면
$\dfrac{360°}{n} = 40°$ $\therefore n = \dfrac{360°}{40°} = 9$
따라서 정구각형이다.
④ 육각형의 내각의 크기의 합은 $180° \times (6-2) = 720°$
⑤ 정n각형의 한 내각의 크기가 $108°$이면
$\dfrac{180° \times (n-2)}{n} = 108°$, $180° \times (n-2) = 108° \times n$
$180° \times n - 360° = 108° \times n$, $72° \times n = 360°$
$\therefore n = 5$
따라서 정오각형이다.

08 원과 부채꼴

1 $\angle AOB$	2 $\overparen{BC}$	3 $\overline{AC}$	4 $\overline{AB}$
5 $\angle DOC$	6 ×	7 ○	8 ○
9 ×	10 ○	11 ×	12 ○

6 부채꼴은 호와 반지름으로 이루어진 도형이다.

9 길이가 가장 긴 현은 지름이다.

11 한 원에서 부채꼴과 활꼴이 같아질 때는 반원이고 반원의 중심각의 크기는 180°이다.

---

2. 부채꼴의 중심각의 크기와 넓이 44쪽

1 40	2 25	3 20	4 30
5 15 cm	6 ○	7 ×	8 ○
9 ○	10 ×		

---

1 $x:120=3:9,\ x:120=1:3$
$3x=120$ $\therefore x=40$

2 $(x+20):3x=6:10,\ (x+20):3x=3:5$
$9x=5x+100,\ 4x=100$ $\therefore x=25$

3 $30:150=4:x,\ 1:5=4:x$
$\therefore x=20$

4 $4x:(x+30)=14:7,\ 4x:(x+30)=2:1$
$4x=2x+60,\ 2x=60$ $\therefore x=30$

5 오른쪽 그림에서 $\overline{AB}\,/\!/\,\overline{CD}$이므로
$\angle OCD=\angle AOC=40°$(엇각)
$\triangle OCD$는 이등변삼각형이므로
$\angle ODC=\angle OCD=40°$
$\angle COD=180°-(40°+40°)=100°$
$\overset{\frown}{AC}:\overset{\frown}{CD}=40:100$이므로
$6:\overset{\frown}{CD}=2:5$ $\therefore \overset{\frown}{CD}=15\text{ cm}$

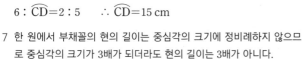

7 한 원에서 부채꼴의 현의 길이는 중심각의 크기에 정비례하지 않으므로 중심각의 크기가 3배가 되더라도 현의 길이는 3배가 아니다.

10 한 원에서 호의 길이는 중심각의 크기에 정비례하지만 현의 길이는 중심각의 크기에 정비례하지 않으므로 호의 길이는 현의 길이에 정비례하지 않는다.

---

3. 원의 둘레의 길이와 넓이 45쪽

1 6π cm, 9π cm^2	2 10π cm, 25π cm^2
3 7 cm 4 10 cm	5 4 cm 6 9 cm
7 34π cm, 119π cm^2	8 20π cm, 12π cm^2

---

1 (둘레의 길이)$=2\pi\times3=6\pi(\text{cm})$
(넓이)$=\pi\times3^2=9\pi(\text{cm}^2)$

2 (둘레의 길이)$=2\pi\times5=10\pi(\text{cm})$
(넓이)$=\pi\times5^2=25\pi(\text{cm}^2)$

3 원의 반지름의 길이를 r라고 하면 $2\pi r=14\pi$
$\therefore r=7\text{ cm}$

4 원의 반지름의 길이를 r라고 하면 $2\pi r=20\pi$
$\therefore r=10\text{ cm}$

---

5 원의 반지름의 길이를 r라고 하면 $\pi r^2=16\pi$
$r^2=16$ $\therefore r=4\text{ cm}$

6 원의 반지름의 길이를 r라고 하면 $\pi r^2=81\pi$
$r^2=81$ $\therefore r=9\text{ cm}$

7 반지름의 길이가 12 cm인 원의 둘레의 길이는
$2\pi\times12=24\pi(\text{cm})$
반지름의 길이가 5 cm인 원의 둘레의 길이는
$2\pi\times5=10\pi(\text{cm})$
따라서 색칠한 부분의 둘레의 길이는
$24\pi+10\pi=34\pi(\text{cm})$
반지름의 길이가 12 cm인 원의 넓이는
$\pi\times12^2=144\pi(\text{cm}^2)$
반지름의 길이가 5 cm인 원의 넓이는 $\pi\times5^2=25\pi(\text{cm}^2)$
따라서 색칠한 부분의 넓이는 $144\pi-25\pi=119\pi(\text{cm}^2)$

8 반지름의 길이가 5 cm인 원의 둘레의 길이는
$2\pi\times5=10\pi(\text{cm})$
반지름의 길이가 2 cm인 원의 둘레의 길이는
$2\pi\times2=4\pi(\text{cm})$
반지름의 길이가 3 cm인 원의 둘레의 길이는
$2\pi\times3=6\pi(\text{cm})$
따라서 색칠한 부분의 둘레의 길이는
$10\pi+4\pi+6\pi=20\pi(\text{cm})$
반지름의 길이가 5 cm인 원의 넓이는 $\pi\times5^2=25\pi(\text{cm}^2)$
반지름의 길이가 2 cm인 원의 넓이는 $\pi\times2^2=4\pi(\text{cm}^2)$
반지름의 길이가 3 cm인 원의 넓이는 $\pi\times3^2=9\pi(\text{cm}^2)$
따라서 색칠한 부분의 넓이는
$25\pi-4\pi-9\pi=12\pi(\text{cm}^2)$

---

4. 부채꼴의 호의 길이와 넓이 46쪽

1 π cm, π cm^2	2 2π cm, 3π cm^2	3 45°
4 120°	5 20π cm^2 6 6 cm	

---

1 (부채꼴의 호의 길이)$=2\pi\times2\times\dfrac{90}{360}=\pi(\text{cm})$

(부채꼴의 넓이)$=\pi\times2^2\times\dfrac{90}{360}=\pi(\text{cm}^2)$

2 (부채꼴의 호의 길이)$=2\pi\times3\times\dfrac{120}{360}=2\pi(\text{cm})$

(부채꼴의 넓이)$=\pi\times3^2\times\dfrac{120}{360}=3\pi(\text{cm}^2)$

3 중심각의 크기를 $x°$라고 하면
$2\pi\times12\times\dfrac{x}{360}=3\pi$ $\therefore x=3\pi\times\dfrac{360}{24\pi}=45$
따라서 중심각의 크기는 45°이다.

4 중심각의 크기를 $x°$라고 하면
$\pi\times9^2\times\dfrac{x}{360}=27\pi$ $\therefore x=27\pi\times\dfrac{360}{81\pi}=120$
따라서 중심각의 크기는 120°이다.

5 (부채꼴의 넓이)$=\dfrac{1}{2}\times4\times10\pi=20\pi(\text{cm}^2)$

6 반지름의 길이를 r라고 하면
$\dfrac{1}{2}\times r\times2\pi=6\pi$ $\therefore r=6(\text{cm})$

5. 색칠한 부분의 둘레의 길이와 넓이 47쪽

1 $(12\pi+8)$ cm, 24π cm^2　2 $(12\pi+12)$ cm, 36π cm^2　3 4π cm^2　4 8 cm^2　5 $(8\pi-16)$ cm^2　6 32 cm^2　7 50 cm^2

1 반지름의 길이가 8 cm인 부채꼴의 호의 길이는

$2\pi\times8\times\frac{180}{360}=8\pi$(cm)

반지름의 길이가 4 cm인 부채꼴의 호의 길이는

$2\pi\times4\times\frac{180}{360}=4\pi$(cm)

따라서 색칠한 부분의 둘레의 길이는

$8\pi+4\pi+4\times2=12\pi+8$(cm)

반지름의 길이가 8 cm인 부채꼴의 넓이는

$\pi\times8^2\times\frac{180}{360}=32\pi$(cm^2)

반지름의 길이가 4 cm인 부채꼴의 넓이는

$\pi\times4^2\times\frac{180}{360}=8\pi$(cm^2)

따라서 색칠한 부분의 넓이는 $32\pi-8\pi=24\pi$(cm^2)

2 반지름의 길이가 12 cm인 부채꼴의 호의 길이는

$2\pi\times12\times\frac{120}{360}=8\pi$(cm)

반지름의 길이가 6 cm인 부채꼴의 호의 길이는

$2\pi\times6\times\frac{120}{360}=4\pi$(cm)

따라서 색칠한 부분의 둘레의 길이는

$8\pi+4\pi+6\times2=12\pi+12$(cm)

반지름의 길이가 12 cm인 부채꼴의 넓이는

$\pi\times12^2\times\frac{120}{360}=48\pi$(cm^2)

반지름의 길이가 6 cm인 부채꼴의 넓이는

$\pi\times6^2\times\frac{120}{360}=12\pi$(cm^2)

따라서 색칠한 부분의 넓이는

$48\pi-12\pi=36\pi$(cm^2)

3 (반지름의 길이가 4 cm인 원의 넓이)$\times\frac{1}{4}$

$=\pi\times4^2\times\frac{1}{4}$

$=4\pi$(cm^2)

4 $\triangle BCD=\frac{1}{2}\times4\times4=8$(cm^2)

5 (색칠한 부분의 넓이)

$=\left\{(\text{반지름의 길이가 4 cm인 원의 넓이})\times\frac{1}{4}-\triangle BCD\right\}\times2$

$=(4\pi-8)\times2$

$=8\pi-16$(cm^2)

6

위의 그림과 같이 도형을 옮기면 삼각형의 넓이가 된다.

$\therefore\ \frac{1}{2}\times8\times8=32$(cm^2)

7

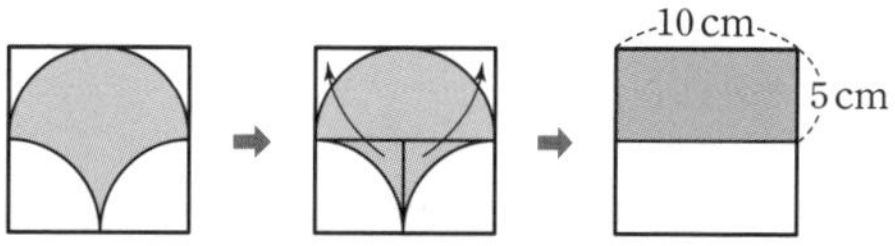

위의 그림과 같이 도형을 옮기면 직사각형의 넓이가 된다.

$\therefore\ 10\times5=50$(cm^2)

개념 완성 문제 48쪽

1 ①　2 6 cm^2　3 ②, ⑤　4 ③　5 12 cm　6 ②

1 오른쪽 그림과 같이 두 점 C와 O를 이으면

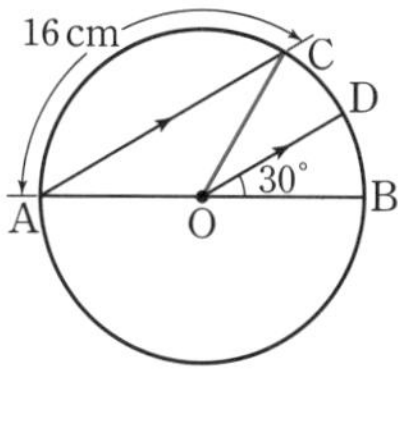

$\overline{AC}\,/\!/\,\overline{OD}$이므로

$\angle CAO=\angle DOB=30°$(동위각)

$\triangle OCA$는 이등변삼각형이므로

$\angle ACO=\angle CAO=30°$

$\therefore\ \angle AOC=120°$

$\widehat{AC}:\widehat{BD}=120:30$이므로 $16:\widehat{BD}=4:1$

$\therefore\ \widehat{BD}=4$ cm

2 $\widehat{AC}:\widehat{CD}=4:1$이고 부채꼴의 넓이는 호의 길이에 정비례하므로

$4:1=24:$(부채꼴 COD의 넓이)

$\therefore$ (부채꼴 COD의 넓이)$=6$ cm^2

3 ① 반지름과 현으로 이루어진 삼각형의 넓이는 중심각의 크기에 정비례하지 않으므로 $\triangle OCD\neq2\triangle OBA$

③ 한 원에서 중심각이 아닌 다른 각의 크기는 중심각의 크기에 정비례하지 않으므로 $\angle OBA\neq2\angle OCD$

④ 부채꼴의 현의 길이는 중심각의 크기에 정비례하지 않으므로

$\overline{CD}\neq2\overline{AB}$

4 (부채꼴의 넓이)$=\pi\times6^2\times\frac{270}{360}$

$=27\pi$(cm^2)

5 반지름의 길이를 r라고 하면

$\frac{1}{2}\times r\times14\pi=84\pi$　　$\therefore\ r=12$ cm

6 반지름의 길이가 4 cm이고, 중심각의 크기가 90°인 부채꼴의 넓이는

$\pi\times4^2\times\frac{90}{360}=4\pi$(cm^2)

반지름의 길이가 2 cm이고, 중심각의 크기가 180°인 부채꼴의 넓이는

$\pi\times2^2\times\frac{180}{360}=2\pi$(cm^2)

따라서 색칠한 부분의 넓이는 $4\pi-2\pi=2\pi$(cm^2)

09 다면체, 정다면체, 회전체

1. 다면체 49쪽

1 ㄱ, ㄴ, ㅁ　2 육면체　3 육면체　4 사면체　5 팔면체　6 오각형　7 오각뿔대　8 칠면체　9 사다리꼴

1 다면체는 다각형인 면으로만 둘러싸인 입체도형이다. 따라서 곡면이 있는 입체도형은 다면체가 아니다.

2 사각기둥은 옆면이 4개이고 밑면이 2개 있으므로 육면체이다.

3 오각뿔은 옆면이 5개이고 밑면이 1개 있으므로 육면체이다.

4 삼각뿔은 옆면이 3개이고 밑면이 1개 있으므로 사면체이다.

5 육각기둥은 옆면이 6개이고 밑면이 2개 있으므로 팔면체이다.

7 각뿔대의 이름은 밑면의 모양으로 알 수 있으므로 오각뿔대이다.

8 오각뿔대는 옆면이 5개이고 밑면이 2개 있으므로 칠면체이다.

8 밑면의 모양이 오각형이므로 옆면의 개수는 5이다.
조건에서 이 입체도형은 육면체이므로 밑면이 1개이다.
따라서 오각뿔이다.

9 두 밑면이 서로 평행하고 옆면의 모양이 사다리꼴이므로 각뿔대이다.
n각뿔대의 모서리의 개수는 $3n$이므로 $3n=21$
$\therefore n=7$
따라서 칠각뿔대이다.

---

2. 다면체의 특징
50쪽

1 9, 21, 14	2 9, 16, 9	3 7, 15, 10	4 사각기둥
5 십각뿔	6 팔각뿔대	7 구각뿔	8 오각뿔
9 칠각뿔대			

1 n각기둥의 면의 개수는 $n+2$이므로 칠각기둥의 면의 개수는
$7+2=9$
n각기둥의 모서리의 개수는 $3n$이므로 칠각기둥의 모서리의 개수는
$3\times7=21$
n각기둥의 꼭짓점의 개수는 $2n$이므로 칠각기둥의 꼭짓점의 개수는
$2\times7=14$

2 n각뿔의 면의 개수는 $n+1$이므로 팔각뿔의 면의 개수는 $8+1=9$
n각뿔의 모서리의 개수는 $2n$이므로 팔각뿔의 모서리의 개수는
$2\times8=16$
n각뿔의 꼭짓점의 개수는 $n+1$이므로 팔각뿔의 꼭짓점의 개수는
$8+1=9$

3 n각뿔대의 면의 개수는 $n+2$이므로 오각뿔대의 면의 개수는
$5+2=7$
n각뿔대의 모서리의 개수는 $3n$이므로 오각뿔대의 모서리의 개수는
$3\times5=15$
n각뿔대의 꼭짓점의 개수는 $2n$이므로 오각뿔대의 꼭짓점의 개수는
$2\times5=10$

4 n각기둥의 모서리의 개수는 $3n$이므로 $3n=12$
$\therefore n=4$
따라서 사각기둥이다.

5 n각뿔의 면의 개수는 $n+1$이므로 $n+1=11$
$\therefore n=10$
따라서 십각뿔이다.

6 n각뿔대의 꼭짓점의 개수는 $2n$이므로 $2n=16$
$\therefore n=8$
따라서 팔각뿔대이다.

7 n각뿔의 모서리의 개수는 $2n$이므로 $2n=18$
$\therefore n=9$
따라서 구각뿔이다.

---

3. 정다면체 1
51쪽

1 ○	2 ×	3 ○	4 ○
5 ×	6 정팔면체	7 정육면체	8 정십이면체
9 정이십면체	10 정사면체	11 정십이면체	

1 '각 면이 모두 합동인 정다각형으로 이루어진 다면체는 정다면체이다.'라는 말은 틀린 표현이지만 '정다면체는 각 면이 모두 합동인 정다각형으로 이루어져 있다.'는 말은 맞는 표현이다.

2 각 면이 모두 합동인 정다각형이고 각 꼭짓점에 모인 면의 개수가 같은 다면체를 정다면체라고 한다.

3 정다면체는 모두 정삼각형, 정사각형, 정오각형으로 이루어져 있으므로 정육각형으로 이루어진 정다면체는 없다.

4 정다면체는 정사면체, 정육면체, 정팔면체, 정십이면체, 정이십면체의 5가지뿐이다.

5 한 꼭짓점에 정삼각형이 5개 모인 정다면체는 정이십면체이다.

6 한 꼭짓점에 모인 면의 개수가 4인 정다면체는 정삼각형이 한 꼭짓점에 4개 모인 정팔면체이다.

7 모서리의 개수가 12인 정다면체는 정육면체와 정팔면체가 있는데 꼭짓점의 개수가 8인 정다면체는 정육면체이다.

11 한 꼭짓점에 모인 면의 개수가 3인 정다면체는 정사면체와 정육면체, 정십이면체가 있는데 면이 가장 많은 다면체는 정십이면체이다.

---

4. 정다면체 2
52쪽

1 정사면체	2 정십이면체	3 정육면체	4 정이십면체
5 점 E	6 점 B	7 $\overline{BC}$	8 점 E
9 $\overline{IJ}$	10 $\overline{FE}$		

5~6 오른쪽 그림과 같이 △ACF를 밑면이라 생각하고 인접한 꼭짓점과 모서리를 겹쳐서 입체도형을 만들면 정사면체이다.
따라서 점 A와 만나는 점이 점 E이고 점 D와 만나는 점이 점 B이다.

7 입체도형이 되기 위해서는 $\overline{DC}$와 $\overline{BC}$를 겹쳐야 한다.

8 오른쪽 그림과 같이 점 D를 위의 꼭짓점, 점 I를 아래의 꼭짓점이라 생각하고 정팔면체를 만들면 점 C와 만나는 점이 점 E이다.

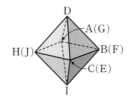

9 입체도형이 되기 위해서는 $\overline{IH}$와 $\overline{IJ}$를 겹쳐야 한다.

10 입체도형이 되기 위해서는 $\overline{DC}$와 $\overline{DE}$를 겹쳐야 하고 그 다음에 인접한 $\overline{BC}$와 $\overline{FE}$를 겹쳐야 한다.

---

5. 회전체 1 〔53쪽〕

1 ㄴ	2 ㄷ	3 ㄱ	4 ×
5 ○	6 ○	7 ○	8 ×
9 ○	10 ×		

---

1 직사각형이 회전축에서 떨어져 있으므로 이 도형을 직선 l을 중심으로 1회전 시킬 때 생기는 입체도형은 오른쪽 그림과 같이 구멍이 뚫린 원기둥이다.

2 삼각형의 한 변을 축에 대고 직선 l을 중심으로 1회전 시킬 때 생기는 입체도형은 오른쪽 그림과 같이 두 원뿔을 붙여 놓은 입체도형이다.

3 직각삼각형이 회전축에서 떨어져 있으므로 이 도형을 직선 l을 중심으로 1회전 시킬 때 생기는 입체도형은 오른쪽 그림과 같이 구멍이 뚫린 입체도형이다.

4 회전체를 회전축에 수직인 평면으로 자른 단면의 경계는 모두 원이지만 합동은 아닐 수 있다.

8 원기둥을 회전축을 포함하는 평면으로 자른 단면은 직사각형이다.

10 원뿔을 회전축을 포함하는 평면으로 자른 단면은 이등변삼각형이다.

---

6. 회전체 2 〔54쪽〕

1 42 cm^2	2 12 cm^2	3 130 cm^2	4 72 cm^2
5 36π cm^2	6 9π cm^2	7 $x=10, y=8\pi$	
8 $x=6\pi, y=9$	9 $x=5, y=18\pi$		10 3 cm

---

1 회전체를 회전축을 포함하는 평면으로 자르면 단면은 오른쪽 그림과 같다.

따라서 넓이는 $2 \times \dfrac{1}{2} \times 6 \times 7 = 42 (cm^2)$

2 회전체를 회전축을 포함하는 평면으로 자르면 단면은 오른쪽 그림과 같다.

따라서 넓이는 $2 \times \dfrac{1}{2} \times 4 \times 3 = 12 (cm^2)$

---

3 회전체를 회전축을 포함하는 평면으로 자르면 단면은 오른쪽 그림과 같다. 따라서 넓이는

$2 \times \dfrac{1}{2} \times (5+8) \times 10 = 130 (cm^2)$

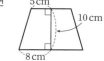

4 회전체를 회전축을 포함하는 평면으로 자르면 단면은 오른쪽 그림과 같다.

따라서 넓이는 $2 \times 4 \times 9 = 72 (cm^2)$

5 회전체를 회전축에 수직인 평면으로 자른 단면의 경계는 원이다. 따라서 가장 큰 원의 반지름의 길이가 6 cm이므로 넓이는 36π cm^{2}이다.

6 회전체를 회전축에 수직인 평면으로 자른 단면의 경계는 원이다. 따라서 가장 큰 원의 반지름의 길이가 3 cm이므로 넓이는 9π cm^{2}이다.

7 x는 원뿔의 모선이므로 $x=10$
y는 원뿔의 밑면의 둘레의 길이와 같으므로 $y=8\pi$

8 x는 원기둥의 밑면의 둘레의 길이이므로 $x=6\pi$
y는 원기둥의 높이이므로 $y=9$

9 x는 원뿔대의 작은 밑면의 원의 반지름의 길이이므로 $x=5$
y는 원뿔대의 큰 밑면의 원의 둘레의 길이와 같으므로 $y=18\pi$

10 전개도의 부채꼴의 호의 길이는

$2\pi \times 9 \times \dfrac{120}{360} = 6\pi (cm)$

밑면의 반지름의 길이를 r라고 하면

$2\pi r = 6\pi$ ∴ $r = 3$ cm

따라서 밑면의 반지름의 길이는 3 cm이다.

개념 완성 문제 〔55쪽〕

1 ⑤	2 ④	3 ④	4 정사면체
5 ⑤	6 4		

---

1 ① 육각뿔대의 모서리의 개수는 $3 \times 6 = 18$
② 구각뿔의 모서리의 개수는 $2 \times 9 = 18$
③ 칠각기둥의 모서리의 개수는 $3 \times 7 = 21$
④ 십각뿔의 모서리의 개수는 $2 \times 10 = 20$
⑤ 팔각기둥의 모서리의 개수는 $3 \times 8 = 24$

2 ④ 각뿔대는 각뿔을 밑면에 평행한 평면으로 잘라서 생기는 두 다면체 중에서 각뿔이 아닌 쪽의 다면체이므로 위에 있는 밑면이 아래에 있는 밑면보다 작다. 따라서 두 밑면은 합동이 아니다.

3 ④ 한 꼭짓점에 모인 면의 개수가 5인 정다면체는 정이십면체이다.

4 모든 면이 합동인 정삼각형으로 되어 있는 정다면체는 정사면체, 정팔면체, 정이십면체인데 한 꼭짓점에 모인 면의 개수가 3인 정다면체는 정사면체이다.

5 회전축에서 떨어져 있는 사다리꼴을 찾으면 ⑤이다.

6 다면체는 정육면체, 구면체, 칠각뿔, 사각뿔대, 오각뿔, 정십이면체, 육각기둥, 구각뿔대로 8개이다.

∴ $x = 8$

회전체는 원뿔, 구, 반구, 원뿔대로 4개이다. ∴ $y = 4$

∴ $x - y = 8 - 4 = 4$

1. 기둥, 뿔의 부피 56쪽

1 60 cm³	2 54 cm³	3 112π cm³	4 75π cm³
5 54π cm³	6 48 cm³	7 70 cm³	8 24π cm³
9 50π cm³			

1 (삼각기둥의 부피)=(밑면인 삼각형의 넓이)×(높이)
$$=\left(\frac{1}{2}\times5\times4\right)\times6=60(\text{cm}^3)$$

2 (사각기둥의 부피)=(밑면인 사다리꼴의 넓이)×(높이)
$$=\left\{\frac{1}{2}\times(3+6)\times4\right\}\times3=54(\text{cm}^3)$$

3 (원기둥의 부피)=(밑면인 원의 넓이)×(높이)
$$=(\pi\times4^2)\times7=112\pi(\text{cm}^3)$$

4 (원기둥의 부피)=(밑면인 원의 넓이)×(높이)
$$=(\pi\times5^2)\times3=75\pi(\text{cm}^3)$$

5 원기둥의 밑면의 둘레의 길이가 6π cm이므로 반지름의 길이는 3 cm
따라서 부피는 $(\pi\times3^2)\times6=54\pi(\text{cm}^3)$

6 (삼각뿔의 부피)=$\frac{1}{3}$×(밑면인 삼각형의 넓이)×(높이)
$$=\frac{1}{3}\times\left(\frac{1}{2}\times6\times8\right)\times6=48(\text{cm}^3)$$

7 (사각뿔의 부피)=$\frac{1}{3}$×(밑면인 사각형의 넓이)×(높이)
$$=\frac{1}{3}\times(6\times5)\times7=70(\text{cm}^3)$$

8 (원뿔의 부피)=$\frac{1}{3}$×(밑면인 원의 넓이)×(높이)
$$=\frac{1}{3}\times(\pi\times3^2)\times8=24\pi(\text{cm}^3)$$

9 (원뿔의 부피)=$\frac{1}{3}$×(밑면인 원의 넓이)×(높이)
$$=\frac{1}{3}\times(\pi\times5^2)\times6=50\pi(\text{cm}^3)$$

2. 뿔대, 구의 부피 57쪽

1 224 cm³	2 156 cm³	3 147π cm³	4 312π cm³
5 36π cm³	6 288π cm³	7 $\frac{16}{3}\pi$ cm³	8 125π cm³

1 (각뿔대의 부피)=(큰 각뿔의 부피)−(작은 각뿔의 부피)
$$=\frac{1}{3}\times(8\times8)\times12-\frac{1}{3}\times(4\times4)\times6$$
$$=256-32=224(\text{cm}^3)$$

2 (각뿔대의 부피)=$\frac{1}{3}\times(6\times9)\times9-\frac{1}{3}\times(2\times3)\times3$
$$=162-6=156(\text{cm}^3)$$

3 (원뿔대의 부피)=(큰 원뿔의 부피)−(작은 원뿔의 부피)
$$=\frac{1}{3}\times(\pi\times6^2)\times14-\frac{1}{3}\times(\pi\times3^2)\times7$$
$$=168\pi-21\pi=147\pi(\text{cm}^3)$$

4 (원뿔대의 부피)=$\frac{1}{3}\times(\pi\times9^2)\times12-\frac{1}{3}\times(\pi\times3^2)\times4$
$$=324\pi-12\pi=312\pi(\text{cm}^3)$$

5 반지름의 길이가 r인 구의 부피는 $\frac{4}{3}\pi r^3$이므로
(구의 부피)=$\frac{4}{3}\pi\times3^3=36\pi(\text{cm}^3)$

6 (구의 부피)=$\frac{4}{3}\pi\times6^3=288\pi(\text{cm}^3)$

7 반구의 부피는 구의 부피의 $\frac{1}{2}$이므로
(부피)=$\frac{1}{2}\times\frac{4}{3}\pi\times2^3=\frac{16}{3}\pi(\text{cm}^3)$

8 주어진 입체도형의 부피는 구의 부피의 $\frac{3}{4}$이므로
(부피)=$\frac{3}{4}\times\frac{4}{3}\pi\times5^3=125\pi(\text{cm}^3)$

3. 기둥, 뿔의 겉넓이 58쪽

1 12, 4	2 76 cm²	3 8π, 7	4 88π cm²
5 45 cm²	6 119π cm²		

1 x의 값은 밑면의 둘레의 길이와 같으므로
$x=2+4+2+4=12$
y의 값은 밑면의 세로이므로 $y=4$

2 (겉넓이)=(밑넓이)×2+(옆넓이)
$$=(2\times4)\times2+12\times5$$
$$=16+60=76(\text{cm}^2)$$

3 x의 값은 밑면의 둘레의 길이와 같으므로
$x=2\pi\times4=8\pi$
y의 값은 원기둥의 높이이므로 $y=7$

4 (겉넓이)=(밑넓이)×2+(옆넓이)
$$=(\pi\times4^2)\times2+8\pi\times7$$
$$=32\pi+56\pi=88\pi(\text{cm}^2)$$

5 (겉넓이)=(밑넓이)+(옆넓이)
$$=3\times3+\left(\frac{1}{2}\times3\times6\right)\times4$$
$$=9+36=45(\text{cm}^2)$$

6 (겉넓이)=(밑넓이)+(옆넓이)
$$=\pi\times7^2+\pi\times7\times10$$
$$=49\pi+70\pi=119\pi(\text{cm}^2)$$

4. 뿔대, 구의 겉넓이 59쪽

1 4, 1	2 42 cm²	3 96π cm², 24π cm²
4 117π cm²	5 100π cm²	6 48π cm²

1 x의 값은 옆면인 사다리꼴의 높이이므로 $x=4$
y의 값은 위의 밑면의 한 변의 길이이므로 $y=1$

2 (겉넓이)=(두 밑면의 넓이의 합)+(사다리꼴의 넓이)×4

$$=(1\times1+3\times3)+\left\{\frac{1}{2}\times(1+3)\times4\right\}\times4$$

$$=10+32=42(\text{cm}^2)$$

3 (큰 부채꼴의 넓이)=$\pi\times6\times16=96\pi(\text{cm}^2)$
(작은 부채꼴의 넓이)=$\pi\times3\times8=24\pi(\text{cm}^2)$

4 (겉넓이)=(두 밑면의 넓이의 합)+
$\qquad\qquad$ {(큰 부채꼴의 넓이)−(작은 부채꼴의 넓이)}

$$=(\pi\times3^2+\pi\times6^2)+(96\pi-24\pi)$$

$$=45\pi+72\pi=117\pi(\text{cm}^2)$$

5 반지름의 길이가 r인 구의 겉넓이는 $4\pi r^2$이므로

$$4\pi\times5^2=100\pi(\text{cm}^2)$$

6 반지름의 길이가 r인 반구의 겉넓이는 $\frac{1}{2}\times4\pi r^2+\pi r^2$이므로

$$\frac{1}{2}\times4\pi\times4^2+\pi\times4^2=32\pi+16\pi=48\pi(\text{cm}^2)$$

---

5. 여러 가지 입체도형의 겉넓이와 부피 60쪽

1 16π cm^2	**2** 30π cm^2	**3** 50π cm^2	**4** 112π cm^2
5 80π cm^3	**6** 10 cm^3	**7** 18π cm^3	**8** 36π cm^3
9 54π cm^3	**10** $1:2:3$		

---

1 (밑넓이)=(큰 원의 넓이)−(작은 원의 넓이)

$$=\pi\times5^2-\pi\times3^2=16\pi(\text{cm}^2)$$

2 (안쪽 원기둥의 옆넓이)=$(2\pi\times3)\times5=30\pi(\text{cm}^2)$

3 (바깥쪽 원기둥의 옆넓이)=$(2\pi\times5)\times5=50\pi(\text{cm}^2)$

4 (겉넓이)=(밑넓이)×2+(안쪽 원기둥의 옆넓이)
$\qquad\qquad$ +(바깥쪽 원기둥의 옆넓이)

$$=16\pi\times2+30\pi+50\pi=112\pi(\text{cm}^2)$$

5 (부피)=(밑넓이)×(높이)

$$=16\pi\times5=80\pi(\text{cm}^3)$$

6 직육면체를 세 꼭짓점 B, G, D를 지나는
평면으로 자를 때 생기는 삼각뿔의 밑면을
△BCD, 높이를 $\overline{CG}$로 생각하면

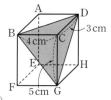

$$\frac{1}{3}\times\left(\frac{1}{2}\times4\times3\right)\times5=10(\text{cm}^3)$$

7 (원뿔의 부피)=$\frac{1}{3}\times\pi\times3^2\times6=18\pi(\text{cm}^3)$

8 (구의 부피)=$\frac{4}{3}\times\pi\times3^3=36\pi(\text{cm}^3)$

9 (원기둥의 부피)=$\pi\times3^2\times6=54\pi(\text{cm}^3)$

10 (원뿔의 부피):(구의 부피):(원기둥의 부피)=$18\pi:36\pi:54\pi$
$\qquad\qquad\qquad\qquad\qquad\qquad\qquad\qquad\quad=1:2:3$

개념 완성 문제 61쪽

1 ③	**2** ④	**3** ①	**4** ⑤
5 ④	**6** 5 cm^3		

---

1 (사각기둥의 부피)=(밑면인 사다리꼴의 넓이)×(높이)

$$=\left\{\frac{1}{2}\times(5+3)\times2\right\}\times7=56(\text{cm}^3)$$

2 오른쪽 그림과 같이 평면도형을 직선 l을 축으
로 하여 1회전 시킬 때 생기는 입체도형은 원뿔
대이므로 큰 원뿔의 부피에서 작은 원뿔의 부
피를 빼면 된다.

∴ (원뿔대의 부피)

$$=\frac{1}{3}\times(\pi\times5^2)\times15-\frac{1}{3}\times(\pi\times3^2)\times9$$

$$=125\pi-27\pi$$

$$=98\pi(\text{cm}^3)$$

3 (입체도형의 부피)=(원기둥의 부피)+$\frac{1}{2}\times$(구의 부피)

$$=\pi\times3^2\times5+\frac{1}{2}\times\frac{4}{3}\pi\times3^3$$

$$=45\pi+18\pi=63\pi(\text{cm}^3)$$

4 (원뿔의 겉넓이)=(밑넓이)+(옆넓이)

$$=\pi\times4^2+\pi\times4\times12$$

$$=16\pi+48\pi=64\pi(\text{cm}^2)$$

5 (입체도형의 겉넓이)=(구의 겉넓이)+(원기둥의 옆넓이)

$$=4\pi\times3^2+2\pi\times3\times7$$

$$=36\pi+42\pi=78\pi(\text{cm}^2)$$

6 (남아 있는 물의 부피)

$$=\frac{1}{3}\times(\triangle\text{ABC의 넓이})\times\overline{\text{BD}}$$

$$=\frac{1}{3}\times\left(\frac{1}{2}\times2\times5\right)\times3$$

$$=5(\text{cm}^3)$$

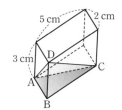

고르고 고른 1학년 도형 총정리 문제 I단원 총정리 62~63쪽

1 12 cm	**2** ⑤	**3** ③	**4** ④
5 ②	**6** △CBD, SAS 합동		**7** ①
8 ②	**9** ⑤	**10** ③, ⑤	**11** ①
12 27π cm^2	**13** ①	**14** ②, ④	**15** ⑤
16 18π cm^2			

---

1 $\overline{\text{AB}}=2\overline{\text{AM}}=2\times9=18(\text{cm})$
$\overline{\text{AB}}:\overline{\text{BC}}=3:1$이므로 $18:\overline{\text{BC}}=3:1$
$\qquad\therefore\ \overline{\text{BC}}=6$ cm

$\overline{\text{MB}}=\overline{\text{AM}}=9$ cm, $\overline{\text{BN}}=\frac{1}{2}\overline{\text{BC}}=3(\text{cm})$이므로

$\overline{\text{MN}}=\overline{\text{MB}}+\overline{\text{BN}}=9+3=12(\text{cm})$

2 $\angle\text{BOC}=\frac{3}{5}\times90°=54°$

3 맞꼭지각의 크기는 같으므로

$2x-26+x+36+3x-40=180$

$6x-30=180\qquad\therefore\ x=35$

$\therefore\ \angle\text{AOF}=x°+36°=35°+36°=71°$

4 ① $\overline{GH}$와 $\overline{CD}$는 평행하다.
  ② $\overline{EH}$와 $\overline{BC}$는 평행하다.
  ③ $\overline{EF}$와 $\overline{CD}$는 평행하다.
  ⑤ $\overline{DH}$와 $\overline{CD}$는 한 점에서 만난다.

5 오른쪽 그림과 같이 꺾인 꼭짓점을 지나
  면서 주어진 평행선과 평행한 직선을 2개
  긋는다.
  평행선에서 엇각의 크기가 같음을 이용
  하면
  $x-52=y-85$ ∴ $y-x=33$

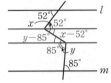

6 △ABE와 △CBD에서
  △ABC와 △BDE는 정삼각형이므로
  $\overline{AB}=\overline{CB}$, $\overline{BE}=\overline{BD}$
  ∠ABC=∠EBD
  양변에서 ∠EBF를 빼면
  ∠ABC−∠EBF=∠EBD−∠EBF
  ∴ ∠ABE=∠CBD
  ∴ △ABE≡△CBD(SAS 합동)

7 n각형의 한 꼭짓점에서 그을 수 있는 대각선의 개수는
  $n-3$이므로 $n-3=5$ ∴ $n=8$
  따라서 팔각형의 대각선의 개수는 $\dfrac{8\times(8-3)}{2}=20$

8 오른쪽 그림과 같이 보조선을 그으면 육각형
  이 된다.
  육각형의 내각의 크기의 합은
  $180°\times(6-2)=720°$
  삼각형의 외각의 성질을 이용하면
  •+×$=70°$이므로
  ∠a+∠b+∠c+∠d+∠e+∠f+•+×$=720°$
  ∴ ∠a+∠b+∠c+∠d+∠e+∠$f$$=720°-70°=650°$

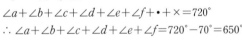

9 정n각형의 한 외각의 크기는 $\dfrac{360°}{n}$이므로 $\dfrac{360°}{n}=30°$
  ∴ $n=12$
  정십이각형의 내각의 크기의 합은
  $180°\times(12-2)=1800°$

10 ① 한 원에서 현의 길이는 중심각의 크기에 정비례하지 않으므로
    $\overline{AB}\neq3\overline{BC}$
   ② 한 원에서 삼각형의 넓이는 중심각의 크기에 정비례하지 않으므
     로 △AOB≠3△BOC
   ③ 한 원에서 부채꼴의 호의 길이는 중심각의 크기에 정비례하므로
     $\overparen{BC}=\dfrac{1}{3}\overparen{AB}$
   ④ 한 원에서 중심이 아닌 다른 각의 크기는 중심각의 크기에 정비
     례하지 않으므로 ∠OAB≠3∠OBC
   ⑤ $\overparen{AC}:\overparen{BC}=120:30=4:1$이고 한 원에서 부채꼴의 넓이는 중
     심각의 크기에 정비례하므로
     (부채꼴 AOC의 넓이)$=4\times$(부채꼴 BOC의 넓이)

11 오른쪽 그림과 같이 두 점 C와 O를 이으
   면 △CAO가 이등변삼각형이 되므로
   ∠COB$=20°+20°=40°$
   따라서 중심각의 크기가 $40°$인 부채꼴의
   호의 길이는
   $2\pi\times9\times\dfrac{40}{360}=2\pi\,(cm)$

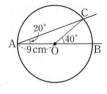

12 색칠한 부분을 옮기면 오른쪽 그림과 같이 반
   지름의 길이가 $3\,cm$인 원의 넓이와 반지름의
   길이가 $6\,cm$인 반원의 넓이의 합이다.
   ∴ $\pi\times3^2+\dfrac{1}{2}\times\pi\times6^2=9\pi+18\pi$
                  $=27\pi\,(cm^2)$

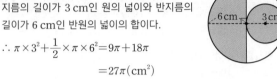

13 n각뿔대의 모서리의 개수는 $3n$이므로 $3n=18$
   ∴ $n=6$
   육각뿔대의 면의 개수는 $x=6+2=8$
   꼭짓점의 개수는 $y=2\times6=12$
   ∴ $y-x=12-8=4$

14 ② 각 면이 모두 합동인 정다각형이고 한 꼭짓점에 모인 면의 개수가
     같은 다면체가 정다면체이다.
   ④ 정사각형으로 이루어진 정다면체는 정육면체이다.

15 원기둥의 밑면의 둘레의 길이가 $10\pi\,cm$이므로 밑면의 반지름의 길
   이를 r라고 하면 $2\pi r=10\pi$ ∴ $r=5\,(cm)$
   따라서 원기둥의 부피는 $\pi\times5^2\times8=200\pi\,(cm^3)$

16 오른쪽 그림과 같이 주어진 삼각형을 직선 l을 회
   전축으로 하여 1회전 시킬 때 생기는 회전체는 두
   원뿔이 붙어 있는 모양이다.
   따라서 두 원뿔의 옆면이 이 입체도형의 겉넓이이
   다. 반지름의 길이가 r, 모선의 길이가 l인 원뿔의
   옆넓이는 πrl이므로
   $\pi\times2\times6+\pi\times2\times3=12\pi+6\pi$
                 $=18\pi\,(cm^2)$

2학년 도형

⑪ 이등변삼각형, 직각삼각형의 합동

66쪽

1. 이등변삼각형 1

1 $52°$ 2 $109°$ 3 $24°$ 4 $48°$

5 $\angle x=45°$, $y=6$ 6 $\angle x=42°$, $y=18$

7 $30°$

---

1 $\angle x=180°-(64°+64°)=52°$

2 $\angle ABC=\dfrac{1}{2}\times(180°-38°)=71°$

$\therefore \angle x=180°-71°=109°$

3 $\triangle BCD$는 $\overline{BC}=\overline{BD}$인 이등변삼각형이므로

$\angle BDC=\angle BCD=68°$

$\therefore \angle DBC=180°-(68°+68°)=44°$

$\triangle ABC$는 $\overline{AB}=\overline{AC}$인 이등변삼각형이므로

$\angle ABC=\angle ACB=68°$

$\therefore \angle x=\angle ABC-\angle DBC=68°-44°=24°$

4 $\triangle BCD$는 $\overline{BC}=\overline{BD}$인 이등변삼각형이므로

$\angle BDC=\angle BCD=76°$

$\therefore \angle DBC=180°-(76°+76°)=28°$

$\triangle ABC$는 $\overline{AB}=\overline{AC}$인 이등변삼각형이므로

$\angle ABC=\angle ACB=76°$

$\therefore \angle x=\angle ABC-\angle DBC=76°-28°=48°$

5 이등변삼각형의 꼭지각의 이등분선은 밑변을 수직이등분하므로

$\angle ADC=90°$

$\therefore \angle x=180°-(90°+45°)=45°$

$y=\dfrac{1}{2}\times12=6$

6 $\angle ABD=\angle ACD=180°-132°=48°$

$\therefore \angle x=180°-(90°+48°)=42°$

$y=2\times9=18$

7 $\overline{AB}$의 수직이등분선이 꼭짓점과 만났으므로 $\triangle ABD$는 이등변삼각형이 된다.

$\therefore \angle ABD=\angle BAD=\angle CAD$

$\triangle ABC$에서 $\angle B+\angle A=90°$, $3\angle B=90°$

$\therefore \angle B=30°$

2. 이등변삼각형 2

67쪽

1 $62°$ 2 $24°$ 3 $38°$ 4 $32°$

5 $22°$ 6 $28°$ 7 7 cm   8 9 cm

---

1 $\angle BAD=\angle ABD=28°$

$\triangle ABD$에서 외각의 성질을 이용하면

$\angle ADC=28°+28°=56°$

$\therefore \angle x=\dfrac{1}{2}\times(180°-56°)=62°$

2 $\angle DCA=\angle DAC=39°$

$\triangle ADC$에서 외각의 성질을 이용하면

$\angle BDC=39°+39°=78°$

$\therefore \angle x=180°-(78°+78°)=24°$

3 $\angle DAC=\angle BAD=\angle x$

$\triangle ADC$에서 외각의 성질을 이용하면

$\angle ABD=\angle ADB=\angle x+33°$

$\triangle ABD$의 세 내각의 크기의 합은 $180°$이므로

$\angle x+\angle x+33°+\angle x+33°=180°$

$3\angle x=114°$ $\therefore \angle x=38°$

4 $\angle BCD=\angle ACD=\angle x$

$\triangle DBC$에서 외각의 성질을 이용하면

$\angle CAD=\angle CDA=\angle x+42°$

$\triangle ADC$의 세 내각의 크기의 합은 $180°$이므로

$\angle x+\angle x+42°+\angle x+42°=180°$

$3\angle x=96°$ $\therefore \angle x=32°$

5 $\triangle ABC$에서 $\angle ABC=\angle ACB=\dfrac{1}{2}\times(180°-44°)=68°$

$\therefore \angle DBC=\dfrac{1}{2}\times68°=34°$

$\angle DCE=\dfrac{1}{2}\angle ACE=\dfrac{1}{2}\times(44°+68°)=56°$

$\triangle DBC$에서 외각의 성질을 이용하면

$\angle x+34°=56°$ $\therefore \angle x=56°-34°=22°$

6 $\triangle ABC$에서 $\angle ABC=\angle ACB=\dfrac{1}{2}\times(180°-56°)=62°$

$\therefore \angle DBC=\dfrac{1}{2}\times62°=31°$

$\angle DCE=\dfrac{1}{2}\angle ACE=\dfrac{1}{2}\times(56°+62°)=59°$

$\triangle DBC$에서 외각의 성질을 이용하면

$\angle x+31°=59°$ $\therefore \angle x=59°-31°=28°$

7 $\triangle ABC$가 $\overline{AB}=\overline{AC}$인 이등변삼각형이므로

$\angle BAC=180°-(72°+72°)=36°$

따라서 $\angle DBA=\angle BAD=36°$이므로 $\triangle DAB$는 이등변삼각형이다.

$\therefore \overline{BD}=\overline{AD}=7$ cm

8 $\angle ACB=68°-34°=34°$

즉, $\triangle ABC$는 이등변삼각형이므로 $\overline{AC}=9$ cm

$\therefore \angle ADC=180°-112°=68°$

따라서 $\angle CAD=\angle CDA$이므로 $\triangle ACD$는 이등변삼각형이다.

$\therefore \overline{DC}=\overline{AC}=9$ cm

3. 직각삼각형의 합동 조건

68쪽

1 ㄴ, ㅂ   2 ㄷ, ㅂ   3 $x=9$, $\angle y=26°$

4 $\angle BEC$, $\angle DCB$, $\triangle DCB$, RHA, $\overline{BD}$

---

1 ㄴ. 직각삼각형에서 빗변의 길이와 다른 한 각의 크기가 같아서 직각삼각형의 합동이다.

ㅂ. 주어지지 않은 각의 크기는 $180°-(90°+58°)=32°$이므로 빗변의 길이와 다른 한 각의 크기가 같아서 직각삼각형의 합동이다.

2 ㄷ, ㅂ. 직각삼각형에서 빗변의 길이와 다른 한 변의 길이가 같아서 직각삼각형의 합동이다.

3 맞꼭지각의 크기는 같으므로 ∠AMC=∠BMD이다.
따라서 직각삼각형 ACM과 직각삼각형 BDM은 빗변의 길이와 다른 한 각의 크기가 같아서 직각삼각형의 합동이다.
∴ $x=9$, ∠y=∠AMC=$180°-(90°+64°)=26°$

4. 직각삼각형의 합동의 응용   69쪽

1 15 cm	2 6 cm	3 15 cm²	4 4 cm

1 △DBA와 △EAC에서
∠ADB=∠CEA=90°
∠DBA+∠BAD=90°, ∠EAC+∠BAD=90°이므로
∠DBA=∠EAC
$\overline{AB}=\overline{AC}$
∴ △DBA≡△EAC (RHA 합동)
따라서 $\overline{DA}=\overline{EC}=9$ cm, $\overline{AE}=\overline{BD}=6$ cm이므로
$\overline{DE}=9+6=15$(cm)

2 △ABD와 △CAE에서
∠BDA=∠AEC=90°
∠DBA+∠BAD=90°, ∠EAC+∠BAD=90°이므로
∠DBA=∠EAC
$\overline{AB}=\overline{CA}$
∴ △ABD≡△CAE (RHA합동)
따라서 $\overline{AD}=\overline{CE}=12$ cm, $\overline{AE}=\overline{BD}=6$ cm이므로
$\overline{DE}=12-6=6$(cm)

3 △AED와 △ACD에서
∠AED=∠ACD=90°
$\overline{AD}$는 공통, ∠EAD=∠CAD
∴ △AED≡△ACD (RHA 합동)
따라서 $\overline{DE}=\overline{DC}=3$ cm이므로
△ABD=$\frac{1}{2}×10×3=15$(cm²)

4 △ABD=$\frac{1}{2}×15×\overline{DE}=30$(cm²)이므로
$\overline{DE}=4$ cm
△BDE와 △BDC에서
∠BED=∠BCD=90°, $\overline{BD}$는 공통, ∠EBD=∠CBD
∴ △BDE≡△BDC (RHA 합동)
∴ $\overline{DC}=\overline{DE}=4$ cm

개념 완성 문제   70쪽

1 ④	2 117°	3 5 cm	4 ③
5 ⑤	6 12 cm		

1 △ABC는 이등변삼각형이므로
∠ACB=∠ABC=$2x°-10°$
$x+2x-10+2x-10=180$, $5x-20=180$
∴ $x=40$

2 △ABC는 이등변삼각형이므로 ∠ACB=∠ABC=39°
△DAC는 이등변삼각형이므로
∠CDA=∠CAD=$39°+39°=78°$
△DBC에서 ∠x=∠DBC+∠BDC=$39°+78°=117°$

3 접은 각의 크기와 원래의 각의 크기는 같으므로
∠FEG=∠DEG
평행선에서 엇각의 크기는 같으므로 ∠DEG=∠FGE
따라서 △FGE는 이등변삼각형이므로 $\overline{FG}=\overline{FE}=5$ cm

4 ① $\overline{AB}=\overline{DE}$, $\overline{AC}=\overline{DF}$이면 △ABC≡△DEF (RHS 합동)
② $\overline{AC}=\overline{DF}$, ∠A=∠D이면 △ABC≡△DEF (ASA 합동)
③ 세 내각의 크기가 같은 것은 합동 조건이 아니다.
④ $\overline{AB}=\overline{DE}$, ∠B=∠E이면 △ABC≡△DEF (RHA 합동)
⑤ $\overline{BC}=\overline{EF}$, $\overline{AC}=\overline{DF}$이면 △ABC≡△DEF (SAS 합동)

5 △ABC와 △DBE에서 ∠B=90°, $\overline{AC}=\overline{DE}$, $\overline{BC}=\overline{BE}$
∴ △ABC≡△DBE (RHS 합동)
∴ ∠DEB=∠ACB=$180°-(90°+34°)=56°$
사각형 EBCF에서 사각형의 내각의 크기의 합은 360°이므로
∠EFC=$360°-(56°+90°+56°)=158°$

6 △AED와 △ACD에서
$\overline{AD}$는 공통, ∠AED=∠ACD=90°, ∠EAD=∠CAD
∴ △AED≡△ACD (RHA 합동)
즉, $\overline{DE}=\overline{DC}$이므로
$\overline{BD}+\overline{DE}=\overline{BD}+\overline{DC}=8$(cm)
$\overline{BE}=\overline{AB}-\overline{AE}=10-6=4$(cm)
따라서 △BDE의 둘레의 길이는 $8+4=12$(cm)

⑫ 삼각형의 외심과 내심

1. 삼각형의 외심   71쪽

1 ×	2 ○	3 ○	4 ×
5 ×	6 2.5	7 13	8 82°
9 36°			

1 삼각형의 외심에서 세 변에 이르는 거리는 같지 않다.

2 삼각형의 외심에서 세 꼭짓점에 이르는 거리는 같으므로
$\overline{OA}=\overline{OB}$

3 △OAD와 △OBD에서
∠ODA=∠ODB=90°
$\overline{OA}=\overline{OB}$, $\overline{OD}$는 공통
∴ △OAD≡△OBD (RHS 합동)
∴ ∠OAD=∠OBD

4 점 O는 외심이므로 $\overline{CE}=\overline{BE}$

5 △AOD≡△BOD이므로 ∠AOD=∠BOD

6 직각삼각형의 외심은 빗변의 중점이므로
$x=\overline{OA}=\overline{OC}=2.5$

7 직각삼각형의 외심은 빗변의 중점이므로
$\overline{OA}=\overline{OC}=\overline{OB}=6.5$
∴ $x=2×6.5=13$

18

8 $\overline{OA}=\overline{OB}$이므로 $\angle BAO=\angle ABO=41°$

$\therefore \angle x=41°+41°=82°$

9 $\overline{OA}=\overline{OB}$이므로 $\angle BAO=\angle ABO=27°$

$\therefore \angle AOE=27°+27°=54°$

$\triangle AOE$에서 $\angle x=180°-(90°+54°)=36°$

2. 삼각형의 외심의 응용

72쪽

1 47°	2 28°	3 156°	4 62°
5 33°	6 67°	7 94°	8 136°
9 106°	10 53°		

1 $\angle x+17°+26°=90°$ $\therefore \angle x=47°$

2 $\angle x+29°+33°=90°$ $\therefore \angle x=28°$

3 $\angle x=2\angle BAC=2\times78°=156°$

4 $\angle x=\dfrac{1}{2}\angle BOC=\dfrac{1}{2}\times124°=62°$

5 $\angle BOC=2\angle A=2\times57°=114°$

$\overline{OB}=\overline{OC}$이므로

$\angle x=\dfrac{1}{2}(180°-\angle BOC)=\dfrac{1}{2}(180°-114°)=33°$

6 오른쪽 그림과 같이 두 점 B와 O를 이으면

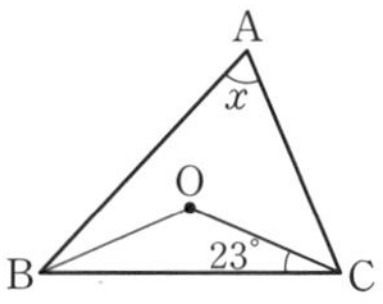

$\overline{OB}=\overline{OC}$이므로

$\angle BOC=180°-2\times23°=134°$

$\therefore \angle x=\dfrac{1}{2}\times134°=67°$

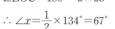

7 $\overline{OA}=\overline{OC}$이므로

$\angle ACO=\angle CAO=\dfrac{1}{2}\times(180°-150°)=15°$

$\therefore \angle ACB=15°+32°=47°$

$\therefore \angle x=2\angle ACB=2\times47°=94°$

8 $\overline{OA}=\overline{OB}$이므로

$\angle OAB=\angle OBA=\dfrac{1}{2}\times(180°-84°)=48°$

$\therefore \angle BAC=48°+20°=68°$

$\therefore \angle x=2\angle BAC=2\times68°=136°$

9 오른쪽 그림과 같이 두 점 A와 O를 이으면

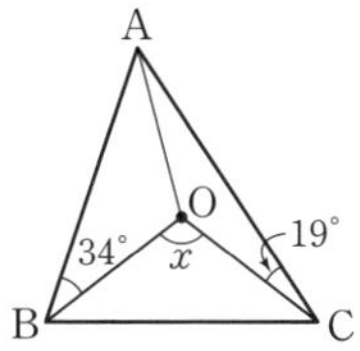

$\angle BAO=\angle ABO=34°$

$\angle CAO=\angle ACO=19°$

$\therefore \angle BAC=34°+19°=53°$

$\therefore \angle x=2\angle A=2\times53°=106°$

10 오른쪽 그림과 같이 두 점 O와 C를 이으면

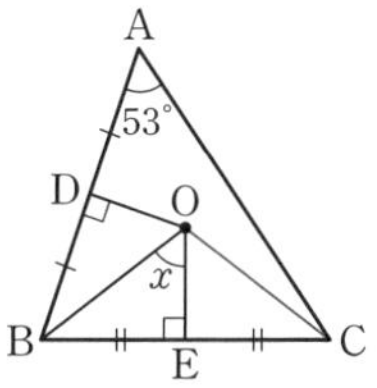

$\angle BOC=2\angle A=2\times53°=106°$

$\triangle OBE$와 $\triangle OCE$에서

$\angle OEB=\angle OEC=90°$

$\overline{OB}=\overline{OC}, \overline{OE}$는 공통

$\therefore \triangle OBE\equiv\triangle OCE$ (RHS 합동)

$\therefore \angle x=\dfrac{1}{2}\times106°=53°$

3. 삼각형의 내심

73쪽

1 ○	2 ×	3 ×	4 ○
5 ×	6 ○	7 37°	8 117°
9 122°	10 20°		

1 내심은 세 내각의 이등분선이 만나는 점이므로

$\angle DBI=\angle EBI$

2 삼각형의 내심에서 세 꼭짓점에 이르는 거리는 같지 않다.

3 점 I는 내심이므로 $\overline{AD}\neq\overline{BD}$

4 내심에서 세 변에 이르는 거리는 같다.

5 점 I는 내심이므로 $\angle IBE=\angle IBD$

6 $\triangle AID$와 $\triangle AIF$에서

$\angle ADI=\angle AFI=90°$

$\overline{ID}=\overline{IF}, \overline{AI}$는 공통이므로 $\triangle AID\equiv\triangle AIF$ (RHS 합동)

$\therefore \angle AID=\angle AIF$

7 내심은 세 내각의 이등분선이 만나는 점이므로 $\angle x=37°$

8 $\angle BAI=\angle CAI=28°$

$\triangle ABI$에서 $\angle x=180°-(28°+35°)=117°$

9 $\angle IBC=\angle IBA=25°, \angle ICB=\angle ICA=33°$

$\triangle IBC$에서 $\angle x=180°-(25°+33°)=122°$

10 $\angle CBI=\angle ABI=\angle x$이므로

$\triangle IBC$에서 $\angle x=180°-(124°+36°)=20°$

4. 삼각형의 내심의 응용

74쪽

| 1 31° | 2 111° | 3 64° | 4 34° |
| 5 2 cm | 6 28 cm | 7 115° | |

1 $\angle x+25°+34°=90°$ $\therefore \angle x=31°$

2 $\angle x=90°+\dfrac{1}{2}\angle A=90°+\dfrac{1}{2}\times42°=111°$

3 $90°+\dfrac{1}{2}\angle x=122°, \dfrac{1}{2}\angle x=32°$ $\therefore \angle x=64°$

4 $\angle x+17°+\dfrac{1}{2}\times78°=90°, \angle x+17°+39°=90°$

$\therefore \angle x=34°$

5 반지름의 길이를 r cm라고 하면

$\triangle ABC=\dfrac{1}{2}r\times$(삼각형의 둘레의 길이)이므로

$26=\dfrac{1}{2}r\times(10+9+7)$ $\therefore r=2$ cm

6 반지름의 길이가 3 cm이므로

$42=\dfrac{1}{2}\times3\times$(삼각형의 둘레의 길이)

$\therefore$ (삼각형의 둘레의 길이)$=28$ cm

7 $\angle A=\dfrac{1}{2}\times100°=50°$

$\therefore \angle x=90°+\dfrac{1}{2}\angle A=90°+\dfrac{1}{2}\times50°=115°$

1 25π cm²	2 ③	3 ②	4 ②, ⑤
5 13 cm	6 ④		

1 직각삼각형의 외접원의 반지름의 길이는 빗변의 길이의 $\frac{1}{2}$이므로 5 cm
이다.
따라서 원의 넓이는 $\pi \times 5^2 = 25\pi(\text{cm}^2)$

2 $\angle \text{OCB} = \frac{1}{2} \times (180° - 140°) = 20°$
$\angle x + \angle y + 20° = 90°$
$\therefore \angle x + \angle y = 70°$

3 오른쪽 그림과 같이 두 점 O와 A, 두 점 O
와 B를 이으면
$\angle \text{OAB} + 19° + 46° = 90°$, $\angle \text{OAB} = 25°$
따라서 $\angle \text{OBA} = \angle \text{OAB} = 25°$이므로
$\angle \text{A} = 46° + 25° = 71°$
$\angle \text{B} = 25° + 19° = 44°$
$\therefore \angle \text{A} - \angle \text{B} = 71° - 44° = 27°$

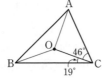

4 삼각형의 내심은 세 내각의 이등분선의 교점이고 내심에서 세 변에 이
르는 거리는 같으므로 ②, ⑤이다.

5 두 점 I와 B를 이으면
$\angle \text{DBI} = \angle \text{IBC} = \angle \text{BID}$이므로
$\triangle \text{DBI}$가 이등변삼각형이 된다.
$\therefore \overline{\text{DI}} = \overline{\text{DB}} = 6$ cm
두 점 I와 C를 이으면
$\angle \text{ECI} = \angle \text{ICB} = \angle \text{EIC}$이므로 $\triangle \text{EIC}$가 이등변삼각형이 된다.
$\therefore \overline{\text{EI}} = \overline{\text{EC}} = 7$ cm
$\therefore \overline{\text{DE}} = \overline{\text{DI}} + \overline{\text{EI}} = 6 + 7 = 13(\text{cm})$

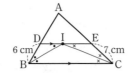

6 $90° + \frac{1}{2}\angle \text{A} = 126°$, $\frac{1}{2}\angle \text{A} = 36°$
$\therefore \angle \text{A} = 72°$
$\therefore \angle x = 2\angle \text{A} = 2 \times 72° = 144°$

⑬ 평행사변형

1. 평행사변형 　　　76쪽

1 $\angle x = 36°$, $\angle y = 116°$	2 $\angle x = 69°$, $\angle y = 39°$
3 $x = 7$, $y = 13$	4 $x = 4$, $y = 6$
5 6 cm	6 4 cm	7 86°	8 32°

1 평행선에서 엇각의 크기는 같으므로 $\angle x = 36°$
평행사변형의 이웃하는 두 내각의 크기의 합은 180°이므로
$28° + 36° + \angle y = 180°$ 　 $\therefore \angle y = 116°$

2 평행선에서 엇각의 크기는 같으므로 $\angle y = 39°$
$\angle \text{ACD} = \angle x$이고 삼각형의 세 내각의 크기의 합은 180°이므로
$\angle x + \angle y + 72° = 180°$, $\angle x + 39° = 108°$
$\therefore \angle x = 69°$

3 평행사변형의 두 쌍의 대변의 길이는 각각 같으므로
$x + 3 = 10$ 　 $\therefore x = 7$
$y - 5 = 8$ 　 $\therefore y = 13$

4 평행사변형의 두 대각선은 서로 다른 것을 이등분하므로 $x = 4$, $y = 6$

5 $\overline{\text{AD}} /\!/ \overline{\text{BC}}$이므로 $\angle \text{DEC} = \angle \text{ADE}$
따라서 $\triangle \text{DEC}$는 이등변삼각형이다.
$\therefore \overline{\text{EC}} = \overline{\text{DC}} = \overline{\text{AB}} = 6$ cm

6 $\overline{\text{AB}} /\!/ \overline{\text{DC}}$이므로 $\angle \text{CEB} = \angle \text{ABE}$
따라서 $\triangle \text{EBC}$는 이등변삼각형이다.
$\therefore \overline{\text{CE}} = \overline{\text{CB}} = 11$ cm
$\overline{\text{DC}} = \overline{\text{AB}} = 7$ cm이므로 $\overline{\text{DE}} = 11 - 7 = 4(\text{cm})$

7 평행사변형의 이웃하는 두 내각의 크기의 합은 180°이므로
$\angle \text{ADC} = 180° - 115° = 65°$
$\triangle \text{AED}$의 세 내각의 크기의 합은 180°이므로
$\angle x + 65° + 29° = 180°$ 　 $\therefore \angle x = 86°$

8 $\overline{\text{AD}} /\!/ \overline{\text{BC}}$이므로 $\angle \text{DAE} = \angle \text{CEA} = 38°$
$\therefore \angle \text{DAC} = 38° + 38° = 76°$
평행사변형의 대각의 크기는 같으므로 $\angle \text{D} = \angle \text{B} = 72°$
$\triangle \text{ACD}$의 세 내각의 크기의 합은 180°이므로
$\angle x + 76° + 72° = 180°$ 　 $\therefore \angle x = 32°$

2. 평행사변형이 되는 조건 　　　77쪽

1 ×	2 ○	3 ×	4 ○
5 ×	6 ○	7 ○	8 ×
9 ○	10 ㄱ, ㄹ		

1 두 쌍의 대변의 길이가 각각 같아야 평행사변형인데 한 쌍의 대변의
길이만 같으므로 평행사변형이 아니다.

2 한 쌍의 대변이 평행하고 그 길이가 같으므로 평행사변형이 된다.

3 $\overline{\text{OA}} = \overline{\text{OC}}$, $\overline{\text{OB}} = \overline{\text{OD}}$일 때 평행사변형이 된다.

4 두 쌍의 대변이 각각 평행하므로 평행사변형이 된다.

5 $\angle \text{A} = 110°$, $\angle \text{B} = 70°$이면 $\overline{\text{AD}} /\!/ \overline{\text{BC}}$이지만 $\overline{\text{AB}}$와 $\overline{\text{DC}}$는 평행하지
않을 수 있으므로 평행사변형이 아니다.

6 두 대각선이 서로 다른 것을 이등분하므로 평행사변형이 된다.

7 $\angle \text{A} = \angle \text{C} = 125°$, $\angle \text{B} = 55°$이면 $\angle \text{D} = 55°$이므로 두 쌍의 대각의
크기가 같아져서 평행사변형이 된다.

8 한 쌍의 대변이 평행하고 그 길이가 같아야 하는데 평행한 선분과 길
이가 같은 선분이 다르므로 평행사변형이 아니다.

9 두 쌍의 대변의 길이가 각각 같으므로 평행사변형이 된다.

10 ㄱ. 한 쌍의 대변이 평행하고 그 길이가 같아져서 사다리꼴이 평행사
변형이 된다.
ㄹ. 두 쌍의 대변이 각각 평행해져서 사다리꼴이 평행사변형이 된다.

3. 평행사변형이 되는 조건의 응용 　　　78쪽

1 $\overline{\text{QC}}$, $\overline{\text{FC}}$, $\overline{\text{RC}}$, $\overline{\text{EC}}$	2 $\angle \text{DFC}$, $\angle \text{BFD}$
3 $\overline{\text{DO}}$, $\overline{\text{FO}}$	4 $\overline{\text{DC}}$, $\overline{\text{CF}}$, $\overline{\text{DF}}$
5 $\overline{\text{DC}}$, $\angle \text{CDF}$, $\overline{\text{CF}}$, $\overline{\text{FC}}$	

1 20 cm²   2 6 cm²   3 9 cm²   4 10 cm²

5 8 cm²   6 40 cm²

---

1 △DBC=△ABC=5 cm²

∴ □BFED=4△DBC=4×5=20(cm²)

2 □EPFQ=$\frac{1}{4}$□ABCD=$\frac{1}{4}$×24=6(cm²)

3 △PBO=△QDO이므로 색칠한 부분의 넓이는

$\frac{1}{4}$□ABCD=$\frac{1}{4}$×36=9(cm²)

4 △PAB+△PCD=$\frac{1}{2}$□ABCD=$\frac{1}{2}$×20=10(cm²)

5 △PAB+△PCD=△PDA+△PBC이므로

7+6=△PDA+5   ∴ △PDA=8 cm²

6 □ABCD=2(△PAB+△PCD)=2×(11+9)=40(cm²)

---

1 ⑤   2 ③   3 53°   4 ①, ③

5 ④   6 14 cm²

---

1 ⑤ ∠PAO=∠QCO

2 ∠A+∠B=180°이므로 ∠A=180°×$\frac{7}{7+5}$=105°

3 ∠D=∠B=74°, ∠A=180°-74°=106°

∠ADF=$\frac{1}{2}$×74°=37°이므로

∠DAF=180°-(90°+37°)=53°

∴ ∠x=∠A-∠DAF=106°-53°=53°

4 ① $\overline{OA}$=$\overline{OB}$=9 cm, $\overline{OC}$=$\overline{OD}$=7 cm는 두 대각선이 서로 다른 것을 이등분하는 것이 아니므로 평행사변형이 아니다.

② ∠A=∠C=95°, ∠B=85°이면 ∠D=85°가 되어 두 쌍의 대각의 크기가 각각 같으므로 평행사변형이다.

③ $\overline{AD}$//$\overline{BC}$, $\overline{AB}$=$\overline{DC}$=10 cm는 한 쌍의 대변이 평행하고 그 길이가 같지 않으므로 평행사변형이 아니다.

④ $\overline{AB}$=$\overline{DC}$=13 cm, $\overline{AD}$=$\overline{BC}$=16 cm는 두 쌍의 대변의 길이가 같으므로 평행사변형이다.

⑤ ∠A+∠B=180°이면 $\overline{AD}$//$\overline{BC}$, ∠B+∠C=180°이면 $\overline{AB}$//$\overline{DC}$가 되어 두 쌍의 대변이 각각 평행하므로 평행사변형이다.

5 $\overline{OA}$=$\overline{OC}$이므로 $\overline{OP}$=$\overline{OR}$

$\overline{OB}$=$\overline{OD}$이므로 $\overline{OQ}$=$\overline{OS}$

따라서 □PQRS는 두 대각선이 서로 다른 것을 이등분하므로 평행사변형이다.

6 △PDA+△PBC=$\frac{1}{2}$□ABCD이므로

△PDA+20=$\frac{1}{2}$×68   ∴ △PDA=14(cm²)

---

14 여러 가지 사각형

1 14   2 39   3 28   4 29°, 61°

5 24 cm   6 ○   7 ○   8 ×

9 ×   10 $\overline{AB}$, $\overline{DB}$, SSS, ∠C, ∠D

---

1 x=2×7=14

2 $\overline{AC}$=$\overline{BD}$이므로 $\overline{AO}$=$\overline{DO}$ ∴ x=39

3 $\overline{AO}$=$\overline{CO}$이므로 2x+4=4x-6

2x=10   ∴ x=5

$\overline{AO}$=2x+4=14

∴ $\overline{BD}$=2$\overline{AO}$=2×14=28

4 $\overline{AC}$=$\overline{BD}$이므로 $\overline{AO}$=$\overline{DO}$

∴ ∠OAD=∠x

△AOD에서 외각의 성질을 이용하면

2∠x=58°   ∴ ∠x=29°

$\overline{DO}$=$\overline{CO}$이므로 ∠ODC=∠y

∠x+∠y=90°이므로 ∠y=90°-29°=61°

5 직사각형의 두 대각선의 길이는 같으므로 $\overline{AC}$=$\overline{BD}$

∴ $\overline{AO}$=$\overline{CO}$=$\overline{BO}$=$\overline{DO}$=$\frac{15}{2}$ cm

따라서 △ABO의 둘레의 길이는 9+2×$\frac{15}{2}$=24(cm)

6 ∠B=90°이면 평행사변형의 한 내각이 직각이 되므로 직사각형이 된다.

7 $\overline{AC}$=$\overline{BD}$이므로 평행사변형의 두 대각선의 길이가 같아져서 직사각형이 된다.

8 $\overline{AB}$=$\overline{AD}$이면 평행사변형의 이웃하는 두 변의 길이가 같아지므로 직사각형이 아니다.

9 $\overline{AC}$⊥$\overline{BD}$이면 평행사변형의 두 대각선이 서로 수직이므로 직사각형이 아니다.

---

1 ∠x=60°, ∠y=30°   2 ∠x=41°, ∠y=49°

3 12   4 55°   5 ×   6 ○

7 ○   8 ×   9 ○   10 10 cm

---

1 □ABCD는 마름모이므로 $\overline{AB}$=$\overline{AD}$

∴ ∠y=∠ADB=30°

마름모의 대각선은 서로 수직이므로 ∠AOD=90°

△AOD에서 ∠x=∠OAD=180°-(90°+30°)=60°

2 마름모의 대각선은 꼭지각을 이등분하므로 ∠x=41°

△AOD에서 ∠AOD=90°이므로

∠y=∠ADO=180°-(90°+41°)=49°

3 마름모는 이웃하는 두 변의 길이가 같으므로 $x=8$
 마름모의 대각선은 꼭지각을 이등분하므로 $\angle ABO=30°$
 즉, $\triangle ABC$는 $\angle ABC=60°$인 이등변삼각형이므로
 $\angle BAC=\angle BCA=60°$
 따라서 $\triangle ABC$는 정삼각형이 되어 $\overline{AC}=8$ cm이므로 $y=4$
 $\therefore x+y=8+4=12$

4 $\angle ADC=180°-110°=70°$
 마름모의 대각선은 꼭지각을 이등분하므로 $\angle BDE=35°$
 $\triangle FED$에서 $\angle x=\angle DFE=180°-(35°+90°)=55°$

5 $\overline{AD}/\!/\overline{BC}$이므로 $\angle A+\angle B=180°$
 따라서 $\angle A=\angle B=90°$가 되어 평행사변형의 한 내각이 직각이 되므로 직사각형이 된다.

6 $\overline{AB}=\overline{AD}$이면 평행사변형의 이웃하는 두 변의 길이가 같아져서 마름모가 된다.

7 $\overline{AC}\perp\overline{BD}$이면 평행사변형의 두 대각선이 서로 수직이므로 마름모가 된다.

8 $\angle OBC=\angle OCB$이면 $\overline{OB}=\overline{OC}$
 따라서 $\overline{AC}=\overline{BD}$가 되므로 평행사변형의 두 대각선의 길이가 같아져서 직사각형이 된다.

9 $\overline{AD}/\!/\overline{BC}$이므로 $\angle ADB=\angle DBC$
 $\angle DBC+\angle ACB=\angle ADB+\angle ACB=90°$이므로
 $\angle BOC=90°$
 따라서 평행사변형의 두 대각선이 서로 수직이므로 마름모가 된다.

10 평행사변형 ABCD에서
 $\angle CDB=\angle ABD$ (엇각)
 $\triangle CDB$는 이등변삼각형이므로
 $\overline{DC}=\overline{BC}=10$ cm

3. 정사각형, 사다리꼴　　　　83쪽

1 ◯	2 ×	3 ×	4 ◯
5 ◯	6 $\angle x=45°$, $\angle y=90°$		
7 $\angle x=60°$, $\angle y=75°$		8 9	9 11
10 40	11 18		

1 평행사변형이 $\angle ABC=90°$이면 한 내각이 직각이 되어서 직사각형이 되고 $\angle AOB=90°$이면 두 대각선이 수직이므로 마름모가 된다.
 따라서 이 평행사변형은 직사각형과 마름모의 성질을 모두 가지므로 정사각형이 된다.

2 $\angle AOB=90°$, $\overline{AB}=\overline{AD}$는 모두 평행사변형이 마름모가 되는 조건이므로 정사각형이 아니다.

3 $\overline{AB}=\overline{AD}$, $\angle BAO=\angle DAO$는 모두 평행사변형이 마름모가 되는 조건이므로 정사각형이 아니다.

4 평행사변형이 $\overline{AC}=\overline{BD}$이면 두 대각선의 길이가 같으므로 직사각형이 되고 $\overline{AC}\perp\overline{BD}$이면 두 대각선이 수직이므로 마름모가 된다.
 따라서 이 평행사변형은 직사각형과 마름모의 성질을 모두 가지므로 정사각형이 된다.

5 평행사변형이 $\overline{AB}=\overline{AD}$이면 이웃하는 두 변의 길이가 같으므로 마름모가 되고, $\overline{OA}=\overline{OD}$이면 $\overline{AC}=\overline{BD}$에서 두 대각선의 길이가 같으므로 직사각형이 된다.
 따라서 이 평행사변형은 직사각형과 마름모의 성질을 모두 가지므로 정사각형이 된다.

6 $\square ABCD$는 정사각형이므로 꼭지각을 이등분하면 $\angle x=45°$
 정사각형의 두 대각선은 서로 수직이므로 $\angle y=90°$

7 $\triangle ABE$와 $\triangle CBE$에서 $\overline{AB}=\overline{CB}$, $\overline{EB}$는 공통,
 $\angle ABE=\angle CBE=45°$이므로
 $\triangle ABE\equiv\triangle CBE$ (SAS 합동)
 $\therefore \angle x=\angle BCE=90°-30°=60°$
 $\triangle EBC$에서 $\angle y=180°-(45°+60°)=75°$

8 등변사다리꼴은 평행하지 않은 한 쌍의 대변의 길이가 같으므로
 $x=\overline{AB}=9$

9 등변사다리꼴은 두 대각선의 길이가 같으므로 $x=8+3=11$

10 등변사다리꼴은 두 밑각의 크기는 같으므로
 $\angle ABC=\angle DCB=72°$
 $\therefore \angle DBC=\angle ABC-\angle ABD=72°-32°=40°$
 $\overline{AD}/\!/\overline{BC}$이므로 $x=40$

11 오른쪽 그림과 같이 점 D에서 $\overline{BC}$에 내린 수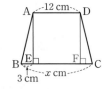
 선의 발을 F라고 하면 $\overline{EF}=\overline{AD}=12$ cm
 $\triangle ABE\equiv\triangle DCF$ (RHA 합동)이므로
 $\overline{FC}=\overline{BE}=3$ cm
 $\therefore x=3+12+3=18$

4. 여러 가지 사각형 사이의 관계　　　　84쪽

| 1 ㄴ | 2 ㄱ | 3 ㄹ | 4 ㄷ |
| 5 ㄷ | 6 ㄹ | 7 16 cm | 8 24 cm |

7 등변사다리꼴 ABCD의 각 변의 중점을 연결하여 만든 사각형은 마름모가 되므로 $\square EFGH$의 둘레의 길이는
 $4\times4=16$(cm)

8 $\square ABCD$의 각 변의 중점을 연결하여 만든 사각형은 평행사변형이 되므로 $\square EFGH$의 둘레의 길이는
 $2\times(5+7)=24$(cm)

5. 평행선과 넓이　　　　85쪽

| 1 20 cm² | 2 12 cm² | 3 32 cm² | 4 48 cm² |
| 5 40 cm² | 6 18 cm² | | |

1 $\triangle DBC=\triangle ABC=\triangle ABO+\triangle OBC=6+14=20$(cm²)

2 $\triangle OCD=\triangle OAB=\triangle ABC-\triangle OBC=36-24=12$(cm²)

3 $\triangle EBD=\triangle ABD$이므로
 $\triangle DEC=\triangle DEB+\triangle DBC=\triangle ABD+\triangle DBC=\square ABCD$
 $=32$(cm²)

4 $\square ABCD=\triangle ABC+\triangle ACD=\triangle ABC+\triangle ACE$
 $=\frac{1}{2}\times7\times8+\frac{1}{2}\times5\times8=28+20=48$(cm²)

5 △ABD와 △ADC는 높이가 같으므로 넓이의 비는 밑변의 길이의 비와 같다.

$$\therefore \triangle \text{ADC} = 88 \times \frac{5}{6+5} = 40 (\text{cm}^2)$$

6 △ABD=△ADC이므로 $\triangle \text{ADC} = \frac{1}{2} \times 48 = 24 (\text{cm}^2)$

△AEC와 △EDC는 높이가 같으므로 넓이의 비는 밑변의 길이의 비와 같다.

$$\therefore \triangle \text{EDC} = 24 \times \frac{3}{1+3} = 18 (\text{cm}^2)$$

개념 완성 문제 86쪽

1 ②	2 11	3 ④	4 10 cm
5 ③	6 ⑤		

1 ② ∠A=∠C는 평행사변형의 대각의 성질이다.
④ $\overline{\text{AD}}$ // $\overline{\text{BC}}$이므로 ∠C+∠D=180°
따라서 ∠C=∠D이면 ∠C=∠D=90°가 되어 평행사변형이 직사각형이 된다.

2 평행사변형의 대변의 길이는 같으므로
$3x+5=5x-1$, $-2x=-6$ $\therefore x=3$
평행사변형이 마름모가 되기 위해서는 이웃하는 두 변의 길이가 같으면 되므로
$3x+5=2x+y$, $y=x+5=3+5=8$
$\therefore x+y=3+8=11$

3 □ABCD는 정사각형이므로 $\overline{\text{AB}}=\overline{\text{AD}}=\overline{\text{AE}}$
따라서 △ABE는 이등변삼각형이다.
$\therefore$ ∠AEB=∠ABE=30°
∠DAB=90°이고, △ABE의 세 내각의 크기의 합은 180°이므로
∠EAD=180°−(30°+30°+90°)=30°

4 오른쪽 그림과 같이 점 A에서 $\overline{\text{DC}}$에 평행한 선을 그어 $\overline{\text{BC}}$와 만나는 점을 E라고 하면 △ABE는 정삼각형, □AECD는 평행사변형이 된다.
$\therefore \overline{\text{BE}}=\overline{\text{AB}}=6 \text{ cm}$, $\overline{\text{EC}}=\overline{\text{AD}}=4 \text{ cm}$
$\therefore \overline{\text{BC}}=6+4=10 (\text{cm})$

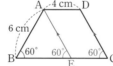

5 □ABCD가 평행사변형이므로 $\overline{\text{AD}}$ // $\overline{\text{BC}}$, $\overline{\text{AB}}$ // $\overline{\text{DC}}$
$\overline{\text{AD}}$ // $\overline{\text{BC}}$이므로 △ABE=△DBE
$\overline{\text{BD}}$ // $\overline{\text{EF}}$이므로 △DBE=△DBF
$\overline{\text{AB}}$ // $\overline{\text{DC}}$이므로 △DBF=△DAF
$\therefore$ △ABE=△DBE=△DBF=△DAF

6 $\overline{\text{BP}}$: $\overline{\text{PD}}$=3 : 5이므로 △ABP : △APD=3 : 5
15 : △APD=3 : 5 $\therefore$ △APD=25 cm²
△APD=△CPD이므로 □APCD=25+25=50 (cm²)

🔶 15 도형의 닮음

1. 닮은 도형 87쪽

1 ∽	2 $\overline{\text{DF}}$	3 4 : 3	4 4 : 3
5 15 cm	6 46°	7 1 : 2	
8 $\overline{\text{DH}}$=4 cm, $\overline{\text{G'H'}}$=6 cm			

3 $\overline{\text{AD}}$: $\overline{\text{EH}}$=16 : 12=4 : 3

4 닮음비는 대응변의 길이의 비와 같으므로 4 : 3

5 $\overline{\text{DC}}$와 $\overline{\text{HG}}$가 대응하므로
$\overline{\text{DC}}$: $\overline{\text{HG}}$=4 : 3, 20 : $\overline{\text{HG}}$=4 : 3 $\therefore \overline{\text{HG}}$=15 cm

6 ∠C=∠G=46°

7 $\overline{\text{AD}}=\overline{\text{FG}}=5 \text{ cm}$
따라서 두 직육면체의 닮음비는
$\overline{\text{AD}}$: $\overline{\text{A'D'}}$=5 : 10=1 : 2

8 $\overline{\text{DH}}$: $\overline{\text{D'H'}}$=1 : 2, $\overline{\text{DH}}$: 8=1 : 2 $\therefore \overline{\text{DH}}$=4 cm
$\overline{\text{GH}}$: $\overline{\text{G'H'}}$=1 : 2, 3 : $\overline{\text{G'H'}}$=1 : 2 $\therefore \overline{\text{G'H'}}$=6 cm

2. 삼각형의 닮음 조건 88쪽

1 $\overline{\text{DE}}$, $\overline{\text{EF}}$, $\overline{\text{FD}}$, SSS	2 ∠D, $\overline{\text{DE}}$, $\overline{\text{DF}}$, SAS
3 ∠D, ∠C, AA	4 ㄷ, ㅁ
5 ㄱ, ㅂ	6 ㄴ, ㄹ

4 ㄷ, ㅁ
$\overline{\text{JL}}$: $\overline{\text{QR}}$=2 : 4=1 : 2, $\overline{\text{JK}}$: $\overline{\text{QP}}$=4 : 8=1 : 2
$\overline{\text{KL}}$: $\overline{\text{PR}}$=3 : 6=1 : 2
$\therefore$ △JKL∽△QPR (SSS 닮음)

5 ㄱ, ㅂ
$\overline{\text{BC}}$: $\overline{\text{OM}}$=14 : 7=2 : 1, $\overline{\text{AC}}$: $\overline{\text{NM}}$=10 : 5=2 : 1
∠BCA=∠OMN=30°
$\therefore$ △BCA∽△OMN (SAS 닮음)

6 ㄴ, ㄹ
∠EDF=180°−(55°+83°)=42°이므로
∠EDF=∠HIG=42°, ∠DEF=∠IHG=55°
$\therefore$ △DEF∽△IHG (AA 닮음)

3. 삼각형의 닮음 조건의 응용 89쪽

1 4	2 $\frac{15}{2}$	3 6	4 7
5 16	6 3	7 10	8 9
9 14	10 3		

1 △AED와 △CEB에서
$\overline{\text{AE}}$: $\overline{\text{CE}}$=2 : 4=1 : 2, $\overline{\text{DE}}$: $\overline{\text{BE}}$=3 : 6=1 : 2
∠AED=∠CEB (맞꼭지각)
$\therefore$ △AED∽△CEB (SAS 닮음)
$\overline{\text{AD}}$: $\overline{\text{BC}}$=1 : 2이므로 x : 8=1 : 2
$2x=8$ $\therefore x=4$

2 △ABE와 △CDE에서
$\overline{\text{AE}}$: $\overline{\text{CE}}$=8 : 12=2 : 3, $\overline{\text{BE}}$: $\overline{\text{DE}}$=6 : 9=2 : 3
∠AEB=∠CED (맞꼭지각)
$\therefore$ △ABE∽△CDE (SAS 닮음)
$\overline{\text{AB}}$: $\overline{\text{CD}}$=2 : 3이므로 5 : x=2 : 3
$2x=15$ $\therefore x=\frac{15}{2}$

3 △ABD와 △CBA에서
$\overline{BA}:\overline{BC}=12:16=3:4$, $\overline{BD}:\overline{BA}=9:12=3:4$
∠B는 공통
∴ △ABD∽△CBA (SAS 닮음)
$\overline{AD}:\overline{CA}=3:4$이므로 $x:8=3:4$
$4x=24$ ∴ $x=6$

4 △BCD와 △BAC에서
$\overline{BC}:\overline{BA}=4:8=1:2$, $\overline{BD}:\overline{BC}=2:4=1:2$
∠B는 공통
∴ △BCD∽△BAC (SAS닮음)
$\overline{CD}:\overline{AC}=1:2$이므로 $\frac{7}{2}:x=1:2$ ∴ $x=7$

5 △ABD와 △ACB에서
∠ABD=∠ACB, ∠A는 공통
∴ △ABD∽△ACB (AA 닮음)
$\overline{AB}:\overline{AC}=\overline{AD}:\overline{AB}$이므로
$12:x=9:12$, $12:x=3:4$
$3x=48$ ∴ $x=16$

6 △ADE와 △ACB에서
∠AED=∠ABC, ∠A는 공통
∴ △ADE∽△ACB (AA 닮음)
$\overline{AD}:\overline{AC}=\overline{AE}:\overline{AB}$이므로
$4:(5+x)=5:10$, $4:(5+x)=1:2$
$5+x=8$ ∴ $x=3$

7 △ADC와 △ACB에서
∠ACD=∠ABC, ∠A는 공통
∴ △ADC∽△ACB (AA 닮음)
$\overline{AD}:\overline{AC}=\overline{AC}:\overline{AB}$이므로
$8:12=12:(8+x)$, $2:3=12:(8+x)$
$2(8+x)=36$, $8+x=18$
∴ $x=10$

8 △CAD와 △CBA에서
∠CAD=∠CBA, ∠C는 공통
∴ △CAD∽△CBA (AA 닮음)
$\overline{CD}:\overline{CA}=\overline{CA}:\overline{CB}$이므로
$3:6=6:(x+3)$, $1:2=6:(x+3)$
$x+3=12$ ∴ $x=9$

9 △ABC와 △EBD에서
$\overline{AC}/\!/\overline{DE}$이므로 ∠CAB=∠DEB, ∠ACB=∠EDB
∴ △ABC∽△EBD (AA 닮음)
$\overline{AB}:\overline{EB}=\overline{AC}:\overline{ED}$이므로
$6:3=x:7$, $2:1=x:7$ ∴ $x=14$

10 △AED와 △CAB에서
$\overline{AD}/\!/\overline{BC}$이므로 ∠DAE=∠BCA
$\overline{AB}/\!/\overline{DE}$이므로 ∠DEA=∠BAC
∴ △AED∽△CAB (AA 닮음)
$\overline{AD}:\overline{CB}=\overline{AE}:\overline{CA}$이므로
$4:6=6:(6+x)$, $2:3=6:(6+x)$
$2(6+x)=18$, $6+x=9$
∴ $x=3$

4. 직각삼각형에서 닮은 삼각형 90쪽

1 3	2 6	3 4	4 6
5 9	6 10	7 $x=15$, $y=16$	
8 $x=\frac{16}{3}$, $y=\frac{20}{3}$			

1 △CED와 △CBA에서
∠CED=∠CBA=90°, ∠C는 공통
∴ △CED∽△CBA (AA 닮음)
$\overline{CD}:\overline{CA}=\overline{CE}:\overline{CB}$이므로 $5:10=4:(x+5)$
$1:2=4:(x+5)$, $x+5=8$ ∴ $x=3$

2 △BAC와 △BED에서
∠BCA=∠BDE=90°, ∠B는 공통이므로
△BAC∽△BED (AA 닮음)
즉, ∠E=∠A이므로
△ADF∽△EDB (AA 닮음)
따라서 $\overline{AF}:\overline{EB}=\overline{DF}:\overline{DB}$이므로 $x:10=3:5$ ∴ $x=6$

3 $\overline{AB}^2=\overline{BD}\times\overline{BC}$이므로 $6^2=x\times 9$ ∴ $x=4$

4 $\overline{AC}^2=\overline{CD}\times\overline{CB}$이므로 $4^2=2\times(x+2)$ ∴ $x=6$

5 $\overline{AD}^2=\overline{DB}\times\overline{DC}$이므로 $6^2=x\times 4$ ∴ $x=9$

6 $\overline{AD}^2=\overline{DB}\times\overline{DC}$이므로 $x^2=20\times 5$ ∴ $x=10$

7 $\overline{AD}^2=\overline{DB}\times\overline{DC}$이므로 $12^2=y\times 9$ ∴ $y=16$
$\overline{AB}\times\overline{AC}=\overline{BC}\times\overline{AD}$이므로
$20\times x=25\times 12$ ∴ $x=15$

8 $\overline{AD}^2=\overline{DB}\times\overline{DC}$이므로 $4^2=3\times x$ ∴ $x=\frac{16}{3}$
$\overline{AB}\times\overline{AC}=\overline{BC}\times\overline{AD}$이므로
$5\times y=\left(3+\frac{16}{3}\right)\times 4$
$5y=\frac{25}{3}\times 4$ ∴ $y=\frac{20}{3}$

5. 삼각형에서 평행선과 선분의 길이의 비 91쪽

1 8	2 6	3 16	4 4
5 $x=6$, $y=2$	6 $x=9$, $y=6$	7 ×	8 ○

1 $x:12=10:15$, $x:12=2:3$
$3x=24$ ∴ $x=8$

2 $9:x=6:4$, $9:x=3:2$
$3x=18$ ∴ $x=6$

3 $9:12=12:x$, $3:4=12:x$
$3x=48$ ∴ $x=16$

4 $x:5=8:10$, $x:5=4:5$ ∴ $x=4$

5 $3:9=2:x$, $1:3=2:x$ ∴ $x=6$
$x:y=9:3$, $6:y=3:1$ ∴ $y=2$

6 $x:3=6:2$, $x:3=3:1$ ∴ $x=9$
$y:x=4:6$, $y:9=2:3$ ∴ $y=6$

7 $\overline{AD} : \overline{AB} = 6 : 8 = 3 : 4$

$\overline{AE} : \overline{AC} = 5 : 7$

$\overline{AD} : \overline{AB} \neq \overline{AE} : \overline{AC}$이므로 $\overline{DE}$와 $\overline{BC}$는 평행하지 않는다.

8 $\overline{BA} : \overline{EA} = 4 : 12 = 1 : 3$

$\overline{CA} : \overline{DA} = 2 : 6 = 1 : 3$

$\overline{BA} : \overline{EA} = \overline{CA} : \overline{DA}$이므로 $\overline{BC}$와 $\overline{DE}$는 평행하다.

개념 완성 문제 　　　　　　　　　　92쪽

1 70 cm	2 ③	3 ④	4 $\dfrac{5}{2}$
5 ②	6 ⑤		

1 닮음비가 $5 : 7$이므로 $\overline{BC} : \overline{FG} = 5 : 7$, $10 : \overline{FG} = 5 : 7$

$\therefore \overline{FG} = 14$

□EFGH는 평행사변형이므로 $\overline{EF} = \overline{HG} = 21$ cm

$\therefore \overline{EH} = \overline{FG} = 14$ cm

따라서 □EFGH의 둘레의 길이는

$2 \times (21 + 14) = 70$(cm)

2 △ABD와 △ACB에서 $\angle ABD = \angle ACB$, $\angle A$는 공통

$\therefore$ △ABD∽△ACB (AA 닮음)

$\overline{AB} : \overline{AC} = \overline{AD} : \overline{AB}$이므로 $6 : x = 4 : 6$, $6 : x = 2 : 3$

$\therefore x = 9$

3 □ABCD는 평행사변형이므로 $\overline{AD} /\!/ \overline{BC}$

$\overline{FB} : \overline{FA} = \overline{BE} : \overline{AD}$, $2 : 8 = (8-x) : 8$

$1 : 4 = (8-x) : 8$, $8 - x = 2$ $\therefore x = 6$

4 △ABD와 △ACE에서

$\angle ADB = \angle AEC$, $\angle A$는 공통

$\therefore$ △ABD∽△ACE (AA 닮음)

$\overline{AD} : \overline{AE} = \overline{AB} : \overline{AC}$이므로

$8 : 6 = 14 : (8+x)$, $4 : 3 = 14 : (8+x)$

$4(8+x) = 42$ $\therefore x = \dfrac{5}{2}$

5 $4^2 = \overline{BD} \times 2$이므로 $\overline{BD} = 8$

$\therefore$ △ABD $= \dfrac{1}{2} \times 8 \times 4 = 16$(cm^2)

6 $\overline{BC} /\!/ \overline{DE}$이므로

$18 : (18-12) = 15 : x$, $3 : 1 = 15 : x$

$3x = 15$ $\therefore x = 5$

$12 : 18 = 10 : y$, $2 : 3 = 10 : y$

$2y = 30$ $\therefore y = 15$

$\therefore y - x = 15 - 5 = 10$

---

16 평행선과 선분의 길이의 비

1. 삼각형의 내각과 외각의 이등분선 　　　93쪽

1 4	2 5	3 6	4 2
5 21 cm^2	6 9 cm^2	7 8	8 18

1 $8 : 12 = x : 6$, $2 : 3 = x : 6$

$3x = 12$ $\therefore x = 4$

2 $10 : 8 = x : (9-x)$, $5 : 4 = x : (9-x)$

$4x = 5(9-x)$ $\therefore x = 5$

3 $\overline{BD} : \overline{CD} = \overline{AB} : \overline{AC} = 15 : 10 = 3 : 2$

$\overline{BD} : \overline{BC} = \overline{ED} : \overline{AC}$, $3 : 5 = x : 10$

$5x = 30$ $\therefore x = 6$

4 $\overline{BD} : \overline{CD} = \overline{AB} : \overline{AC} = 10 : 15 = 2 : 3$

$\overline{DE} : \overline{DF} = \overline{BD} : \overline{CD}$, $x : 3 = 2 : 3$

$\therefore x = 2$

5 $\overline{BD} : \overline{CD} = 5 : 7$이므로 △ABD : △ADC $= 5 : 7$

$\therefore$ △ADC $= 36 \times \dfrac{7}{5+7} = 21$(cm^2)

6 △ABC $= \dfrac{1}{2} \times 8 \times 6 = 24$(cm^2)

△ABD : △ADC $= \overline{BD} : \overline{CD} = 6 : 10 = 3 : 5$이므로

△ABD $= 24 \times \dfrac{3}{3+5} = 9$(cm^2)

7 $\overline{AB} : \overline{AC} = \overline{BD} : \overline{CD}$이므로

$6 : 4 = 12 : x$, $3 : 2 = 12 : x$ $\therefore x = 8$

8 $\overline{AC} : \overline{AB} = \overline{CD} : \overline{BD}$이므로

$12 : 9 = (6+x) : x$, $4 : 3 = (6+x) : x$

$3(6+x) = 4x$ $\therefore x = 18$

---

2. 사다리꼴에서 평행선과 선분의 길이의 비 　94쪽

1 6	2 $\dfrac{32}{5}$	3 11 cm	4 13 cm
5 8 cm	6 16 cm	7 6	8 3

1 $(10-6) : 6 = x : 9$, $2 : 3 = x : 9$

$3x = 18$ $\therefore x = 6$

2 $5 : 8 = 4 : x$, $5x = 32$ $\therefore x = \dfrac{32}{5}$

3 $\overline{GF} = \overline{HC} = \overline{AD} = 9$ cm

$\overline{AE} : \overline{AB} = \overline{EG} : \overline{BH}$이므로

$4 : 12 = \overline{EG} : (15-9)$

$1 : 3 = \overline{EG} : 6$, $3\overline{EG} = 6$

$\therefore \overline{EG} = 2$ cm

$\therefore \overline{EF} = \overline{EG} + \overline{GF} = 2 + 9 = 11$(cm)

4 $\overline{AE} : \overline{AB} = \overline{EG} : \overline{BC}$이므로

$10 : 16 = \overline{EG} : 16$ $\therefore \overline{EG} = 10$ cm

$\overline{CF} : \overline{CD} = \overline{GF} : \overline{AD}$이므로

$6 : 16 = \overline{GF} : 8$, $3 : 8 = \overline{GF} : 8$

$\therefore \overline{GF} = 3$ cm

$\therefore \overline{EF} = \overline{EG} + \overline{GF} = 10 + 3 = 13$(cm)

5 오른쪽 그림과 같이 점 A에서 $\overline{DC}$에 평행한 선을 그어 $\overline{EF}$, $\overline{BC}$와 만나는 점을 각각 G, H라고 하면

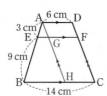

$\overline{GF}=\overline{HC}=\overline{AD}=6$ cm
$\overline{AE}:\overline{AB}=\overline{EG}:\overline{BH}$
$3:12=\overline{EG}:(14-6)$
$1:4=\overline{EG}:8$ $\quad\therefore \overline{EG}=2$ cm
$\therefore \overline{EF}=\overline{EG}+\overline{GF}=2+6=8$(cm)

6 오른쪽 그림과 같이 두 점 A와 C를 이어 $\overline{EF}$와 만나는 점을 G라고 하면

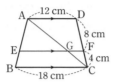

$\overline{AE}:\overline{AB}=\overline{EG}:\overline{BC}$이므로
$8:12=\overline{EG}:18$, $2:3=\overline{EG}:18$
$\therefore \overline{EG}=12$ cm
$\overline{CF}:\overline{CD}=\overline{GF}:\overline{AD}$이므로
$4:12=\overline{GF}:12$, $1:3=\overline{GF}:12$
$\therefore \overline{GF}=4$ cm
$\therefore \overline{EF}=\overline{EG}+\overline{GF}=12+4=16$(cm)

7 △ABE와 △CDE에서
$\overline{AE}:\overline{CE}=\overline{AB}:\overline{CD}$
$\overline{AE}:\overline{CE}=7:14=1:2$
△ABC에서 $\overline{AB}/\!/\overline{EF}$이므로
$\overline{CF}:\overline{FB}=\overline{CE}:\overline{EA}$
$(18-x):x=2:1$, $2x=18-x$
$\therefore x=6$

8 △CEF와 △CAB에서
$\overline{CF}:\overline{CB}=\overline{EF}:\overline{AB}$이므로
$\overline{CF}:\overline{CB}=2:6=1:3$
△BFE와 △BCD에서
$\overline{BF}:\overline{BC}=\overline{EF}:\overline{DC}$이므로
$2:3=2:x$ $\quad\therefore x=3$

3. 삼각형의 두 변의 중점을 연결한 선분의 성질 95쪽

1 10	2 5	3 8	4 14
5 3	6 9	7 7	8 3

1 $x=2\overline{MN}=2\times5=10$

2 $\overline{BD}=2\overline{ME}=2\times4=8$(cm)이므로
$\overline{DC}=18-8=10$(cm)
$\therefore x=\frac{1}{2}\overline{DC}=\frac{1}{2}\times10=5$

3 $x=\frac{1}{2}\overline{AC}=\frac{1}{2}\times16=8$

4 $x=2\overline{MN}=2\times7=14$

5 $\overline{BC}=2\overline{MN}=2\times8=16$(cm)이므로
$\overline{PQ}=\frac{1}{2}\overline{BC}=\frac{1}{2}\times16=8$(cm)
$\therefore x=8-5=3$

6 □DBFE는 평행사변형이므로 $\overline{BF}=\overline{DE}=9$ cm
$\overline{BC}=2\overline{DE}=2\times9=18$(cm)이므로 $x=18-9=9$

7 $\overline{DC}=2\overline{QR}=2\times7=14$(cm)
□ABCD가 등변사다리꼴이므로 $\overline{AB}=\overline{DC}=14$ cm
$\therefore x=\frac{1}{2}\overline{AB}=\frac{1}{2}\times14=7$

8 오른쪽 그림과 같이 점 D에서 $\overline{BE}$에 평행한 선분을 그어 $\overline{AC}$와 만나는 점을 G라고 하면

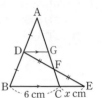

$\overline{DG}=\frac{1}{2}\overline{BC}=\frac{1}{2}\times6=3$(cm)
△DFG와 △EFC에서
$\overline{DG}/\!/\overline{BE}$이므로 ∠GDF=∠CEF
∠DFG=∠EFC (맞꼭지각), $\overline{DF}=\overline{EF}$
따라서 △DFG≡△EFC (ASA 합동)이므로
$\overline{CE}=\overline{DG}$ $\quad\therefore x=3$

4. 삼각형의 두 변의 중점을 연결한 선분의 성질의 응용 96쪽

1 13 cm	2 34 cm	3 24 cm^2	4 18
5 15	6 3	7 14	

1 $\overline{DE}=\frac{1}{2}\overline{AC}=\frac{1}{2}\times8=4$(cm)
$\overline{EF}=\frac{1}{2}\overline{AB}=\frac{1}{2}\times6=3$(cm)
$\overline{DF}=\frac{1}{2}\overline{BC}=\frac{1}{2}\times12=6$(cm)
따라서 △DEF의 둘레의 길이는 $4+3+6=13$(cm)

2 □EFGH의 둘레의 길이는 $19+15=34$(cm)

3 $\overline{EH}=\overline{FG}=\frac{1}{2}\overline{BD}=6$(cm), $\overline{HG}=\overline{EF}=\frac{1}{2}\overline{AC}=4$(cm)
즉, □EFGH는 평행사변형이다.
□ABCD가 마름모이므로 $\overline{AC}\perp\overline{BD}$
$\overline{EF}/\!/\overline{AC}$, $\overline{EH}/\!/\overline{BD}$이므로 $\overline{EF}\perp\overline{EH}$
따라서 □EFGH는 평행사변형이면서 한 각의 크기가 직각이므로 직사각형이다.
∴ □EFGH$=6\times4=24$(cm^2)

4 △CED에서 $\overline{DE}=2\overline{GF}=2\times6=12$(cm)
△ABF에서 $\overline{BF}=2\overline{DE}=2\times12=24$(cm)
$\therefore x=24-6=18$

5 △BDE에서 $\overline{ED}=2\overline{FG}=2\times5=10$(cm)
△AFC에서 $\overline{FC}=2\overline{ED}=2\times10=20$(cm)
$\therefore x=20-5=15$

6 △ABC에서 $\overline{MQ}=\frac{1}{2}\overline{BC}=\frac{1}{2}\times10=5$(cm)
△BDA에서 $\overline{MP}=\frac{1}{2}\overline{AD}=\frac{1}{2}\times4=2$(cm)
$\therefore x=5-2=3$

7 △BDA에서 $\overline{MP}=\frac{1}{2}\overline{AD}=\frac{1}{2}\times8=4$(cm)
$\therefore \overline{MQ}=\overline{MP}+\overline{PQ}=4+3=7$(cm)
△ABC에서 $x=2\overline{MQ}=2\times7=14$

1 ③, ⑤	2 ④	3 $x=3, y=4$	4 ②
5 ②	6 5 cm		

1 ① $\overline{AD} /\!/ \overline{EC}$이므로 ∠DAC=∠ACE (엇각)
　② $\overline{AD} /\!/ \overline{EC}$이므로 ∠BAD=∠AEC (동위각)
　③ △ACE는 ∠ACE=∠AEC이므로 이등변삼각형이다.
　　　∴ $\overline{AC}=\overline{AE}=9$ cm
　④ $\overline{AB} : \overline{AC}=6 : 9=2 : 3$
　⑤ 삼각형의 내각의 이등분선의 성질에 의하여
　　　$\overline{AB} : \overline{AC}=\overline{BD} : \overline{CD}$이므로 $6 : 9=4 : \overline{CD}$
　　　$6\overline{CD}=36$　∴ $\overline{CD}=6$ cm

2 삼각형의 외각의 이등분선의 성질에 의하여
　$\overline{AB} : \overline{AC}=\overline{BD} : \overline{CD}, 8 : 6=\overline{BD} : \overline{CD}$
　$\overline{BD} : \overline{CD}=4 : 3$이므로 $\overline{BC} : \overline{CD}=1 : 3$
　△ABC : △ACD=$\overline{BC} : \overline{CD}=1 : 3$
　△ABC : 30=1 : 3　∴ △ABC=10 cm²

3 △ABD에서 $\overline{AD} /\!/ \overline{EG}$이므로 $\overline{BE} : \overline{BA}=\overline{EG} : \overline{AD}$
　$x : (x+6)=2 : 6, 2(x+6)=6x$　∴ $x=3$
　△ABC에서 $\overline{EH} /\!/ \overline{BC}$이므로 $\overline{AE} : \overline{AB}=\overline{EH} : \overline{BC}$
　$6 : 9=(2+y) : 9$
　$9(2+y)=54$　∴ $y=4$

4 $\overline{BE} : \overline{DE}=\overline{AB} : \overline{CD}$
　　　　　$=12 : 6=2 : 1$
　△BCD에서 $\overline{BE} : \overline{BD}=\overline{EF} : \overline{DC}$이므로
　$2 : 3=x : 6, 3x=12$
　　　∴ $x=4$

5 △ABC에서 $\overline{ME}=\dfrac{1}{2}\overline{BC}=\dfrac{1}{2}\times16=8$(cm)
　△BDA에서 $\overline{MN}=\dfrac{1}{2}\overline{AD}=\dfrac{1}{2}\times12=6$(cm)
　　　∴ $x=8-6=2$

6 점 A에서 $\overline{BC}$에 평행한 선분을 그어 $\overline{DF}$와
　만나는 점을 G라고 하자.
　△AEG와 △CEF에서
　$\overline{AG} /\!/ \overline{FC}$이므로 ∠GAE=∠FCE
　∠AEG=∠CEF (맞꼭지각), $\overline{AE}=\overline{CE}$
　　　∴ △AEG≡△CEF (ASA 합동)
　$\overline{AG}=\overline{FC}, \overline{BF}=2\overline{AG}=2\overline{FC}$이므로
　$\overline{BC}=3\overline{FC}, 15=3\overline{FC}$
　　　∴ $\overline{FC}=5$ cm

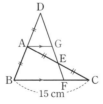

⑰ 삼각형의 무게중심, 닮은 도형의 넓이와 부피

1 $x=5, y=3$	2 $x=8, y=5$	3 4	4 6
5 9	6 8	7 2	

1 $\overline{BE}$는 중선이므로 $x=\dfrac{1}{2}\times10=5$
　삼각형의 무게중심은 세 중선의 길이를 꼭짓점으로부터 각각 2 : 1로 나누므로
　$6 : y=2 : 1$　∴ $y=3$

2 삼각형의 무게중심은 세 중선의 길이를 꼭짓점으로부터 각각 2 : 1로 나누므로
　$x : 4=2 : 1$　∴ $x=8$
　$10 : y=2 : 1, 2y=10$　∴ $y=5$

3 점 G는 △ABC의 무게중심이므로 $\overline{AG} : \overline{GD}=2 : 1$
　　　∴ $\overline{GD}=\dfrac{1}{3}\overline{AD}=\dfrac{1}{3}\times18=6$(cm)
　점 G′은 △GBC의 무게중심이므로 $\overline{GG'} : \overline{G'D}=2 : 1$
　　　∴ $\overline{GG'}=\dfrac{2}{3}\overline{GD}=\dfrac{2}{3}\times6=4$(cm)　∴ $x=4$

4 점 G′은 △GBC의 무게중심이므로 $\overline{GG'} : \overline{G'D}=2 : 1$
　$2 : \overline{G'D}=2 : 1$　∴ $\overline{G'D}=1$ cm
　　　∴ $\overline{GD}=3$ cm
　점 G는 △ABC의 무게중심이므로 $\overline{AG} : \overline{GD}=2 : 1$
　$x : 3=2 : 1$　∴ $x=6$

5 점 G는 △ABC의 무게중심이므로 $\overline{BG} : \overline{BE}=2 : 3$
　△BFE에서 $\overline{BG} : \overline{BE}=\overline{GD} : \overline{EF}$
　$2 : 3=6 : x, 2x=18$　∴ $x=9$

6 $\overline{AD}$는 중선이므로 $\overline{DC}=\overline{BD}=12$ cm
　점 G는 △ABC의 무게중심이므로 $\overline{AG} : \overline{AD}=2 : 3$
　△ADC에서 $\overline{AG} : \overline{AD}=\overline{GF} : \overline{DC}$
　$2 : 3=x : 12, 3x=24$　∴ $x=8$

7 $\overline{AG} : \overline{AD}=2 : 3$이므로 $\overline{AG}=\dfrac{2}{3}\times12=8$
　$\overline{AE}=\overline{EB}, \overline{EF} /\!/ \overline{BD}$이므로 $\overline{AF}=\overline{FD}=\dfrac{1}{2}\times12=6$
　　　∴ $x=\overline{AG}-\overline{AF}=8-6=2$

1 15 cm²	2 7 cm²	3 3 cm²	4 36 cm²
5 5 cm²	6 2 cm²	7 5	8 12

1 △AFG=△AGE=$\dfrac{1}{2}$□AFGE=$\dfrac{5}{2}$(cm²)
　　　∴ △ABC=6△AFG=$6\times\dfrac{5}{2}$=15(cm²)

2 △GBC=$\dfrac{1}{3}$△ABC=$\dfrac{1}{3}\times21$=7(cm²)

3 △GBC=$\dfrac{1}{3}$△ABC=$\dfrac{1}{3}\times27$=9(cm²)
　　　∴ △GG′C=$\dfrac{1}{3}$△GBC=$\dfrac{1}{3}\times9$=3(cm²)

4 △GBC=3△G′BC=3×4=12(cm²)
　　　∴ △ABC=3△GBC=3×12=36(cm²)

5 $\triangle AGC = \frac{1}{3}\triangle ABC = \frac{1}{3} \times 30 = 10 (\text{cm}^2)$

$\therefore \triangle AEC = \frac{1}{2}\triangle AGC = \frac{1}{2} \times 10 = 5 (\text{cm}^2)$

6 $\triangle ADC = \frac{1}{2}\triangle ABC = \frac{1}{2} \times 24 = 12 (\text{cm}^2)$

$\triangle GDC = \frac{1}{3}\triangle ADC = \frac{1}{3} \times 12 = 4 (\text{cm}^2)$

$\therefore \triangle EDC = \frac{1}{2}\triangle GDC = \frac{1}{2} \times 4 = 2 (\text{cm}^2)$

7 □ABCD는 평행사변형이므로

$\overline{DO} = \frac{1}{2} \times 30 = 15$

$\overline{AO} = \overline{OC}$, $\overline{DN} = \overline{NC}$이므로 점 P는 △ACD의 무게중심이다.

따라서 $\overline{DP} : \overline{PO} = 2 : 1$이므로 $x = \frac{1}{3}\overline{DO} = \frac{1}{3} \times 15 = 5$

8 □ABCD는 평행사변형이므로 $\overline{AO} = \overline{CO}$

$\overline{BM} = \overline{MC}$, $\overline{CN} = \overline{ND}$이므로 두 점 P, Q는 각각 △ABC, △ACD의 무게중심이다.

$\overline{BP} : \overline{PO} = 2 : 1$, $\overline{DQ} : \overline{QO} = 2 : 1$, $\overline{BO} = \overline{DO}$이므로

$\overline{BP} : \overline{PQ} : \overline{QD} = 1 : 1 : 1$

$\therefore x = 3 \times 4 = 12$

3. 닮은 도형의 넓이와 부피 ⬛ 100쪽

1 3 : 4	2 9 : 16	3 27 : 64	4 16 cm³
5 4 cm²	6 80 cm²	7 18 cm²	8 15 cm²

1 $6 : 8 = 3 : 4$

2 $3^2 : 4^2 = 9 : 16$

3 $3^3 : 4^3 = 27 : 64$

4 오각기둥의 겉넓이의 비가 $4 : 25 = 2^2 : 5^2$이므로 닮음비는 $2 : 5$이다.
따라서 부피의 비는 $2^3 : 5^3 = 8 : 125$
작은 오각기둥의 부피를 V라고 하면
$V : 250 = 8 : 125$, $V \times 125 = 250 \times 8$
$\therefore V = 16 \text{ cm}^3$

5 $\overline{AD} : \overline{AB} = 1 : 2$이므로 $\triangle ADE : \triangle ABC = 1 : 4$
$\triangle ADE : 16 = 1 : 4$ $\therefore \triangle ADE = 4 \text{ cm}^2$

6 $\overline{AD} /\!/ \overline{BC}$이므로
$\angle OAD = \angle OCB$, $\angle ODA = \angle OBC$ (엇각)
$\therefore \triangle AOD \sim \triangle COB$ (AA 닮음)
$\overline{AD} : \overline{CB} = 9 : 12 = 3 : 4$이므로
$\triangle AOD : \triangle COB = 9 : 16$
$45 : \triangle COB = 9 : 16$, $9 \times \triangle COB = 45 \times 16$
$\therefore \triangle COB = 80 \text{ cm}^2$

7 $\overline{AD} : \overline{AB} = 8 : 10 = 4 : 5$이므로 $\triangle ADE : \triangle ABC = 16 : 25$
$\triangle ABC : □DBCE = \triangle ABC : (\triangle ABC - \triangle ADE)$
$= 25 : (25 - 16) = 25 : 9$
$50 : □DBCE = 25 : 9$, $25 \times □DBCE = 50 \times 9$
$\therefore □DBCE = 18 \text{ cm}^2$

8 △AED와 △ACB에서 ∠ADE=∠ABC, ∠A는 공통이므로
△AED∽△ACB (AA 닮음)
$\overline{AE} : \overline{AC} = 6 : 9 = 2 : 3$이므로 △AED : △ACB = 4 : 9
$\triangle ABC : □EBCD = \triangle ABC : (\triangle ABC - \triangle AED)$
$= 9 : (9 - 4) = 9 : 5$
$27 : □EBCD = 9 : 5$, $9 \times □EBCD = 27 \times 5$
$\therefore □EBCD = 15 \text{ cm}^2$

4. 축도와 축척 ⬛ 101쪽

1 40 m	2 54 m	3 5 m	4 1 km
5 8 cm	6 20 km		

1 △ABC와 △EDC에서 ∠ACB=∠ECD (맞꼭지각),
∠ABC=∠EDC=90°
$\therefore \triangle ABC \sim \triangle EDC$ (AA 닮음)
따라서 $\overline{AB} : \overline{ED} = \overline{BC} : \overline{DC}$이므로
$\overline{AB} : 2 = 6000 : 3$, $\overline{AB} \times 3 = 2 \times 6000$
$\therefore \overline{AB} = 4000 \text{ cm} = 40 \text{ m}$

2 거울의 입사각과 반사각의 크기가 같으므로 △ABC와 △DEC에서
∠ACB=∠DCE, ∠ABC=∠DEC=90°
$\therefore \triangle ABC \sim \triangle DEC$ (AA 닮음)
따라서 $\overline{AB} : \overline{DE} = \overline{BC} : \overline{EC}$이므로
$\overline{AB} : 1.8 = 45 : 1.5$, $\overline{AB} \times 1.5 = 1.8 \times 45$
$\therefore \overline{AB} = 54 \text{ m}$

3 △ABC와 △ADE에서 ∠A는 공통, ∠ABC=∠ADE=90°
$\therefore \triangle ABC \sim \triangle ADE$ (AA 닮음)
따라서 $\overline{AB} : \overline{AD} = \overline{CB} : \overline{ED}$이므로
$3 : 10 = 1.5 : \overline{ED}$, $3 \times \overline{ED} = 10 \times 1.5$
$\therefore \overline{ED} = 5 \text{ m}$

4 $(실제 거리) = \frac{(축도에서의 길이)}{(축척)}$이므로

$(실제 거리) = 2 \div \frac{1}{50000} = 2 \times 50000$
$= 100000 (\text{cm}) = 1 (\text{km})$

5 (지도에서의 길이)=(실제 거리)×(축척)이고
$0.8 \text{ km} = 80000 \text{ cm}$
$\therefore (지도에서의 길이) = 80000 \times \frac{1}{10000} = 8 (\text{cm})$

6 지도에서 길이가 2 cm일 때, 실제 거리가 8 km이므로
$(축척) = \frac{2 \text{ cm}}{8 \text{ km}} = \frac{2 \text{ cm}}{800000 \text{ cm}} = \frac{1}{400000}$
따라서 지도에서 길이가 5 cm일 때, 실제 거리는
$(실제 거리) = 5 \div \frac{1}{400000} = 5 \times 400000$
$= 2000000 (\text{cm}) = 20 (\text{km})$

개념 완성 문제 ⬛ 102쪽

1 ⑤	2 8	3 ③	4 ④
5 320 cm³	6 ②		

1 점 G가 △ABC의 무게중심이므로
$\overline{\text{CG}}:\overline{\text{GD}}=2:1$, $\overline{\text{CG}}:5=2:1$
∴ $\overline{\text{CG}}=10$ cm, $\overline{\text{CD}}=15$ cm
$\overline{\text{CD}}$는 중선이므로 $\overline{\text{AD}}=\overline{\text{BD}}$
점 D는 직각삼각형 ABC의 외심이므로
$\overline{\text{AD}}=\overline{\text{BD}}=\overline{\text{CD}}=15$ cm
∴ $x=2\times15=30$

2 두 점 G, G′이 각각 △ABD, △ADC의 무게중심이므로
$\overline{\text{AG}}:\overline{\text{AE}}=\overline{\text{AG}'}:\overline{\text{AF}}=2:3$
$\overline{\text{EF}}=\dfrac{1}{2}\overline{\text{BC}}=\dfrac{1}{2}\times24=12\,(\text{cm})$
$\overline{\text{AG}}:\overline{\text{AE}}=\overline{\text{GG}'}:\overline{\text{EF}}$이므로
$2:3=x:12$, $3x=24$
∴ $x=8$

3 오른쪽 그림과 같이 두 점 A와 G를 이으면 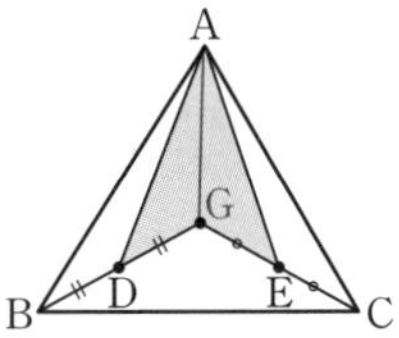
$△\text{ADG}=\dfrac{1}{2}△\text{ABG}=\dfrac{1}{2}\times\dfrac{1}{3}△\text{ABC}$
$=\dfrac{1}{6}\times42=7\,(\text{cm}^2)$
$△\text{AGE}=\dfrac{1}{2}△\text{AGC}=\dfrac{1}{2}\times\dfrac{1}{3}△\text{ABC}$
$=\dfrac{1}{6}\times42=7\,(\text{cm}^2)$
따라서 색칠한 부분의 넓이는
$△\text{ADG}+△\text{AGE}=7+7=14\,(\text{cm}^2)$

4 □ABCD는 평행사변형이므로 $\overline{\text{AB}}\,/\!/\,\overline{\text{DC}}$
△ABF와 △CEF에서
∠ABF=∠CEF, ∠BAE=∠ECF(엇각)
∴ △ABF∽△CEF (AA 닮음)
$\overline{\text{CE}}:\overline{\text{CD}}=2:5$이고 $\overline{\text{AB}}=\overline{\text{CD}}$이므로 △ABF와 △CEF의 닮음
비는 5:2이다.
따라서 $△\text{ABF}:△\text{CEF}=5^2:2^2=25:4$이므로
$△\text{ABF}:16=25:4$, $4△\text{ABF}=16\times25$
∴ $△\text{ABF}=100$ cm²

5 수면의 높이와 그릇의 높이의 닮음비는 4:16=1:4이므로 부피의
비는 $1^3:4^3=1:64$
따라서 그릇의 부피를 V라고 하면
$5:V=1:64$ ∴ $V=320$ cm³

6 지도에서 길이가 1 cm이면 실제 거리가 4 km=400000 cm이므로 축
척은 $\dfrac{1}{400000}$이다.
따라서 실제 거리가 16 km=1600000 cm이므로 지도에서의 길이는
$1600000\times\dfrac{1}{400000}=4\,(\text{cm})$

⑱ 피타고라스 정리

1. 피타고라스 정리 103쪽

1 10	2 13	3 17	4 15
5 3	6 12	7 9	8 15

1 $x^2=6^2+8^2=100$ ∴ $x=10$

2 $x^2=12^2+5^2=169$ ∴ $x=13$

3 $x^2=8^2+15^2=289$ ∴ $x=17$

4 $x^2=9^2+12^2=225$ ∴ $x=15$

5 $x^2=5^2-4^2=9$ ∴ $x=3$

6 $x^2=13^2-5^2=144$ ∴ $x=12$

7 $x^2=15^2-12^2=81$ ∴ $x=9$

8 $x^2=17^2-8^2=225$ ∴ $x=15$

2. 피타고라스 정리의 이용 104쪽

1 $x=8, y=10$	2 $x=12, y=20$	3 8	4 12
5 $x=15, y=17$	6 $x=12, y=9$	7 12	8 17

1 $x^2=17^2-15^2=64$ ∴ $x=8$
$y^2=8^2+6^2=100$ ∴ $y=10$

2 $x^2=13^2-5^2=144$ ∴ $x=12$
$y^2=12^2+16^2=400$ ∴ $y=20$

3 $\overline{\text{BD}}^2=5^2-3^2=16$ ∴ $\overline{\text{BD}}=4$
이등변삼각형의 꼭지각에서 밑변에 그은 수선은 밑변을 이등분하므로
$\overline{\text{BD}}=\overline{\text{CD}}$
∴ $x=8$

4 이등변삼각형의 꼭지각에서 밑변에 그은 수선은 밑변을 이등분하므로
$\overline{\text{BD}}=\overline{\text{CD}}=9$
△ABD에서 $x^2=15^2-9^2=144$ ∴ $x=12$

5 $x^2=9^2+12^2=225$ ∴ $x=15$
$y^2=15^2+8^2=289$ ∴ $y=17$

6 $x^2=13^2-5^2=144$ ∴ $x=12$
$y^2=15^2-12^2=81$ ∴ $y=9$

7 오른쪽 그림과 같이 점 A에서 $\overline{\text{DC}}$에 내린 수선의
발을 E라고 하면
$\overline{\text{AE}}=\overline{\text{BC}}=8$이므로
$\overline{\text{DE}}^2=\overline{\text{AD}}^2-\overline{\text{AE}}^2=10^2-8^2=36$
∴ $\overline{\text{DE}}=6$ ∴ $x=6+6=12$

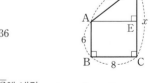

8 오른쪽 그림과 같이 점 D에서 $\overline{\text{BC}}$에 내린
수선의 발을 E라고 하면 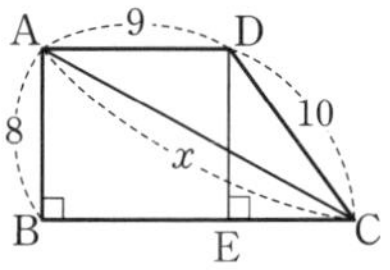
$\overline{\text{DE}}=\overline{\text{AB}}=8$이므로
$\overline{\text{EC}}^2=\overline{\text{DC}}^2-\overline{\text{DE}}^2=10^2-8^2=36$
∴ $\overline{\text{EC}}=6$
$\overline{\text{BE}}=\overline{\text{AD}}=9$이므로 $\overline{\text{BC}}=15$
$x^2=8^2+15^2=289$ ∴ $x=17$

29

1 11 cm²	2 5 cm²	3 8 cm²	4 18 cm²
5 예각	6 직각	7 둔각	8 ○
9 ×	10 ○	11 ×	

1 색칠한 정사각형의 넓이는 $\overline{BC}^2$이므로
　$\overline{BC}^2=\overline{AB}^2+\overline{AC}^2=7+4=11(\text{cm}^2)$

2 색칠한 정사각형의 넓이는 $\overline{AB}^2$이므로
　$\overline{AB}^2=\overline{BC}^2-\overline{AC}^2=20-15=5(\text{cm}^2)$

3 오른쪽 그림과 같이 꼭짓점 A에서 $\overline{BC}$에 내린 수선의 발을 L, 그 연장선과 $\overline{FG}$가 만나는 점을 M이라고 하면
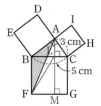
　$\overline{AB}^2=\overline{BC}^2-\overline{AC}^2=5^2-3^2=16(\text{cm}^2)$
　□BFML=□ADEB=16 cm²
　∴ △ABF=△LBF=$\frac{1}{2}\times16=8(\text{cm}^2)$

4 오른쪽 그림과 같이 꼭짓점 A에서 $\overline{BC}$에 내린 수선의 발을 L, 그 연장선과 $\overline{FG}$가 만나는 점을 M이라고 하면
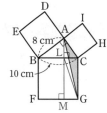
　$\overline{AC}^2=\overline{BC}^2-\overline{AB}^2=10^2-8^2=36(\text{cm}^2)$
　□LMGC=□ACHI=36 cm²
　∴ △AGC=△LGC=$\frac{1}{2}\times36$
　　　　　　　$=18(\text{cm}^2)$

5 $9^2<6^2+7^2$이므로 예각삼각형이다.

6 $20^2=12^2+16^2$이므로 직각삼각형이다.

7 $14^2>7^2+9^2$이므로 둔각삼각형이다.

9 $b^2=a^2+c^2$이면 ∠B=90°이다.

11 △ABC에서 a가 가장 긴 변의 길이일 때, $a^2<b^2+c^2$이면 △ABC는 예각삼각형이다.

1 108	2 61	3 20	4 97
5 17	6 10	7 36π	8 54

1 $\overline{DE}^2+\overline{BC}^2=\overline{BE}^2+\overline{CD}^2$이므로 $3^2+x^2=6^2+9^2$
　$9+x^2=36+81$　∴ $x^2=108$

2 $\overline{AB}^2+\overline{ED}^2=\overline{BE}^2+\overline{DA}^2$이므로 $10^2+5^2=8^2+x^2$
　$100+25=64+x^2$　∴ $x^2=61$

3 $\overline{AB}^2+\overline{CD}^2=\overline{AD}^2+\overline{BC}^2$이므로 $8^2+10^2=x^2+12^2$
　$64+100=144+x^2$　∴ $x^2=20$

4 $\overline{AB}^2+\overline{CD}^2=\overline{BC}^2+\overline{DA}^2$이므로 $4^2+x^2=8^2+7^2$
　$16+x^2=64+49$　∴ $x^2=97$

5 $\overline{AP}^2+\overline{CP}^2=\overline{BP}^2+\overline{DP}^2$이므로 $10^2+x^2=9^2+6^2$
　$100+x^2=81+36$　∴ $x^2=17$

6 $\overline{AP}^2+\overline{CP}^2=\overline{BP}^2+\overline{DP}^2$이므로 $6^2+8^2=(3x)^2+x^2$
　$36+64=9x^2+x^2$, $100=10x^2$　∴ $x=10$

7 오른쪽 그림에서 반원의 넓이를 각각 S_1, S_2, S_3라고 하면
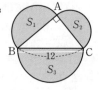
　$S_3=\frac{1}{2}\times6^2\times\pi=18\pi$
　$S_1+S_2=S_3$이므로 색칠한 부분의 넓이는
　$2S_3=2\times18\pi=36\pi$

8 $\overline{AC}^2=\overline{BC}^2-\overline{AB}^2=15^2-12^2=225-144=81$
　∴ $\overline{AC}=9$
　색칠한 부분의 넓이는 △ABC의 넓이와 같으므로
　△ABC=$\frac{1}{2}\times12\times9=54$

1 ①	2 ③	3 ②	4 ③
5 ④	6 10π		

1 △ABC=$\frac{1}{2}\times\overline{AB}\times\overline{AC}$에서 $30=\frac{1}{2}\times12\times\overline{AC}$
　∴ $\overline{AC}=5$ cm
　$\overline{BC}^2=\overline{AB}^2+\overline{AC}^2$에서 $\overline{BC}^2=12^2+5^2=169$
　∴ $\overline{BC}=13$ cm

2 $\overline{BC}:\overline{DC}=4:3$이므로 $\overline{BC}=4x$, $\overline{DC}=3x$로 놓으면
　$(4x)^2+(3x)^2=20^2$, $25x^2=400$
　$x^2=16$　∴ $x=4$
　∴ $\overline{DC}=3x=12$

3 □ACHI의 넓이는 $\overline{AC}^2$이므로
　$\overline{AC}^2=9^2-7^2=81-49=32(\text{cm}^2)$

4 ③ △ABC에서 a가 가장 긴 변의 길이일 때, $a^2<b^2+c^2$이면 △ABC는 예각삼각형이다.

5 $\overline{AB}^2+\overline{CD}^2=\overline{BC}^2+\overline{DA}^2$이므로 $\overline{AB}^2+8^2=6^2+7^2$
　$\overline{AB}^2=85-64=21$
　따라서 △ABO에서 $x^2=\overline{AB}^2-3^2=21-9=12$

6 지름의 길이가 8인 반원의 넓이는 $\frac{1}{2}\times4^2\times\pi=8\pi$
　따라서 색칠한 부분의 넓이는 $18\pi-8\pi=10\pi$

1 ①	2 31°	3 ②	4 16 cm
5 56°	6 ②	7 ③	8 54 cm²
9 ①	10 12 cm	11 2 cm	12 ⑤
13 9 cm	14 ③	15 ②	16 8번

1 △ABC는 이등변삼각형이므로 ∠ACB=∠ABC=35°
한 외각의 크기는 그와 이웃하지 않는 두 내각의 크기의 합과 같으므로
△ABC에서 ∠DAC=35°+35°=70°
∠ADC=∠DAC=70°
∴ ∠y=180°-70°=110°
△DBC에서 ∠x=35°+70°=105°
∴ ∠y-∠x=110°-105°=5°

2 △DBM과 △ECM에서
∠BDM=∠CEM=90°, $\overline{BM}=\overline{CM}$, $\overline{DM}=\overline{EM}$
∴ △DBM≡△ECM (RHS 합동)
∠DBM=∠ECM이므로
∠DBM=∠ECM=$\frac{1}{2}$×(180°-62°)=59°
따라서 △EMC에서 ∠EMC=180°-(90°+59°)=31°

3 △ABC는 직각삼각형이고 점 D는 $\overline{BC}$의 중점이므로 외심이다.
따라서 $\overline{BD}=\overline{AD}$이므로 ∠BAD=∠ABD=33°
△ABD에서 ∠ADE=33°+33°=66°
△ADE에서
∠DAE=180°-(90°+66°)=24°

4 △ABC의 내접원의 반지름의 길이가 r일 때,
△ABC=$\frac{1}{2}$×r×($\overline{AB}+\overline{BC}+\overline{CA}$)이므로
96=$\frac{1}{2}$×4×(12+20+$\overline{CA}$), 48=32+$\overline{CA}$
∴ $\overline{CA}$=16 cm

5 □ABCD가 평행사변형이므로 $\overline{AD}$∥$\overline{BC}$
즉, ∠EBC=∠AEB=62°이므로
∠A=180°-(62°+62°)=56°
따라서 평행사변형의 대각의 크기는 같으므로 ∠C=∠A=56°

6 □ABCD가 직사각형이므로 두 대각선의 길이는 같고 서로 다른 것을 이등분하므로 $\overline{BO}=\overline{AO}=\overline{CO}$=5(cm)
즉, △OBC의 둘레의 길이는 8+2×5=18(cm)

7 평행사변형이 직사각형이 되는 조건과 마름모가 되는 조건을 모두 만족해야 평행사변형이 정사각형이 된다.
① 평행사변형 ABCD가 $\overline{AB}=\overline{BC}=\overline{CD}=\overline{DA}$를 만족하면 마름모가 된다.
② 평행사변형 ABCD가 $\overline{AO}=\overline{BO}$, ∠BCD=90°를 만족하면 대각선의 길이가 같고 한 내각의 크기가 90°가 되어 직사각형이 된다.
③ 평행사변형 ABCD가 ∠ABC=90°, ∠AOB=90°를 만족하면 한 내각의 크기가 90°이고 두 대각선이 수직이므로 정사각형이 된다.
④ 평행사변형 ABCD가 $\overline{AC}=\overline{BD}$, ∠BAD=90°를 만족하면 대각선의 길이가 같고 한 내각의 크기가 90°가 되어 직사각형이 된다.
⑤ 평행사변형 ABCD가 $\overline{AB}=\overline{AD}$, ∠BAC=∠CAD를 만족하면 이웃하는 두 변의 길이가 같고 대각선이 꼭지각을 이등분하므로 마름모가 된다.

8 △ACD에서 $\overline{AO}:\overline{OC}$=1:2이므로 △AOD:△OCD=1:2
6:△OCD=1:2 ∴ △OCD=12 cm²
$\overline{AD}$∥$\overline{BC}$이므로 △ABD에서
$\overline{DO}:\overline{OB}$=1:2, △AOD:△ABO=1:2
6:△ABO=1:2 ∴ △ABO=12 cm²
△ABC에서
$\overline{AO}:\overline{OC}$=1:2이므로 △ABO:△OBC=1:2

12:△OBC=1:2 ∴ △OBC=24 cm²
∴ □ABCD=6+12+12+24=54(cm²)

9 △ADE와 △ACB에서
∠A는 공통, ∠AED=∠ABC이므로
△ADE∽△ACB (AA 닮음)
$\overline{AE}:\overline{AB}=\overline{AD}:\overline{AC}$이므로
6:12=5:$\overline{AC}$
∴ $\overline{AC}$=10 cm
∴ $\overline{EC}=\overline{AC}-\overline{AE}$=10-6=4(cm)

10 △AEF와 △DFC에서
∠FAE=∠CDF=90°, ∠EFC=90°
∠AFE+∠DFC=90°,
∠AFE+∠AEF=90°이므로
∠DFC=∠AEF
∴ △AEF∽△DFC (AA닮음)
따라서 $\overline{AE}:\overline{DF}=\overline{AF}:\overline{DC}$이므로
4:$\overline{DF}$=3:9, 3$\overline{DF}$=36 ∴ $\overline{DF}$=12 cm

11 $\overline{FH}$∥$\overline{AC}$이므로 $\overline{DF}:\overline{DA}=\overline{FG}:\overline{AE}$
6:9=$\overline{FG}$:6, 9$\overline{FG}$=36
∴ $\overline{FG}$=4 cm
$\overline{DE}$∥$\overline{BC}$이므로 $\overline{FD}:\overline{DB}=\overline{FG}:\overline{GH}$
6:3=4:$\overline{GH}$, 6$\overline{GH}$=12
∴ $\overline{GH}$=2 cm

12 △ABC에서 $\overline{AE}$는 ∠A의 이등분선이므로
$\overline{BE}:\overline{CE}=\overline{AB}:\overline{AC}$=12:8=3:2
$\overline{DE}$∥$\overline{AC}$이므로 $\overline{BE}:\overline{BC}=\overline{DE}:\overline{AC}$
3:5=$\overline{DE}$:8, 5$\overline{DE}$=24
∴ $\overline{DE}=\frac{24}{5}$ cm

13 오른쪽 그림과 같이 점 A에서 $\overline{DC}$에 평행한 선을 그어 $\overline{EF}$, $\overline{BC}$와 만나는 점을 각각 G, H라고 하면 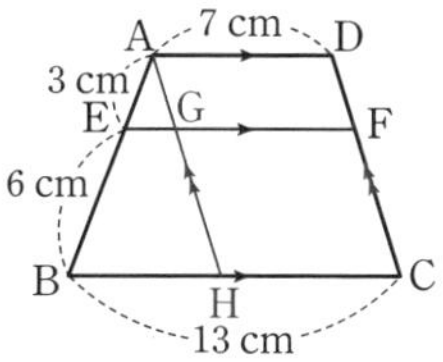
$\overline{GF}=\overline{HC}=\overline{AD}$=7 cm
$\overline{AE}:\overline{AB}=\overline{EG}:\overline{BH}$
3:9=$\overline{EG}$:(13-7)
1:3=$\overline{EG}$:6 ∴ $\overline{EG}$=2 cm
∴ $\overline{EF}=\overline{EG}+\overline{GF}$=2+7=9(cm)

14 점 G가 △ABC의 무게중심이므로 $\overline{AG}:\overline{GD}$=2:1
$\overline{AG}$:6=2:1, $\overline{AG}$=12
∴ $\overline{AD}$=18 cm
$\overline{AF}=\overline{FD}=\frac{1}{2}$×18=9(cm)이므로
$\overline{FG}=\overline{FD}-\overline{GD}$=9-6=3(cm)

15 $\overline{BC}^2=12^2+9^2=15^2$
∴ $\overline{BC}$=15(cm)
$\overline{AC}^2=\overline{DC}×\overline{BC}$이므로 $9^2=\overline{DC}×15$
∴ $\overline{DC}=\frac{27}{5}$(cm)

16 두 종이컵의 닮음비는 반지름의 길이의 비와 같으므로
2:4=1:2
따라서 부피의 비는 $1^3:2^3$=1:8이므로 작은 종이컵으로 8번 음료수를 부으면 큰 종이컵이 가득 찬다.

31

3학년 도형

⑲ 삼각비

1. 삼각비 `112쪽`

1 $\frac{8}{17}$	2 $\frac{15}{17}$	3 $\frac{8}{15}$	4 $\frac{15}{17}$
5 $\frac{8}{17}$	6 $\frac{15}{8}$	7 $\frac{1}{2}$	8 $\frac{\sqrt{3}}{2}$
9 $\frac{\sqrt{3}}{3}$	10 $\frac{\sqrt{3}}{2}$	11 $\frac{1}{2}$	12 $\sqrt{3}$

1 $\sin A = \dfrac{\overline{BC}}{\overline{AC}} = \dfrac{8}{17}$

2 $\cos A = \dfrac{\overline{AB}}{\overline{AC}} = \dfrac{15}{17}$

3 $\tan A = \dfrac{\overline{BC}}{\overline{AB}} = \dfrac{8}{15}$

4 $\sin C = \dfrac{\overline{AB}}{\overline{AC}} = \dfrac{15}{17}$

5 $\cos C = \dfrac{\overline{BC}}{\overline{AC}} = \dfrac{8}{17}$

6 $\tan C = \dfrac{\overline{AB}}{\overline{BC}} = \dfrac{15}{8}$

7 $\sin B = \dfrac{\overline{AC}}{\overline{BC}} = \dfrac{2}{4} = \dfrac{1}{2}$

8 $\cos B = \dfrac{\overline{AB}}{\overline{BC}} = \dfrac{2\sqrt{3}}{4} = \dfrac{\sqrt{3}}{2}$

9 $\tan B = \dfrac{\overline{AC}}{\overline{AB}} = \dfrac{2}{2\sqrt{3}} = \dfrac{\sqrt{3}}{3}$

10 $\sin C = \dfrac{\overline{AB}}{\overline{BC}} = \dfrac{2\sqrt{3}}{4} = \dfrac{\sqrt{3}}{2}$

11 $\cos C = \dfrac{\overline{AC}}{\overline{BC}} = \dfrac{2}{4} = \dfrac{1}{2}$

12 $\tan C = \dfrac{\overline{BA}}{\overline{AC}} = \dfrac{2\sqrt{3}}{2} = \sqrt{3}$

2. 삼각형의 변의 길이 구하기 `113쪽`

1 $\frac{1}{2}$	2 $\frac{2\sqrt{5}}{5}$	3 $\frac{2\sqrt{5}}{5}$	4 2
5 $4\sqrt{3}$	6 $2\sqrt{3}$	7 $\frac{\sqrt{3}}{3}$	8 $\frac{\sqrt{3}}{3}$
9 $\frac{\sqrt{2}}{2}$	10 $\frac{\sqrt{6}}{3}$		

1 $\overline{AB} = \sqrt{\overline{BC}^2 - \overline{AC}^2} = \sqrt{(4\sqrt{5})^2 - 4^2} = \sqrt{64} = 8$

$\therefore \tan B = \dfrac{\overline{AC}}{\overline{AB}} = \dfrac{4}{8} = \dfrac{1}{2}$

2 $\cos B = \dfrac{\overline{AB}}{\overline{BC}} = \dfrac{8}{4\sqrt{5}} = \dfrac{2\sqrt{5}}{5}$

3 $\sin C = \dfrac{\overline{AB}}{\overline{BC}} = \dfrac{8}{4\sqrt{5}} = \dfrac{2\sqrt{5}}{5}$

4 $\tan C = \dfrac{\overline{AB}}{\overline{AC}} = \dfrac{8}{4} = 2$

5 $\sin B = \dfrac{\overline{AC}}{\overline{AB}}$

$\dfrac{\sqrt{3}}{2} = \dfrac{6}{\overline{AB}}, \sqrt{3}\,\overline{AB} = 12$

$\therefore \overline{AB} = 12 \times \dfrac{1}{\sqrt{3}} = 4\sqrt{3}$

6 $\overline{BC} = \sqrt{\overline{AB}^2 - \overline{AC}^2} = \sqrt{(4\sqrt{3})^2 - 6^2} = \sqrt{12} = 2\sqrt{3}$

7 $\cos C = \dfrac{\overline{AC}}{\overline{BC}}$

$\dfrac{\sqrt{6}}{3} = \dfrac{10}{\overline{BC}}, \sqrt{6}\,\overline{BC} = 30$

$\therefore \overline{BC} = 30 \times \dfrac{1}{\sqrt{6}} = 5\sqrt{6}$

$\overline{AB} = \sqrt{\overline{BC}^2 - \overline{AC}^2} = \sqrt{(5\sqrt{6})^2 - 10^2} = \sqrt{50} = 5\sqrt{2}$

$\therefore \sin C = \dfrac{\overline{AB}}{\overline{BC}} = \dfrac{5\sqrt{2}}{5\sqrt{6}} = \dfrac{\sqrt{3}}{3}$

8 $\cos B = \dfrac{\overline{AB}}{\overline{BC}} = \dfrac{5\sqrt{2}}{5\sqrt{6}} = \dfrac{\sqrt{3}}{3}$

9 $\tan C = \dfrac{\overline{AB}}{\overline{AC}} = \dfrac{5\sqrt{2}}{10} = \dfrac{\sqrt{2}}{2}$

10 $\sin B = \dfrac{\overline{AC}}{\overline{BC}} = \dfrac{10}{5\sqrt{6}} = \dfrac{\sqrt{6}}{3}$

3. 삼각비의 값의 활용 `114쪽`

1 $\angle ACB$	2 $\angle ABC$	3 $\frac{\sqrt{3}}{3}$	4 $\frac{\sqrt{2}}{2}$
5 $\frac{\sqrt{6}}{3}$	6 $\sqrt{3}$	7 $\frac{1}{2}$	8 $\frac{\sqrt{5}}{5}$

1 $\angle x + \angle y = 90°, \angle ACB + \angle y = 90°$
$\therefore \angle x = \angle ACB$

2 $\angle x + \angle y = 90°, \angle x + \angle ABC = 90°$
$\therefore \angle y = \angle ABC$

3 $\overline{BC} = \sqrt{\overline{AB}^2 + \overline{AC}^2} = \sqrt{5^2 + (5\sqrt{2})^2} = 5\sqrt{3}$
$\angle y = \angle ABC$이므로
$\cos y = \dfrac{\overline{AB}}{\overline{BC}} = \dfrac{5}{5\sqrt{3}} = \dfrac{\sqrt{3}}{3}$

4 $\angle x = \angle ACB$이므로
$\tan x = \dfrac{\overline{AB}}{\overline{AC}} = \dfrac{5}{5\sqrt{2}} = \dfrac{\sqrt{2}}{2}$

5 $\sin y = \dfrac{\overline{AC}}{\overline{BC}} = \dfrac{5\sqrt{2}}{5\sqrt{3}} = \dfrac{\sqrt{6}}{3}$

6 $\angle x = \angle EDC$이고
$\overline{EC} = \sqrt{\overline{DC}^2 - \overline{DE}^2} = \sqrt{(4\sqrt{3})^2 - 6^2} = \sqrt{12} = 2\sqrt{3}$
$\therefore \cos x \div \sin x = \dfrac{6}{4\sqrt{3}} \div \dfrac{2\sqrt{3}}{4\sqrt{3}} = \dfrac{6}{4\sqrt{3}} \times \dfrac{4\sqrt{3}}{2\sqrt{3}} = \sqrt{3}$

7 $\tan x \times \cos x = \dfrac{2\sqrt{3}}{6} \times \dfrac{6}{4\sqrt{3}} = \dfrac{1}{2}$

8 $x-2y+4=0$에 $y=0$을 대입하면 $x=-4$
  $x=0$을 대입하면 $y=2$
  점 A를 x절편, 점 B를 y절편이라고 하면

  $\overline{AB}=\sqrt{\overline{AO}^2+\overline{BO}^2}=\sqrt{4^2+2^2}=2\sqrt{5}$
  $\therefore \sin a=\dfrac{\overline{BO}}{\overline{AB}}=\dfrac{2}{2\sqrt{5}}=\dfrac{\sqrt{5}}{5}$

개념 완성 문제 115쪽

1 ②	2 $\dfrac{\sqrt{3}}{3}$	3 $6\sqrt{7}$ cm²	4 ④
5 ⑤	6 ②		

1 $\overline{BC}=\sqrt{\overline{AC}^2-\overline{AB}^2}=\sqrt{(2\sqrt{3})^2-2^2}=\sqrt{8}=2\sqrt{2}$
  $\therefore \cos A\times\sin A=\dfrac{2}{2\sqrt{3}}\times\dfrac{2\sqrt{2}}{2\sqrt{3}}==\dfrac{\sqrt{2}}{3}$

2 $\overline{AD}=\sqrt{6^2-2^2}=\sqrt{32}=4\sqrt{2}$
  $\overline{AB}=\sqrt{\overline{BD}^2+\overline{AD}^2}=\sqrt{8^2+(4\sqrt{2})^2}=4\sqrt{6}$
  $\therefore \sin B=\dfrac{4\sqrt{2}}{4\sqrt{6}}=\dfrac{\sqrt{3}}{3}$

3 $\sin A=\dfrac{\overline{BC}}{\overline{AB}}$, $\dfrac{3}{4}=\dfrac{\overline{BC}}{8}$
  $\therefore \overline{BC}=6$
  $\overline{AC}=\sqrt{\overline{AB}^2-\overline{BC}^2}=\sqrt{8^2-6^2}=2\sqrt{7}$
  $\therefore \triangle ABC=\dfrac{1}{2}\times6\times2\sqrt{7}=6\sqrt{7}$(cm²)

4 오른쪽 그림과 같이 ∠B=90°인 △ABC
  를 그리고 $\overline{AB}=5$, $\overline{BC}=12$로 놓으면
  $\overline{AC}=\sqrt{\overline{AB}^2+\overline{BC}^2}=\sqrt{5^2+12^2}$
  $=\sqrt{169}=13$
  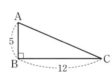
  $\therefore 13(\sin A+\cos A)=13\times\left(\dfrac{12}{13}+\dfrac{5}{13}\right)=17$

5 $\overline{BD}=\sqrt{\overline{AB}^2+\overline{AD}^2}=\sqrt{5^2+10^2}=\sqrt{125}=5\sqrt{5}$
  ∠ADB=∠x이므로
  $\sin x\div\tan x=\dfrac{5}{5\sqrt{5}}\div\dfrac{5}{10}=\dfrac{\sqrt{5}}{5}\times2=\dfrac{2\sqrt{5}}{5}$

6 $\overline{DE}=\sqrt{\overline{BD}^2-\overline{BE}^2}=\sqrt{9^2-(3\sqrt{5})^2}=\sqrt{36}=6$
  ∠BDE=∠x이므로
  $\cos x=\dfrac{6}{9}=\dfrac{2}{3}$

㉒ 삼각비의 값

1. 30°, 45°, 60°의 삼각비의 값 116쪽

1 1	2 $\dfrac{1}{2}$	3 $\dfrac{1}{2}$	4 $\dfrac{\sqrt{2}}{2}$
5 $\sqrt{3}$	6 $\dfrac{\sqrt{3}}{2}$	7 $\dfrac{\sqrt{2}}{2}$	8 $\dfrac{\sqrt{3}}{3}$
9 $\dfrac{\sqrt{3}}{2}$	10 0	11 $\dfrac{3}{2}$	12 $\dfrac{2}{3}$
13 $\dfrac{1}{2}$	14 1		

10 $\sin 45°-\cos 45°=\dfrac{\sqrt{2}}{2}-\dfrac{\sqrt{2}}{2}=0$

11 $\cos 30°\times\tan 60°=\dfrac{\sqrt{3}}{2}\times\sqrt{3}=\dfrac{3}{2}$

12 $\tan 30°\div\sin 60°=\dfrac{\sqrt{3}}{3}\times\dfrac{2}{\sqrt{3}}=\dfrac{2}{3}$

13 $\tan 45°\times\sin 30°=1\times\dfrac{1}{2}=\dfrac{1}{2}$

14 $\sin 30°+\cos 60°=\dfrac{1}{2}+\dfrac{1}{2}=1$

2. 특수한 각의 삼각비의 값의 응용 117쪽

1 30°	2 60°	3 45°	4 $\dfrac{\sqrt{3}}{6}$
5 1	6 $\dfrac{\sqrt{3}}{2}$	7 $\dfrac{1}{2}$	8 $7\sqrt{6}$
9 $3\sqrt{3}$	10 2		

4 $\sin(x+15°)=\dfrac{\sqrt{2}}{2}$이므로 $x+15°=45°$ $\therefore x=30°$
  $\therefore \sin 30°\times\tan 30°=\dfrac{1}{2}\times\dfrac{\sqrt{3}}{3}=\dfrac{\sqrt{3}}{6}$

5 $\tan(2x-30°)=\sqrt{3}$이므로 $2x-30°=60°$ $\therefore x=45°$
  $\therefore \sin 45°\div\cos 45°=\dfrac{\sqrt{2}}{2}\times\dfrac{2}{\sqrt{2}}=1$

6 $\cos(x-15°)=\dfrac{\sqrt{2}}{2}$이므로 $x-15°=45°$ $\therefore x=60°$
  $\therefore \cos 60°\times\tan 60°=\dfrac{1}{2}\times\sqrt{3}=\dfrac{\sqrt{3}}{2}$

7 $\sin(x-30°)=\dfrac{1}{2}$이므로 $x-30°=30°$ $\therefore x=60°$
  $\therefore \sin 60°\div\tan 60°=\dfrac{\sqrt{3}}{2}\times\dfrac{1}{\sqrt{3}}=\dfrac{1}{2}$

8 $\tan 60°=\dfrac{\overline{BC}}{\overline{AB}}$이므로 $\sqrt{3}=\dfrac{\overline{BC}}{7}$ $\therefore \overline{BC}=7\sqrt{3}$
  $\cos 45°=\dfrac{\overline{BC}}{\overline{BD}}$이므로 $\dfrac{\sqrt{2}}{2}=\dfrac{7\sqrt{3}}{x}$, $\sqrt{2}x=14\sqrt{3}$
  $\therefore x=14\sqrt{3}\times\dfrac{1}{\sqrt{2}}=7\sqrt{6}$

9 $\tan 60°=\dfrac{\overline{AC}}{\overline{AB}}$이므로 $\sqrt{3}=\dfrac{\overline{AC}}{6}$ $\therefore \overline{AC}=6\sqrt{3}$
  $\sin 30°=\dfrac{\overline{AD}}{\overline{AC}}$이므로 $\dfrac{1}{2}=\dfrac{x}{6\sqrt{3}}$, $2x=6\sqrt{3}$
  $\therefore x=6\sqrt{3}\times\dfrac{1}{2}=3\sqrt{3}$

10 $\tan a$는 직선의 기울기이고, $6x-3y+8=0$에서 $y=2x+\dfrac{8}{3}$
  $\therefore \tan a=2$

3. 여러 가지 삼각비의 값

1 $\overline{AB}$	2 $\overline{OB}$	3 $\overline{CD}$	4 $\overline{AB}$
5 $\overline{OB}$	6 1	7 0	8 0
9 0	10 1	11 $\cos 72°$, $\sin 72°$, $\tan 72°$	
12 1.6003	13 0.5592		

1 $\sin x = \dfrac{\overline{AB}}{\overline{OA}} = \dfrac{\overline{AB}}{1} = \overline{AB}$

2 $\cos x = \dfrac{\overline{OB}}{\overline{OA}} = \dfrac{\overline{OB}}{1} = \overline{OB}$

3 $\tan x = \dfrac{\overline{CD}}{\overline{OD}} = \dfrac{\overline{CD}}{1} = \overline{CD}$

4 $\cos y = \dfrac{\overline{AB}}{\overline{OA}} = \dfrac{\overline{AB}}{1} = \overline{AB}$

5 $\sin y = \dfrac{\overline{OB}}{\overline{OA}} = \dfrac{\overline{OB}}{1} = \overline{OB}$

11 $45° < x < 90°$이면 $\cos x < \sin x < \tan x$이므로 값이 작은 순서로 나열하면 $\cos 72°$, $\sin 72°$, $\tan 72°$

12 $\tan 58°$는 $\tan$의 세로줄과 $58°$의 가로줄이 만나는 값이므로 1.6003이다.

13 $\cos 56°$는 $\cos$의 세로줄과 $56°$의 가로줄이 만나는 값이므로 0.5592이다.

개념 완성 문제

1 0	2 ②	3 ③	4 $\dfrac{5}{3}$
5 ②, ④	6 ②		

1 $\sqrt{3}\cos 60° - \dfrac{\sin 90° \times \tan 60°}{\cos 0° + \tan 45°} = \sqrt{3} \times \dfrac{1}{2} - \dfrac{1 \times \sqrt{3}}{1+1}$
$= \dfrac{\sqrt{3}}{2} - \dfrac{\sqrt{3}}{2} = 0$

2 $\sin(2x-30°) = \dfrac{1}{2}$이므로 $2x-30° = 30°$ $\quad \therefore x = 30°$
$\therefore \sin 30° \times \tan 30° = \dfrac{1}{2} \times \dfrac{\sqrt{3}}{3} = \dfrac{\sqrt{3}}{6}$

3 $\triangle ABC$에서 $\sin 30° = \dfrac{\overline{AC}}{\overline{AB}}$이므로
$\dfrac{1}{2} = \dfrac{\overline{AC}}{2\sqrt{6}}$, $2\overline{AC} = 2\sqrt{6}$ $\quad \therefore \overline{AC} = 2\sqrt{6} \times \dfrac{1}{2} = \sqrt{6}$
$\triangle ADC$에서 $\sin 45° = \dfrac{\overline{AC}}{x}$이므로
$\dfrac{\sqrt{2}}{2} = \dfrac{\sqrt{6}}{x}$, $\sqrt{2}x = 2\sqrt{6}$
$\therefore x = 2\sqrt{6} \times \dfrac{1}{\sqrt{2}} = 2\sqrt{3}$

4 직선의 기울기가 $\tan a$의 값이므로 $\dfrac{5}{3}$이다.

5 ① $45° < x < 90°$이면 $\sin x < \tan x$이므로
$\tan 50° > \sin 50°$

② $0° \le x < 45°$이면 $\sin x < \cos x$이므로
$\sin 20° < \cos 40°$

③ $45° < x < 90°$이면 $\cos x < \sin x$이므로
$\sin 48° > \cos 56°$

④ $45° < x < 90°$이면 $\cos x < \tan x$이므로
$\cos 80° < \tan 80°$

⑤ $\sin 90° = 1$, $\tan 45° = 1$이므로 $\sin 90° = \tan 45°$

6 반지름의 길이가 1인 사분원이므로
$\cos x = \dfrac{\overline{OB}}{\overline{OA}} = \overline{OB} = 0.8480$
주어진 삼각비의 표에서 $x = 32°$
$\sin 32° = \dfrac{\overline{AB}}{\overline{OA}} = \overline{AB}$이므로
$\overline{AB} = 0.5299$

---

21 삼각비의 활용

1. 삼각비를 이용한 변의 길이 구하기 1

1 6.2	2 7.9	3 8	4 $4\sqrt{3}$
5 20	6 $3\sqrt{2}$	7 5.2 m	
8 $(60+20\sqrt{3})$ m	9 10 m		

1 $\overline{AB} = 10\sin 38° = 10 \times 0.62 = 6.2$

2 $\overline{BC} = 10\cos 38° = 10 \times 0.79 = 7.9$

3 $\overline{AB} = \dfrac{4}{\cos 60°} = 4 \times 2 = 8$

4 $\overline{AC} = 4\tan 60° = 4 \times \sqrt{3} = 4\sqrt{3}$

5 $\overline{EG} = \sqrt{8^2 + 6^2} = 10$
$\therefore \overline{CE} = \dfrac{10}{\cos 60°} = 10 \times 2 = 20$

6 $\overline{FG} = \overline{FC}\cos 45° = 4 \times \dfrac{\sqrt{2}}{2} = 2\sqrt{2}$
$\triangle FGH$에서 $\overline{FH} = \sqrt{(2\sqrt{2})^2 + (\sqrt{10})^2} = 3\sqrt{2}$

7 $\overline{AC} = 5\tan 46° = 5 \times 1.04 = 5.2\,(\text{m})$

8 $\overline{BD} = 60\tan 45° = 60\,(\text{m})$
$\overline{CB} = 60\tan 30° = 60 \times \dfrac{\sqrt{3}}{3} = 20\sqrt{3}\,(\text{m})$
$\therefore \overline{CD} = (60+20\sqrt{3})\,\text{m}$

9 $\overline{AQ} = 20\sin 60° = 20 \times \dfrac{\sqrt{3}}{2} = 10\sqrt{3}\,(\text{m})$
$\therefore \overline{PQ} = \overline{AQ}\tan 30° = 10\sqrt{3} \times \dfrac{\sqrt{3}}{3} = 10\,(\text{m})$

---

2. 삼각비를 이용한 변의 길이 구하기 2

1 $\overline{AH} = 2\sqrt{3}$, $\overline{BH} = 2$	2 $4\sqrt{3}$	3 10
4 $3\sqrt{6}$	5 $4\sqrt{3}-4$	6 $18-6\sqrt{3}$	7 $3\sqrt{3}+3$
8 $5\sqrt{3}$		

1 $\overline{AH}=4\sin 60°=4\times\dfrac{\sqrt{3}}{2}=2\sqrt{3}$

$\overline{BH}=4\cos 60°=4\times\dfrac{1}{2}=2$

2 $\overline{CH}=8-2=6$

$\therefore \overline{AC}=\sqrt{6^2+(2\sqrt{3})^2}=\sqrt{48}=4\sqrt{3}$

3 오른쪽 그림과 같이 점 A에서 $\overline{BC}$에 내린 수선의 발을 H라고 하면

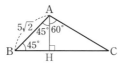

$\overline{AH}=5\sqrt{2}\sin 45°$

$\qquad =5\sqrt{2}\times\dfrac{\sqrt{2}}{2}=5$

$\therefore \overline{AC}=\dfrac{\overline{AH}}{\cos 60°}=5\div\dfrac{1}{2}=10$

4 오른쪽 그림과 같이 점 C에서 $\overline{AB}$에 내린 수선의 발을 H라고 하면

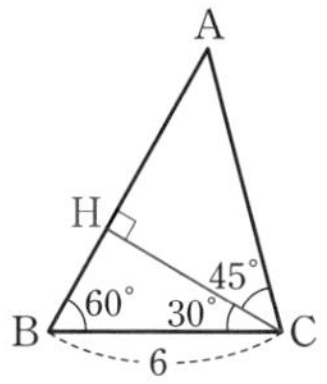

$\overline{CH}=6\sin 60°=6\times\dfrac{\sqrt{3}}{2}=3\sqrt{3}$

$\therefore \overline{AC}=\dfrac{\overline{CH}}{\cos 45°}=3\sqrt{3}\div\dfrac{\sqrt{2}}{2}=3\sqrt{6}$

5 $h=\dfrac{8}{\tan 60°+\tan 45°}=\dfrac{8}{\sqrt{3}+1}$

$\quad =\dfrac{8(\sqrt{3}-1)}{(\sqrt{3}+1)(\sqrt{3}-1)}=4\sqrt{3}-4$

6 $h=\dfrac{12}{\tan 30°+\tan 45°}=\dfrac{12}{\dfrac{\sqrt{3}}{3}+1}=\dfrac{36}{\sqrt{3}+3}$

$\quad =\dfrac{36(\sqrt{3}-3)}{(\sqrt{3}+3)(\sqrt{3}-3)}=18-6\sqrt{3}$

7 $h=\dfrac{6}{\tan 60°-\tan 45°}=\dfrac{6}{\sqrt{3}-1}$

$\quad =\dfrac{6(\sqrt{3}+1)}{(\sqrt{3}-1)(\sqrt{3}+1)}=3\sqrt{3}+3$

8 $h=\dfrac{10}{\tan 60°-\tan 30°}=\dfrac{10}{\sqrt{3}-\dfrac{\sqrt{3}}{3}}=10\div\dfrac{2\sqrt{3}}{3}$

$\quad =10\times\dfrac{3}{2\sqrt{3}}=5\sqrt{3}$

3. 삼각비를 이용한 도형의 넓이 구하기　122쪽

1 $7\sqrt{3}$	2 $3\sqrt{2}$	3 $9\sqrt{3}+26\sqrt{2}$	4 30
5 $27\sqrt{3}$	6 32	7 10	8 12

1 $\triangle ABC=\dfrac{1}{2}\times7\times4\times\sin 60°=14\times\dfrac{\sqrt{3}}{2}=7\sqrt{3}$

2 $\triangle ABC=\dfrac{1}{2}\times4\times3\times\sin(180°-135°)$

$\qquad =6\times\sin 45°=6\times\dfrac{\sqrt{2}}{2}=3\sqrt{2}$

3 두 점 B와 D를 이으면

$\triangle ABD=\dfrac{1}{2}\times6\times6\times\sin(180°-120°)$

$\qquad =18\times\sin 60°=18\times\dfrac{\sqrt{3}}{2}=9\sqrt{3}$

$\triangle DBC=\dfrac{1}{2}\times13\times8\times\sin 45°=52\times\dfrac{\sqrt{2}}{2}=26\sqrt{2}$

$\therefore \square ABCD=\triangle ABD+\triangle DBC=9\sqrt{3}+26\sqrt{2}$

4 $\overline{AD}=\overline{AB}=4\sqrt{2}$, $\overline{BD}=\dfrac{4\sqrt{2}}{\cos 45°}=4\sqrt{2}\div\dfrac{\sqrt{2}}{2}=8$이므로

$\triangle ABD=\dfrac{1}{2}\times4\sqrt{2}\times4\sqrt{2}=16$

$\triangle DBC=\dfrac{1}{2}\times7\times8\times\sin 30°=28\times\dfrac{1}{2}=14$

$\therefore \square ABCD=\triangle ABD+\triangle DBC=16+14=30$

5 $\square ABCD$가 평행사변형이므로 $\angle B=180°-120°=60°$

$\therefore \square ABCD=6\times9\times\sin 60°=54\times\dfrac{\sqrt{3}}{2}=27\sqrt{3}$

6 $\square ABCD=8\times8\times\sin(180°-150°)=64\times\dfrac{1}{2}=32$

7 $\square ABCD=\dfrac{1}{2}\times5\times4\sqrt{2}\times\sin(180°-135°)$

$\qquad =10\sqrt{2}\times\dfrac{\sqrt{2}}{2}=10$

8 $\square ABCD=\dfrac{1}{2}\times11\times\overline{AC}\times\sin 90°=66$

$\dfrac{11}{2}\times\overline{AC}=66$　$\therefore \overline{AC}=12$

개념 완성 문제　123쪽

1 100 m	2 ④	3 $5\sqrt{3}-5$	4 ⑤
5 ①	6 ②		

1 $\overline{CB}=200\times\sin 30°=200\times\dfrac{1}{2}=100(\text{m})$

2 오른쪽 그림과 같이 점 A에서 $\overline{BC}$에 내린 수선의 발을 H라고 하면

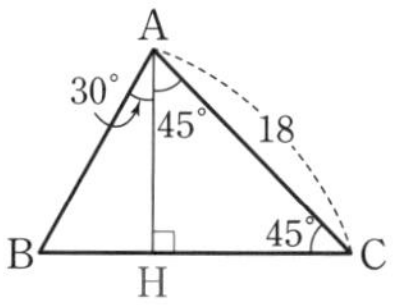

$\overline{AH}=18\sin 45°=18\times\dfrac{\sqrt{2}}{2}=9\sqrt{2}$

$\therefore \overline{AB}=\dfrac{\overline{AH}}{\cos 30°}=9\sqrt{2}\div\dfrac{\sqrt{3}}{2}$

$\qquad =9\sqrt{2}\times\dfrac{2}{\sqrt{3}}=6\sqrt{6}$

3 오른쪽 그림과 같이 점 A에서 $\overline{BC}$에 내린 수선의 발을 H라고 하면

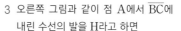
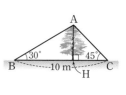

$\overline{AH}=\dfrac{10}{\tan 60°+\tan 45°}$

$\quad =\dfrac{10}{\sqrt{3}+1}=\dfrac{10(\sqrt{3}-1)}{(\sqrt{3}+1)(\sqrt{3}-1)}$

$\quad =5\sqrt{3}-5$

4 $\overline{AH}=\dfrac{4}{\tan 45°-\tan 30°}=\dfrac{4}{1-\dfrac{\sqrt{3}}{3}}=\dfrac{12}{3-\sqrt{3}}$

$\qquad =\dfrac{12(3+\sqrt{3})}{(3-\sqrt{3})(3+\sqrt{3})}=6+2\sqrt{3}$

5 $\triangle ABC=\dfrac{1}{2}\times9\times12\times\sin 45°=54\times\dfrac{\sqrt{2}}{2}=27\sqrt{2}$

점 G는 $\triangle ABC$의 무게중심이므로

$\triangle AGC=\dfrac{1}{3}\times\triangle ABC=\dfrac{1}{3}\times27\sqrt{2}=9\sqrt{2}$

6 등변사다리꼴의 두 대각선의 길이는 같으므로 $\overline{AC}=\overline{BD}$

$$\square ABCD=\frac{1}{2}\times\overline{AC}^2\times\sin(180°-135°)$$
$$=\frac{1}{2}\times\overline{AC}^2\times\frac{\sqrt{2}}{2}=25\sqrt{2}$$

$$\overline{AC}^2=100$$
$$\therefore \overline{AC}=10$$

22 원의 성질

1. 원의 중심과 현
124쪽

| 1 10 | 2 12 | 3 $6\sqrt{5}$ | 4 $8\sqrt{5}$ |
| 5 9 | 6 $2\sqrt{3}$ | 7 71° | 8 9 |

1 $\overline{AM}=\overline{BM}=6$ $\therefore x=\sqrt{6^2+8^2}=10$

2 $\overline{AM}=\overline{BM}=\dfrac{x}{2}$ 이므로

$$\frac{x}{2}=\sqrt{(3\sqrt{5})^2-3^2}=6 \quad \therefore x=12$$

3 원 O의 반지름의 길이는

$$\frac{1}{2}\times(15+3)=9 \quad \therefore \overline{OM}=6$$

두 점 A와 O를 이으면 △AOM에서
$\overline{AM}=\sqrt{9^2-6^2}=3\sqrt{5}$
$\overline{AM}=\overline{BM}$이므로 $x=2\times3\sqrt{5}=6\sqrt{5}$

4 원 O의 반지름의 길이는

$$\frac{1}{2}\times24=12 \quad \therefore \overline{OM}=8$$

두 점 A와 O를 이으면 △AOM에서
$\overline{AM}=\sqrt{12^2-8^2}=4\sqrt{5}$
$\overline{AM}=\overline{BM}$이므로 $x=2\times4\sqrt{5}=8\sqrt{5}$

5 오른쪽 그림과 같이 원의 중심을 O, 반지름의 길이를 r라고 하면 △AOM에서
$r^2=(r-3)^2+(3\sqrt{5})^2$
$r^2=r^2-6r+9+45, 6r=54$
$\therefore r=9$

6 오른쪽 그림과 같이 원의 중심 O에서 $\overline{AB}$에 내린 수선의 발을 M, 반지름의 길이를 r라고 하면 △AMO에서
$r^2=3^2+\left(\dfrac{r}{2}\right)^2$
$r^2=9+\dfrac{r^2}{4}, 3r^2=36 \quad \therefore r=2\sqrt{3}$

7 $\overline{OM}=\overline{ON}$이면 $\overline{AB}=\overline{AC}$이므로 △ABC는 이등변삼각형이다.
$$\therefore \angle x=\frac{1}{2}\times(180°-38°)=71°$$

8 $\overline{OM}=\overline{ON}$이면 $\overline{AB}=\overline{AC}$이므로 △ABC는 이등변삼각형이고
$$\angle ABC=\angle ACB=\frac{1}{2}\times(180°-60°)=60°$$
따라서 △ABC는 정삼각형이 되므로 $x=9$

2. 원의 접선
125쪽

| 1 8 | 2 $2\sqrt{6}$ | 3 75° | 4 123° |
| 5 27π | 6 40π | 7 26° | 8 58° |

1 $\overline{OP}=6+4=10$이므로 △AOP에서
$$x=\sqrt{10^2-6^2}=8$$

2 $\overline{OA}=5$이므로 △AOP에서
$$x=\sqrt{7^2-5^2}=2\sqrt{6}$$

3 $\angle PAO=\angle PBO=90°$이므로
$$\angle x=180°-105°=75°$$

4 $\angle PAO=\angle PBO=90°$이므로
$$\angle x=180°-57°=123°$$

5 색칠한 부분의 중심각의 크기는 $180°-60°=120°$이므로 넓이는
$$\pi\times9^2\times\frac{120}{360}=27\pi$$

6 $\angle AOB=180°-45°=135°$이므로 색칠한 부분의 중심각의 크기는
$360°-135°=225°$
$$\therefore \text{(넓이)}=\pi\times8^2\times\frac{225}{360}=\pi\times8^2\times\frac{5}{8}=40\pi$$

7 △PBA는 $\overline{PA}=\overline{PB}$인 이등변삼각형이므로
$$\angle PBA=\angle PAB=\frac{1}{2}\times(180°-52°)=64°$$
$$\therefore \angle x=90°-\angle PBA=90°-64°=26°$$

8 $\angle ABP=90°-\angle ABC=90°-29°=61°$
따라서 △PBA는 $\overline{PA}=\overline{PB}$인 이등변삼각형이므로
$$\angle x=180°-(61°+61°)=58°$$

3. 원의 접선의 활용
126쪽

| 1 11 | 2 15 | 3 12 | 4 20 |
| 5 $36\sqrt{3}$ | 6 $13\sqrt{10}$ | 7 $6\sqrt{3}$ | 8 $8\sqrt{5}$ |

1 $\overline{AE}=\overline{AF}, \overline{BD}=\overline{BF}, \overline{CE}=\overline{CD}$이므로
(△ABC의 둘레의 길이)$=\overline{AF}+\overline{AE}=2\overline{AE}=9+7+6=22$
$$\therefore \overline{AE}=\frac{1}{2}\times22=11$$

2 $\overline{AE}=\overline{AF}, \overline{BD}=\overline{BE}, \overline{CD}=\overline{CF}$이므로
(△ABC의 둘레의 길이)$=\overline{AF}+\overline{AE}=2\overline{AE}=10+12+8=30$
$$\therefore \overline{AE}=\frac{1}{2}\times30=15$$

3 오른쪽 그림과 같이 점 D에서 $\overline{CB}$에 내린 수선의 발을 H라고 하면
$\overline{DE}=\overline{DA}=3, \overline{EC}=\overline{BC}=12$이므로
$\overline{DC}=3+12=15, \overline{CH}=12-3=9$
$$\therefore \overline{AB}=\overline{DH}=\sqrt{15^2-9^2}=12$$

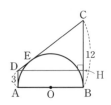

4 오른쪽 그림과 같이 점 D에서 $\overline{BC}$에 내린 수선의 발을 H라고 하면
$\overline{DE}=\overline{DA}=5, \overline{CB}=\overline{CE}=20$이므로
$\overline{CH}=20-5=15$
$$\therefore \overline{AB}=\overline{DH}=\sqrt{25^2-15^2}=20$$

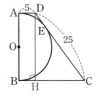

36

5 오른쪽 그림과 같이 점 C에서 $\overline{DA}$에 내린 수선의 발을 H라고 하면 $\overline{DE}=\overline{DA}=9$, $\overline{CE}=\overline{CB}=3$이므로 $\overline{DC}=9+3=12$, $\overline{DH}=9-3=6$

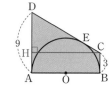

$\overline{HC}=\sqrt{12^2-6^2}=6\sqrt{3}$

$\therefore \square ABCD=(9+3)\times 6\sqrt{3}\times\dfrac{1}{2}=36\sqrt{3}$

6 오른쪽 그림과 같이 점 D에서 $\overline{BC}$에 내린 수선의 발을 H라고 하면 $\overline{DE}=\overline{DA}=5$, $\overline{CE}=\overline{CB}=8$이므로 $\overline{DC}=5+8=13$, $\overline{HC}=8-5=3$

$\overline{DH}=\sqrt{13^2-3^2}=4\sqrt{10}$

$\therefore \square ABCD=(5+8)\times 4\sqrt{10}\times\dfrac{1}{2}=26\sqrt{10}$

한편, $\triangle AOD=\triangle DOE$, $\triangle OBC=\triangle OCE$이므로

$\triangle DOC=\dfrac{1}{2}\square ABCD=\dfrac{1}{2}\times 26\sqrt{10}=13\sqrt{10}$

7 오른쪽 그림과 같이 점 O에서 $\overline{AB}$에 내린 수선의 발을 H라고 하면 $\overline{AH}=\overline{BH}$이고 $\overline{AH}=\sqrt{6^2-3^2}=3\sqrt{3}$

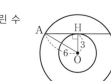

$\therefore \overline{AB}=2\overline{AH}=2\times 3\sqrt{3}=6\sqrt{3}$

8 오른쪽 그림과 같이 두 점 O와 A를 이으면 $\overline{AC}=\sqrt{12^2-8^2}=4\sqrt{5}$

$\overline{AC}=\overline{BC}$이므로

$\overline{AB}=2\overline{AC}=2\times 4\sqrt{5}=8\sqrt{5}$

---

1 13	2 16	3 12	4 7
5 2	6 10	7 3	

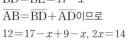

1 $\overline{AD}=\overline{AF}$, $\overline{BD}=\overline{BE}$, $\overline{CE}=\overline{CF}$이므로

$x+y+z=\dfrac{1}{2}\times(6+8+12)=13$

2 $x=\overline{AD}=3$, $y=\overline{FC}=7-x=4$, $z=\overline{BE}=13-y=9$

$\therefore x+y+z=3+4+9=16$

3 $\overline{BE}=\overline{BD}=11-7=4$

$\overline{AF}=\overline{AD}=7$이므로 $\overline{EC}=\overline{FC}=15-7=8$

$\therefore x=4+8=12$

4 오른쪽 그림과 같이 $\overline{CF}=\overline{CE}=x$이므로 $\overline{AD}=\overline{AF}=9-x$ $\overline{BD}=\overline{BE}=17-x$ $\overline{AB}=\overline{BD}+\overline{AD}$이므로

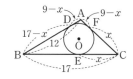

$12=17-x+9-x$, $2x=14$

$\therefore x=7$

---

5 $\overline{AB}=\sqrt{\overline{AC}^2-\overline{BC}^2}=6$ 오른쪽 그림과 같이 원의 반지름의 길이를 r라고 하면 $\overline{AF}=\overline{AD}=6-r$

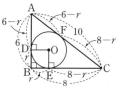

$\overline{CF}=\overline{CE}=8-r$

$\overline{AC}=\overline{AF}+\overline{FC}$이므로 $10=6-r+8-r$, $2r=4$

$\therefore r=2$

6 원에 외접하는 사각형에서 두 쌍의 대변의 길이의 합은 같으므로 $\overline{AB}+\overline{DC}=\overline{AD}+\overline{BC}$

$12+x=6+16$

$\therefore x=10$

7 $\triangle ABE$에서 $\overline{AE}=\sqrt{5^2-4^2}=3$

$\therefore \overline{BC}=x+3$

원에 외접하는 사각형에서 두 쌍의 대변의 길이의 합은 같으므로 $x+x+3=5+4$, $2x=6$

$\therefore x=3$

---

1 9	2 ⑤	3 ③	4 ①, ⑤
5 9π cm^2	6 ④		

1 $\triangle MCB$에서 $\overline{AM}=\overline{BM}=\sqrt{(6\sqrt{3})^2-6^2}=6\sqrt{2}$

$\triangle OAM$에서 $x^2=(x-6)^2+(6\sqrt{2})^2$

$x^2=x^2-12x+36+72$, $12x=108$

$\therefore x=9$

2 $\overline{OD}=\overline{OE}=\overline{OF}$이므로 $\overline{AB}=\overline{BC}=\overline{CA}$

$\triangle ABC$는 정삼각형이므로 $\angle A=60°$ $\therefore \angle DAO=30°$

$\overline{AD}=6$ cm이므로 $\overline{AO}=\dfrac{6}{\cos 30°}=6\div\dfrac{\sqrt{3}}{2}=4\sqrt{3}$(cm)

따라서 원 O의 둘레의 길이는 $2\pi\times 4\sqrt{3}=8\sqrt{3}\pi$(cm)

3 $\overrightarrow{PA}$는 원 O의 접선이므로 $\overline{PA}\perp\overline{OA}$, $\overline{PO}\perp\overline{AH}$

$\therefore \overline{PO}=\sqrt{10^2+5^2}=5\sqrt{5}$(cm)

$\triangle APO=\dfrac{1}{2}\times\overline{AP}\times\overline{AO}=\dfrac{1}{2}\times\overline{PO}\times\overline{AH}$이므로

$\dfrac{1}{2}\times 10\times 5=\dfrac{1}{2}\times 5\sqrt{5}\times\overline{AH}$

$\therefore \overline{AH}=10\times\dfrac{1}{\sqrt{5}}=2\sqrt{5}$(cm)

$\therefore \overline{AB}=2\overline{AH}=4\sqrt{5}$(cm)

4 원 밖의 한 점에서 원에 그을 수 있는 두 접선의 길이는 같다. ① $\overline{CD}$와 $\overline{BD}$는 원 밖의 한 점에서 그을 수 있는 두 접선이 아니다. ⑤ $\triangle ABC$의 두 변의 길이는 일반적으로 같지 않다.

5 원 O의 반지름의 길이를 r cm라고 하면 $\triangle ABC$에서

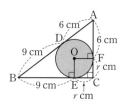

$(9+r)^2+(6+r)^2=15^2$

$81+18r+r^2+36+12r+r^2=225$

$2r^2+30r-108=0$

$r^2+15r-54=0$

$(r-3)(r+18)=0$ $\therefore r=3$

따라서 원 O의 넓이는 $\pi\times 3^2=9\pi$(cm^2)

6 $\triangle$ABC에서 $\overline{BC}=\sqrt{(4\sqrt{13})^2-8^2}=12$

원에 외접하는 사각형에서 두 쌍의 대변의 길이의 합은 같으므로

$\overline{AB}+\overline{CD}=\overline{AD}+\overline{BC}$

$8+\overline{DC}=6+12$ $\qquad \therefore \overline{DC}=10(cm)$

23 원주각

1. 원주각의 크기　129쪽

| 1 68° | 2 35° | 3 76° | 4 80° |

| 5 $\angle x=164°$, $\angle y=98°$ | | 6 $\angle x=86°$, $\angle y=188°$ | |

| 7 57° | 8 36° |

---

1 $\angle x=\dfrac{1}{2}\times136°=68°$

2 $\angle x=\dfrac{1}{2}\times70°=35°$

3 $\angle x=2\times38°=76°$

4 $\angle x=\dfrac{1}{2}\times(360°-200°)=\dfrac{1}{2}\times160°=80°$

5 $\angle x=2\times82°=164°$

$\angle y=\dfrac{1}{2}\times(360°-\angle x)=\dfrac{1}{2}\times(360°-164°)=98°$

6 $\angle y=2\times94°=188°$

$\angle x=\dfrac{1}{2}\times(360°-\angle y)=\dfrac{1}{2}\times(360°-188°)=86°$

7 오른쪽 그림과 같이 점 O와 두 점 A, B
를 각각 이으면

$\angle AOB=180°-66°=114°$

$\therefore \angle x=\dfrac{1}{2}\times114°=57°$

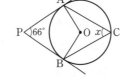

8 오른쪽 그림과 같이 점 O와 두 점
A, B를 각각 이으면

$\angle AOB=2\times72°=144°$

$\therefore \angle x=180°-144°=36°$

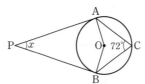

2. 원주각의 성질　130쪽

| 1 138° | 2 83° | 3 37° | 4 24° |

| 5 58° | 6 $\dfrac{12}{13}$ | 7 $\dfrac{5}{13}$ | 8 84 |

| 9 12 |

---

1 오른쪽 그림과 같이 두 점 O와 B를 이으면

$\angle AOB=2\times43°=86°$

$\angle BOC=2\times26°=52°$

$\therefore \angle x=86°+52°=138°$

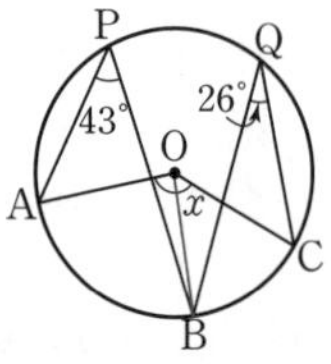

2 오른쪽 그림과 같이 두 점 R와 B를 이으면

$\angle ARB=\angle APB=32°$

$\angle BRC=\angle BQC=51°$

$\therefore \angle x=32°+51°=83°$

3 $\triangle$BPC에서 $\angle x=\angle BCD=80°-43°=37°$

4 $\triangle$AED에서 $\angle x=\angle BAD=66°-42°=24°$

5 $\triangle$ABQ는 $\angle ABQ=90°$인 직각삼각형이므로

$\angle x=\angle AQB=180°-(90°+32°)=58°$

6 오른쪽 그림과 같이 $\overline{CO}$의 연장선이 원 O와
만나는 점을 D라고 하면 $\triangle$DBC는

$\angle DBC=90°$인 직각삼각형이고

$\angle D=\angle A$이므로

$\sin A=\sin D=\dfrac{\overline{BC}}{\overline{DC}}=\dfrac{12}{13}$

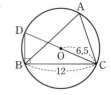

7 $\overline{DB}=\sqrt{13^2-12^2}=5$이므로

$\cos A=\cos D=\dfrac{\overline{DB}}{\overline{DC}}=\dfrac{5}{13}$

8 한 원에서 호의 길이는 그 호에 대한 원주각의 크기에 정비례하므로

$21:6=x:24$, $7:2=x:24$, $2x=7\times24$

$\therefore x=84$

9 $\angle$B가 반원에 대한 원주각이므로 $\angle$B$=90°$

$\angle BAC=180°-(90°+36°)=54°$

즉, $8:x=36:54$이므로

$8:x=2:3$, $2x=24$ $\qquad \therefore x=12$

3. 원에 내접하는 다각형　131쪽

| 1 108° | 2 127° | 3 62° | 4 40° |

| 5 48° | 6 61° | 7 64° | 8 88° |

---

2 $\angle BDC=90°$이므로

$\angle BCD=180°-(90°+37°)=53°$

$\therefore \angle x=180°-53°=127°$

3 오른쪽 그림과 같이 두 점 B와 D를 이으면

$\angle BDE=180°-77°=103°$

$\angle BDC=134°-103°=31°$

$\therefore \angle x=2\times31°=62°$

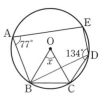

4 오른쪽 그림과 같이 두 점 B와 E를 이으면

$\angle EBC=180°-106°=74°$

$\angle ABE=94°-74°=20°$

$\therefore \angle x=2\times20°=40°$

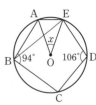

5 원주각의 크기가 같으면 네 점 A, B, C, D는 한 원 위에 있으므로

$\angle x=\angle ABD=94°-46°=48°$

6 원주각의 크기가 같으면 네 점 A, B, C, D는 한 원 위에 있으므로

$\angle x=\angle ADB=180°-(86°+33°)=61°$

7 $\angle ADC=180°-(21°+43°)=116°$

사각형에서 한 쌍의 대각의 크기의 합이 180°이면 이 사각형은 원에 내접하므로

$\angle x=180°-116°=64°$

8 한 외각의 크기가 그 외각과 이웃한 내각에 대한 대각의 크기가 같으면 원에 내접하므로 $\angle x=88$

---

4. 접선과 현이 이루는 각 〔132쪽〕

1 $\angle x=43°$, $\angle y=77°$ **2** $\angle x=36°$, $\angle y=83°$
3 $\angle x=39°$, $\angle y=67°$ **4** $\angle x=46°$, $\angle y=44°$
5 $40°$ **6** $79°$ **7** $65°$ **8** $70°$

---

1 $\angle x=\angle CAT=43°$, $\angle y=\angle BCA=77°$

2 $\angle x=\angle ACB=36°$, $\angle y=\angle CAT=83°$

3 $\angle x=\angle ACB=39°$
△BAT에서 $\angle y=\angle x+28°=39°+28°=67°$

4 $\angle x=\angle CAT=46°$
$\angle COA$는 $\angle x$의 중심각이므로 $\angle COA=2\times46°=92°$
△OCA는 $\overline{OC}=\overline{OA}$인 이등변삼각형이므로
$\angle y=\frac{1}{2}\times(180°-92°)=44°$

5 오른쪽 그림과 같이 두 점 A와 T를 이으면
$\angle ATB=90°$이므로 △ATB에서
$\angle TAP=90°+25°=115°$
$\angle ATP=\angle ABT=25°$이므로
△APT에서
$\angle x=180°-(115°+25°)=40°$

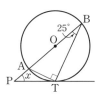

6 $\overline{PA}$, $\overline{PB}$가 원 O의 접선이므로 △ABP는 이등변삼각형이다.
$\therefore \angle ABP=\frac{1}{2}\times(180°-52°)=64°$
즉, $\angle ACB=\angle ABP=64°$이므로 △ACB에서
$\angle x=180°-(64°+37°)=79°$

7 $\angle x=\angle PTD=\angle QTC=\angle CAT=65°$

8 $\angle x=\angle BTQ=\angle CDT$
△DCT에서 $\angle x=129°-59°=70°$

개념 완성 문제 🎀 〔133쪽〕

1 ②   **2** ①   **3** ③   **4** $38°$
5 ⑤   **6** $40°$

---

1 △ODC에서 $\angle BOD=\angle OCD+\angle ODC=24°+40°=64°$
$\therefore \angle x=\frac{1}{2}\angle BOD=32°$

2 호 BC에 대한 원주각 $\angle BAC$의 크기는 △PAB에서
$\angle BAC=\angle BPC-\angle ABP=80°-48°=32°$
$\overparen{BC}:\overparen{AD}=\angle BAC:\angle ABD$
$6:\overparen{AD}=32:48$, $6:\overparen{AD}=2:3$
$2\overparen{AD}=18$ $\therefore \overparen{AD}=9$ cm

---

3 △PBC에서 외각의 성질을 이용하면
$\angle PCQ=\angle x+58°$
원에 내접하는 사각형의 성질을 이용하면
$\angle CDQ=58°$
△DCQ에서
$58°+58°+\angle x+24°=180$
$\therefore \angle x=180°-140°=40°$

4 $\angle DAC=180°-(28°+114°)=38°$
따라서 네 점 A, B, C, D가 한 원 위에 있어야 하므로
$\angle x=\angle DAC=38°$

5 $\angle BAT=\angle ACB=40°$이므로 △BAT에서
$\angle x=40°+23°=63°$

6 $\angle DAB=180°-\angle DCB=180°-130°=50°$
$\angle ABD=90°$, $\angle ADB=\angle x$이므로 △ABD에서
$\angle x=180°-(50°+90°)=40°$

고르고 고른 **3학년 도형 총정리 문제** Ⅲ단원 총정리 〔134~135쪽〕

1 ③   **2** ④   **3** ④   **4** $\dfrac{5\sqrt{5}}{6}$
5 ④   **6** ②   **7** $3\sqrt{2}$ **8** ③
9 ⑤   **10** 8   **11** ①   **12** ④
13 98°   **14** ③   **15** 86°   **16** ②

---

1 $\tan C=\dfrac{\overline{AB}}{\overline{BC}}$, $\dfrac{\sqrt{2}}{3}=\dfrac{4\sqrt{2}}{\overline{BC}}$
$\sqrt{2}\,\overline{BC}=12\sqrt{2}$ $\therefore \overline{BC}=12\sqrt{2}\times\dfrac{1}{\sqrt{2}}=12$(cm)

2 $\overline{AC}=\sqrt{10^2-6^2}=8$, $\overline{BC}=\sqrt{17^2-8^2}=15$
$\therefore \cos B=\dfrac{\overline{BC}}{\overline{AB}}=\dfrac{15}{17}$

3 오른쪽 그림과 같이 $\angle B=90°$인 직각삼각형 ABC를 그리고 $\overline{AC}=3$, $\overline{AB}=2$로 놓으면
$\overline{BC}=\sqrt{3^2-2^2}=\sqrt{5}$
$\therefore 6(\cos C+\tan A)=6\left(\dfrac{\sqrt{5}}{3}+\dfrac{\sqrt{5}}{2}\right)=5\sqrt{5}$

4 $\overline{AE}=\sqrt{6^2-4^2}=2\sqrt{5}$
△ADE와 △ACB에서 $\angle ADE=\angle ACB$, $\angle A$는 공통이므로
△ADE∽△ACB (AA 닮음)
$\therefore \cos B+\tan C=\cos E+\tan D$
$=\dfrac{2\sqrt{5}}{6}+\dfrac{2\sqrt{5}}{4}=\dfrac{5\sqrt{5}}{6}$

5 ① $\tan 60°\times\cos 30°=\sqrt{3}\times\dfrac{\sqrt{3}}{2}=\dfrac{3}{2}$
② $\sin 60°-\cos 30°=\dfrac{\sqrt{3}}{2}-\dfrac{\sqrt{3}}{2}=0$
③ $\cos 45°\times\sin 45°=\dfrac{\sqrt{2}}{2}\times\dfrac{\sqrt{2}}{2}=\dfrac{1}{2}$
④ $\tan 30°\div\sin 30°=\dfrac{\sqrt{3}}{3}\div\dfrac{1}{2}=\dfrac{\sqrt{3}}{3}\times2=\dfrac{2\sqrt{3}}{3}$
⑤ $\sin 90°\times\tan 45°=1\times1=1$

6 오른쪽 그림과 같이 ∠ABC=30°이므로

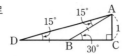

$$\overline{AB}=\frac{1}{\sin 30°}=1\div\frac{1}{2}=2,$$

$$\overline{BC}=\frac{1}{\tan 30°}=1\div\frac{\sqrt{3}}{3}=\sqrt{3}$$

$\overline{DB}=\overline{AB}=2$이므로 $\overline{DC}=2+\sqrt{3}$

$$\therefore \tan 15°=\frac{1}{2+\sqrt{3}}=\frac{2-\sqrt{3}}{(2+\sqrt{3})(2-\sqrt{3})}=2-\sqrt{3}$$

7 오른쪽 그림과 같이 점 B에서 $\overline{AC}$에 내린 수선의 발을 D라고 하면

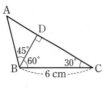

$$\overline{BD}=\overline{BC}\cos 60°=6\times\frac{1}{2}=3$$

$$\therefore \overline{AB}=\frac{\overline{BD}}{\cos 45°}=3\div\frac{\sqrt{2}}{2}=3\sqrt{2}$$

8 △ABC에서 $\overline{BC}=4$이므로 $\overline{AB}=4\sin 60°=4\times\frac{\sqrt{3}}{2}=2\sqrt{3}$

∠ABD=30°+90°=120°이므로

$$\triangle ABD=\frac{1}{2}\times\overline{AB}\times\overline{BD}\times\sin(180°-120°)$$

$$=\frac{1}{2}\times 2\sqrt{3}\times 4\times\frac{\sqrt{3}}{2}=6$$

9 두 점 O와 A를 이으면 △OAM에서 반지름의 길이가 8이므로

$$\overline{AM}=\sqrt{8^2-4^2}=4\sqrt{3}$$

$$\therefore \overline{AB}=2\times 4\sqrt{3}=8\sqrt{3}$$

10 $\overline{DB}=\overline{BF}=14-11=3$

$\overline{AE}=\overline{AF}=14$이므로

$\overline{CD}=\overline{CE}=14-9=5$

$$\therefore \overline{CB}=3+5=8$$

11 오른쪽 그림과 같이 $\overline{AD}=\overline{AF}=x$ cm로 놓으면 △ABC가 직각삼각형이므로

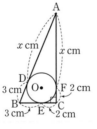

$$(x+3)^2=(x+2)^2+5^2$$

$$x^2+6x+9=x^2+4x+4+25$$

$2x=20 \qquad \therefore x=10$

$$\therefore \overline{AD}=10 \text{ cm}$$

12 두 점 D와 B를 이으면 $\overset{\frown}{AB}=\overset{\frown}{BC}$이므로

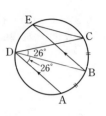

∠ADB=∠BDC=26°

$\overline{DA}$ // $\overline{EB}$이므로

∠DBE=∠ADB=26°

$\overset{\frown}{ED}$의 원주각의 크기는 같으므로

∠DCE=∠DBE=26°

13 반원에 대한 원주각의 크기가 90°이므로

∠BAD=90°

∴ ∠x=∠DAC=90°−32°=58°

△EBC에서 ∠y=∠ECB=180°−(82°+58°)=40°

∴ ∠x+∠y=58°+40°=98°

14 $\overset{\frown}{AB}:\overset{\frown}{DC}=$∠ADB : ∠CBD이므로

3 : 1=∠ADB : 21°

∴ ∠ADB=63°

△DBC에서 ∠x=63°−21°=42°

15 △OBC는 이등변삼각형이므로

∠BOC=180°−(31°+31°)=118°

따라서 ∠BAC=$\frac{1}{2}\times 118°=59°$이므로

∠BAD=59°+27°=86°

원에 내접하는 사각형의 성질에 의하여

∠x=∠BAD=86°

16 ∠CBA=∠CAP=∠CPA=36°

△BPA에서 ∠x=180°−(36°+36°+36°)=72°